THE ECOLOGY BOOK

"人类的思想"百科丛书
精品书目

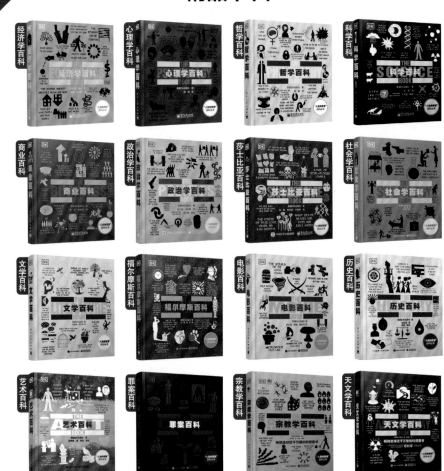

更多精品图书陆续出版,
敬请期待!

DK

"人类的思想"百科丛书

THE ECOLOGY BOOK

生态学百科

英国 DK 出版社　著

刘利民　罗新兰　李　玥　高士博　译

李冰祥　审校

电子工业出版社
Publishing House of Electronics Industry
北京·BEIJING

版权贸易合同登记号　图字：01-2020-0942

图书在版编目（CIP）数据

生态学百科 / 英国 DK 出版社著；刘利民等译 . —北京：电子工业出版社，2021.8
（"人类的思想"百科丛书）
书名原文：The Ecology Book
ISBN 978-7-121-41450-3

Ⅰ . ①生…　Ⅱ . ①英…　②刘…　Ⅲ . ①生态学－普及读物　Ⅳ . ① Q14-49

中国版本图书馆 CIP 数据核字（2021）第 124755 号

审图号：GS（2020）5154 号
本书插图地图系原文插图地图

责任编辑：郭景瑶
文字编辑：杜　皎
印　　刷：鸿博昊天科技有限公司
装　　订：鸿博昊天科技有限公司
出版发行：电子工业出版社
　　　　　北京市海淀区万寿路 173 信箱　邮编：100036
开　　本：850×1168　1/16　　印张：22　　字数：704 千字
版　　次：2021 年 8 月第 1 版
印　　次：2021 年 8 月第 1 次印刷
定　　价：168.00 元

凡所购买电子工业出版社图书有缺损问题，请向购买书店调换。若书店售缺，请与本社发行部联系，联系及邮购电话：
（010）88254888，88258888。
质量投诉请发邮件至 zlts@phei.com.cn，盗版侵权举报请发邮件至 dbqq@phei.com.cn。
本书咨询联系方式：（010）88254210，influence@phei.com.cn，微信号：yingxianglibook。

FOR THE CURIOUS

www.dk.com

混合产品
源自负责任的
森林资源的纸张
FSC® C018179

"人类的思想"百科丛书

　　本丛书由著名的英国 DK 出版社授权电子工业出版社出版，是介绍全人类思想的百科丛书。该丛书以人类自古至今各领域的人物和事件为线索，全面解读各学科领域的经典思想，是了解人类文明发展历程的不二之选。

　　无论你未涉足某类学科，或有志于踏足某领域并向深度和广度发展，还是已经成为专业人士，这套书都会给你以智慧上的引领和思想上的启发。读这套书就像与人类历史上的伟大灵魂对话，让你无不惊叹与感慨。

　　该丛书包罗万象的内容、科学严谨的结构、精准细致的解读，以及全彩的印刷、易读的文风、精美的插图、优质的装帧，无不带给你一种全新的阅读体验，是一套独具收藏价值的人文社科类经典读物。

　　"人类的思想"百科丛书适合 10 岁以上人群阅读。

《生态学百科》的主要贡献者有 Julia Schroeder, Celia Coyne, John Farndon, Tim Harris, Derek Harvey, Tom Jackson, Alison Singer 等人。

目　录

生命的多样性

生态系统

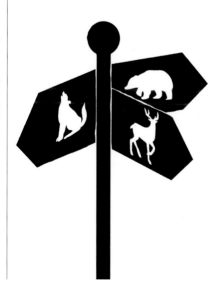

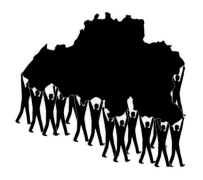

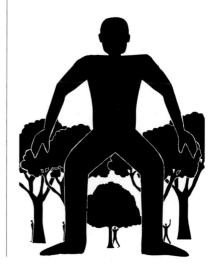

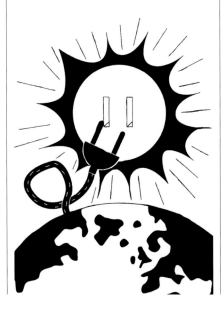

序 言

小时候，我就对大自然中的鸟儿、蝴蝶、植物、爬行动物、化石、河流、天气等着迷。年轻时对大自然的热爱，使我走上了终身探索自然的道路，并成为一名环境保护主义者，研究自然并致力于环境保护。我曾做过野外鸟类学家、作家、环保活动家、环保政策倡导者和环境顾问，所有这些不同的兴趣和活动都和一个主题联系在一起：生态学。

生态学是一门博大的学科，理解它需要掌握许多学科的知识。生态学研究不同生物之间的关系，以及生物与它们所处的物理世界（空气、水和岩石）的关系。从对土壤微生物的研究到对传粉者作用的研究，从对水循环的研究到对地球气候系统的研究，生态学研究涉及许多专业领域。它还将许多科学分支，包括动物学、植物学、数学、化学和物理学，以及某些社会科学，尤其是经济学，联系在一起，同时提出了深刻的哲学和伦理问题。

人类生存的根本方式依赖健康的自然系统，因此，我们这个时代面临的一些最重要的问题与生态相关。这些问题包括气候变化、生态系统破坏、野生动物消失，以及包括鱼类、淡水和土壤在内的资源枯竭。所有这些生态问题都对人类产生日益紧迫的影响。

鉴于生态学对人类社会的巨大重要性，同时要想理解这一学科，必须掌握这一学科的许多重要思想和观点，多林金德斯利出版社此时决定出版《生态学百科》，可谓恰逢其时。本书阐明了生态学的核心概念，有助于我们理解地球上不可思议的自然系统是如何运作的。

本书与众不同的一点在于，它所呈现的内容丰富多彩、令人难忘，而且引人入胜。通过清晰的设计和对图形、插图和引文的使用，有效地将大量信息和见解传递给读者，使读者能快速了解许多重要的生态学观点及提出这一观点的历史人物。例如，詹姆斯·洛夫洛克的盖娅假说、诺曼·迈尔斯对即将到来的物种大规模灭绝的警告，以及蕾切尔·卡逊揭露有毒农药影响的作品。

在书中不同地方反复出现的思想和观点是非常重要的。尽管新闻头条和热门辩论都表明，政治、技术和经济才是塑造我们共同未来的关键力量，但最终生态才是最重要的，它决定人类社会的前景，甚至人类文明的未来。

《生态学百科》一书，对生态学做了富有启发性的概述，所涉及的内容不仅非常重要，也是非常有趣的。

托尼·朱尼帕
大英帝国司令勋章获得者
英国环保人士

INTRODUCTION

引言

早期的人类，对生态学就有粗浅的认识。他们认识到，生物个体之间的相互联系，是关系生物生死存亡的大事。动物为何在某个地方觅食？水果为何生长在另一个地方？如果我们的祖先对这些没有基本认识的话，他们是无法生存和进化的。

动植物之间，以及生物和环境之间是如何相互影响的？这个问题引起了古希腊人的浓厚兴趣。公元前4世纪，亚里士多德和他的学生泰奥弗拉斯托斯发展了关于动物新陈代谢和热量调节的理论，他们通过解剖鸟蛋来探索鸟类生长的奥秘，并描述了一个11级的"生命阶梯"。这是人类首次尝试对生物进行分类。亚里士多德首次对生物食物链进行了解释。

中世纪（476-1500）期间，天主教教会阻止新的科学思想传播，生物学在这一阶段的发展几乎停滞不前。进入16世纪后，随着海上探险活动的开展，以及重大技术的突破，例如显微镜的发明，人们发现了一些不可思议的新生命形式，渴望获得对这些新生命形式的认知。

瑞典植物学家卡尔·林奈在名著《自然系统》中提出了生物分类系统，这是生物学史上首次根据物种亲缘关系，对物种进行命名和分类。在这段时间里，本质论在西方思想界占据了主导地位，该理论认为每个物种都有不可改变的特征。

重大突破

17世纪末和18世纪初，地质学的一些发现，使本质论受到了质疑。地质学家注意到，在地质记录中，有些物种突然消失，被其他物

世界上有大约400万种动植物，也就有400万种生存之道。

——大卫·爱登堡

种取代，这表明生物体随时间推移发生了变异，甚至灭绝。法国动物学家让-巴蒂斯特·拉马克在1809年首次提出生物进化理论，认为生物通过遗传后天获得的性状得以演变。然而，大约50年后，查尔斯·达尔文和阿尔弗雷德·拉塞尔·华莱士发展了基于自然选择的生物进化理论，认为生物进化要经过数代，以更好地适应环境。达尔文曾经乘英国皇家海军舰艇"贝尔格号"，做了一次历时5年的环球航行，这次探险壮举对他提出自然选择生物进化理论产生了影响。当时，达尔文和华莱士并不明白生物进化理论背后的机制。然而，格雷戈尔·孟德尔的豌豆试验揭示了遗传因子（基因）对生物进化的作用，代表生物进化理论的又一次飞跃。

建立联系

对生物与环境之间，以及不同生物物种之间的相互关系的研究，在20世纪初的生态学研究中占据主导地位。食物链、食物网（在特定环境下生物之间的食物关系）和生态位（生物在环境中的作

用）等概念得到发展。1935年，阿瑟·坦斯利引入了生态系统的概念，即生物与环境通过相互作用形成生态系统。随后，生态学家开发了数学模型，用于预测生态系统中的种群动态。随着DNA结构，以及DNA在复制过程中发生突变提供的进化"载体"被发现，进化理论得到进一步发展。

新天地

技术发展为生态学研究开辟了新天地。电子显微镜现在能够观测到氢原子一半大小的微观世界。计算机程序能够分析蝙蝠和鲸鱼的声音，这些声音是人耳听不到的。装有红外探测器的相机和摄影机能够在夜间对生物进行拍摄。微小的设备被安装在鸟身上，以追踪它们的运动。

在实验室里，通过对动物粪便、皮毛或羽毛的DNA进行分析，可以辨明动物所属物种，揭示不同生物之间的关系。对生态学家而言，现在搜集数据比以往任何时候都容易，这主要得益于有越来越多的公民科学家的出现。

新关注点

人类的求知欲望驱动了生态学的早期发展。后来，生态学被用于寻找更好的方法来开发自然，以满足人类需求。随着时间推移，开发自然的后果日益明显。早在18世纪，砍伐森林就是一个显著问题；到了19世纪，水和空气污染成了工业化国家的显著问题。1962年，蕾切尔·卡逊在她的《寂静的春天》一书中，向人们警示了杀虫剂的危害。6年后，吉恩·莱肯斯展示了发电站的排放物、酸雨和鱼类死亡的联系。

1985年，一队科学家在南极发现，南极上空大气中臭氧浓度急剧降低。早在1947年，乔治·伊夫林·哈钦森就建立了地球低层大气变暖和温室气体之间的联系。然而，直到最近几十年，科学家才在气候变化的人为原因上达成一致。

展望未来

现代生态学在首次得到承认以来，已经走过了漫长的道路。现代生态学吸收了许多学科的精华。除动物学、植物学及其分支学科外，现代生态学还从地质学、地形学、气候学、化学、物理学、遗传学和社会学等学科中汲取了丰富的营养。政府部门在进行有关城市化、交通运输、产业发展和经济增长等方面的决策时，必须考虑对生态环境的影响。气候变化、海平面上升、生境破坏、物种灭绝、塑料和其他形式的污染，以及迫在眉睫的水资源危机等诸多问题，给人类文明造成了严重威胁，也给生态学带来了新的挑战。要解决上述问题，需要制定科学的应对措施，生态学将为此提供坚实的理论基础。■

即使在一望无际和神秘的大海中，我们也会想起一个最基本的事实：没有任何一种生物是独立存在的。

——蕾切尔·卡逊

THE STORY OF EVOLUTION

生物进化
的故事

詹姆斯·赫顿提出，地球的"年龄"远超过人们以前认为的，地壳也在不断变化。

乔治·居维叶在《地球表面灾变论》中提出，地球在历史上曾周期性地发生过许多灾难性事件，化石保留了在这些事件中灭绝物种的遗骸。

随艇博物学者查尔斯·达尔文乘英国皇家海军舰艇"贝尔格号"开始进行环球航行。这次航行搜集到的资料，为达尔文创立自然选择进化论提供了灵感。

1785年　　　　　**1813**年　　　　　**1831**年

1809年　　　　　**1823**年

让-巴蒂斯特·拉马克出版《动物学哲学》一书，在书中提出了"用进废退"的动物进化法则：动物经常使用的器官会变得发达，不经常使用的器官会逐渐退化。这种后天获得的生物性状经过多代，会产生突变。

业余化石采集家玛丽·安宁发现了第一具完整的蛇颈龙骨骼化石。

在古代神话、宗教及哲学教义中，有关地球的生命史、世界从何起源、人类占有什么样的位置，一直是经久不衰的话题。基督教宣称，地球所有动植物都是上帝的杰作。生物在生物链中的位置是固定不变的，物种不会发生突变，这种观点是本质主义的观点。

在18世纪启蒙运动时期，人们开始质疑这种观点。《圣经》宣称，地球的年龄只有几千年。法国动物学家让-巴蒂斯特·拉马克否认这一盛行的说法。他认为生物必须经历从简单到复杂的演变过程，这个演变过程要持续数百万年。物种演变的驱动力可以用"种变说"来解释。他推测动物后天获得的一些性状被后代继承。例如，长颈鹿为吃到较高处的树叶，要伸长脖子，脖子就变得比以前长点。这种性状一代传给一代，长颈鹿的脖子越变越长。

一些地质学先驱，如乔治·居维叶等发现了一些已经灭绝的生物的化石，显示古生物和现代生物有一些相近的特性，这意味着地球起源更早。与此同时，詹姆斯·赫顿和查尔斯·莱尔提出，地质特征的形成经历了连续不断的侵蚀和沉积过程，即所谓均变论。这些过程进行得很慢，因此地球的历史比人们以前认为的更早。

自然选择

1858年，查尔斯·达尔文和阿尔弗雷德·拉塞尔·华莱士发表了一篇论文，对生物学发展产生了深远影响。1831-1836年，达尔文乘"贝尔格号"进行了历时5年的环球航行。在航行过程中，他做了许多生物学考察。根据那次考察获得的数据，加上和其他博物学家的通信交流，以及受托马斯·马尔萨斯著作的影响，达尔文产生了自然选择导致物种进化的理论设想。此后，他花了20多年时间收集证据，直到华莱士写信给他，阐述了同样想法，他才决定发表他的理论。他出版了《论自然选择的物种起源》（简称《物种起源》）一书，掀起轩然大波。

达尔文进化论开始被广泛接受，但自然选择背后的机制仍然没有被人们认识到。奥地利修道士格

格雷戈尔·孟德尔在论文《植物杂交试验》中，概括了他通过豌豆杂交试验得到的发现，这些发现奠定了遗传学的基础。

英国进化生物学家**理查德·道金斯**在《自私的基因》一书中，对生物进化提出了新的观点：生物进化取决于基因，而不是生物物种或生物类别。

1866年

1976年

1859年

1953年

2003年

达尔文在《论自然选择的物种起源》一书中，阐述了他的生物进化理论。该书出版后立刻销售一空。

在英国剑桥的老鹰酒吧，**克里克和沃森**宣布，他们发现了DNA的结构。

人类基因组计划首次绘出智人的基因组图谱。

雷戈尔·孟德尔对遗传学做出了重大贡献，1866年，他在论文中公布了许多有关豌豆遗传性质的发现。在论文中，孟德尔阐述了豌豆的显性性状和隐性性状，如何通过看不见的因素（现在我们称之为基因）遗传给后代。

1900年，孟德尔的工作被重新发现，引起孟德尔和达尔文的支持者之间的激烈争论。达尔文的自然选择进化论认为，自然选择是选择小的、混合的变异，而孟德尔发现的变异显然不是混合的变异。30年后，遗传学家罗纳德·费希尔等学者认为，这两种思想是互相补充的，而不是互相矛盾的。1942年，朱利安·赫胥黎在《进化：现代综合》中将孟德尔的遗传理论与达尔文的进化论做了有机的结合。

双螺旋结构

20世纪四五十年代，有些新技术，如X射线晶体学技术出现，带来许多新发现，为新兴生物学学科分子生物学奠定了基础。1944年，化学家奥斯瓦尔德·艾弗里（Oswald Avery）指出，脱氧核糖核酸（DNA）是遗传物质。1952年，罗莎琳德·富兰克林和雷蒙德·高斯林拍摄到了DNA分子的链状结构。次年，詹姆斯·沃森和弗朗西斯·克里克进一步确认了DNA的双螺旋结构。克里克随后指出，DNA分子携带遗传信息，在DNA自我复制过程中若发生错误，会导致基因突变。这些发现为生物进化理论提供了遗传学基础。20世纪80年代，利用分子生物技术，可以对一些个体和物种进行基因定位和编辑。20世纪90年代，人类基因组谱产生，为基因治疗的医学新方法铺平了道路。

生态学家也在试图建立生物基因影响生物行为的机制。1964年，英国进化生物学家威廉·唐纳德·汉密尔顿提出了亲缘选择理论，用于解释动物的利他主义行为，普及了亲缘选择的概念。1976年，英国进化生物学家理查德·道金斯在《自私的基因》一书中进一步提出，生物进化的驱动力是基因。显而易见，只要生态学家继续发展达尔文的进化理论，进化生物学的某些方面仍将引发争论。■

物种演变是地球自然史上永恒的主题

生物进化的早期理论

背景介绍

关键人物
布丰伯爵（1707—1788）
让-巴蒂斯特·拉马克（1744—1829）

此前
1735 年 瑞典植物学家卡尔·林奈在《自然系统》一书中介绍的生物分类系统有助于确定物种祖先。

1751 年 法国哲学家皮埃尔·路易·莫佩尔蒂（Pierre Louis Moreau de Maupertuis）指出生物性状能够遗传。

此后
1831 年 法国脊椎动物学家艾蒂安·若弗鲁瓦·圣伊莱尔（Etienne Geoffroy Saint-Hilaire）指出，环境突变会导致新物种产生。

1844 年 苏格兰地质学家罗伯特·钱伯斯（Robert Chambers）在《自然创造史的痕迹》（*Vestiges of the Natural History of Creation*）一书中指出，简单物种已经进化成了更复杂的物种。

18 世纪前，大多数人相信动植物物种不会随时间改变，即所谓"本质主义"。18 世纪发生的两个重大事件使这种观点受到挑战：一个是法国的思想启蒙运动（约 1715—1800），另一个是始于 18 世纪 60 年代的工业革命。

法国的思想启蒙运动有两个显著标志：一个是科技进步，另一个是对宗教教义日益增长的质疑。例如，基督教宣称，上帝在 7 天之内创造了地球和所有生命。工业革命期间，在铺路、修隧道、建铁路、开矿及采石施工中，发掘了成千上万的动植物化石，大部分是已灭绝物种或以前从没见过的物种化石。这些化石意味着生命起源比《圣经》宣称的公元前 4400 年要早。

动物的适应性

18 世纪晚期，法国科学家乔治-路易·勒克莱尔，即后来的布丰伯爵（Georges-Louis Leclerc, Comte de Buffon）声称，地球起源远早于《圣经》所说，这一声明使教会当局很不安。布丰伯爵相信，地球是由太阳被彗星碰撞掉的熔化物冷却形成的，冷却用了 7 万年时间（实际上，这个时间被远远低估了）。随着地球冷却，物种开始出现和死亡，最终被我们今天熟悉的祖先取代。在动物之间，如狮子、老虎和猫之间存在相似的地方，布丰推断，200 个四足动物物种是从 38 个祖先进化而来的。他还相信，某些物种体形和大小的变异是对不同生存环境的适应结果。

1800 年，在法国巴黎自然历史博物馆，法国博物学家让-巴蒂斯特·拉马克（Jean-Baptiste

> 自然是造物主为生物存在及其延续建立的一系列法则。

——布丰伯爵

参见: 物种灭绝和变异 22页, 地质均变论 23页, 自然选择进化论 24~31页,
遗传法则 32~33页。

Lamarck) 在演讲中进一步指出, 生物后天获得的一些性状, 能够遗传给后代, 而且这些变异通过许多代积累, 会从根本上改变动物解剖结构。

拉马克写了几本书, 在书中进一步发展了物种演变思想。他举例说明, 如果一个生物物种经常使用身体某个部位, 这个部位就会逐渐变得强壮, 逐渐进化。相反, 那些不被经常使用的部位会变得脆弱, 逐渐退化。他又以鼹鼠的视力为例, 解释这种"用进废退"的理论: 鼹鼠祖先视力可能很好, 而鼹鼠在地下挖洞不需要视力, 因此视力逐渐退化, 经过数代演变成了现在这个样子。与此类似, 长颈鹿的脖子逐渐变长, 使其能吃到树上更高处的树叶。

生物进化的驱动因素

拉马克关于生物通过遗传后天获得的性状进行演变的观点, 是早期生物进化理论的一部分。他也相信最早的、最简单的生命形式来源于非生命物质。拉马克确认有两

> 66
> **连续使用某个器官会使这个器官逐渐增强、增大和伸长。**
> ——让-巴蒂斯特·拉马克
> 99

个生物要素驱动生物演变: 一个是使生物体由简单到复杂的一系列等级; 另一个是通过遗传后天获得的性状, 使生物能较好地适应生存环境。当查尔斯·达尔文发展其基于自然选择的进化论时, 否认了拉马克的一些观点。然而, 这两位科学家都坚信复杂生命形式是经过漫长时间进化而来的。■

化石的发现改变了前人关于生命起源的认识。下图为玛丽·安宁 1823年在英国多赛特发掘的蛇颈龙化石的图片——世界上第一个清晰的蛇颈龙化石。

让-巴蒂斯特·拉马克

让-巴蒂斯特·拉马克生于 1744年, 参军前就读于一家教会学校。参军后因伤去职, 他开始学习医学, 后就职于法国巴黎皇家植物园。在此期间, 他热衷于有关植物的研究。拉马克受到布丰伯爵的赏识和支持, 在1779年被选为法国科学院院士。法国大革命 (1789–1799) 期间, 皇家植物园改建成自然历史博物馆, 拉马克负责昆虫、蠕虫及微生物的研究。他创造了新的生物学术语——无脊椎动物, 并且经常使用这些生物形式较简单的物种来说明他的生物进化阶梯理论。拉马克的工作成果存在争议。1829年, 他在贫困中去世。

主要作品

1802 年 《活体组织研究》(*Research on the Organization of Living Bodies*)

1809 年 《动物学哲学》(*Zoological Philosophy*)

1815–1822 年 《无脊椎动物的自然史》(*Natural History of Invertebrate Animals*)

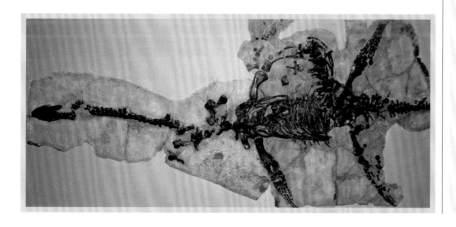

历史上的
大灾难事件

物种灭绝和变异

在化石研究早期，许多人拒绝承认化石是已灭绝生物的遗骸。他们认为那些不熟悉的变成化石的生物物种，或许还生存在地球某个地方。他们不理解，既然上帝创造了那些物种，为什么又要毁灭它们。18世纪末，法国动物学家乔治·居维叶（Georges Cuvier）通过对比大象和古象的解剖学结构证实，猛犸象、乳齿象与大象存在截然不同的解剖结构，因此应该代表灭绝的物种，而且极不可能还生存在地球某个不被注意的地方。

居维叶相信，地球经历了一连串独特的地质时期，每个时期末都会发生灾难性事件，对动植物产生毁灭性影响。但是，他不相信这些化石是生物进化理论的证据。尽管如此，居维叶的核心观点还是一直赢得了支持。现代研究表明，在历史上，地球曾经发生过至少5次大规模物种灭绝事件，其中包括恐龙灭绝事件。现在的科学家认为，在每次大灾难后，地球生命不是从无到有重新创造，而是由幸存下来的物种繁殖进化而来的。这种繁殖和进化有时较快，以填补物种灭绝造成的生态位空缺。这正如恐龙灭绝后，哺乳动物所做的那样。■

居维叶创造的"乳齿象"一词，源自希腊语，意思是乳房状的牙齿，指这类象的牙齿上有成对的乳房状突起，而现代象不具备这个特征。

参见: 自然选择进化论 24~31页，生态位 50~51页，古冰期 198~199页，物种大灭绝 218~223页。

没有开始，也没有结束

地质均变论

地质均变论是有关地质过程的理论。该理论认为，诸如沉积物沉积、岩石风化、火山活动等过程，现在和过去保持同样的速率。这个理论产生于 18 世纪末，随着开矿、采石以及旅行等人类活动加剧，更多的地质特征被发现，包括特殊岩层和以前人们不知道的化石。对于这些东西的起源，人们进行了广泛争论。

人们此前接受的地球只有几千年的说法，已经受到布丰伯爵的挑战。1785 年，苏格兰地质学家詹姆斯·赫顿（James Hutton）也认为，地球年龄远远超过这个数字。赫顿在苏格兰考察岩层的探险过程中，逐渐形成了自己的理论。他相信，尽管比较缓慢，但地壳确实处于不断变化的过程中，而且复杂的地质活动，如岩层分层、岩石风化及上升运动，在遥远的过去和现在一样缓慢。他还认识到，大多数地质过程是如此缓慢，以至于地

从某个事物一直具备的性质，我们可以推断它将来会发生什么。

——詹姆斯·赫顿

质学家现在发现的一些地质特征，一定属于遥远的过去。

赫顿的地质均变论当时并没有被普遍接受，主要是由于他的理论对当时《旧约全书》讲述的上帝创世故事，形成了巨大挑战。然而，新一代地质学家，如约翰·普莱费尔（John Playfair）和查尔斯·莱尔（Charles Lyell）都支持赫顿的理论。他的理论也给年轻的查尔斯·达尔文带来很大的灵感。■

参见: 自然选择进化论 24~31 页，生物进化的早期理论 20~21 页，大陆漂移与演化 212~213 页，物种大灭绝 218~223 页。

生存竞争

自然选择进化论

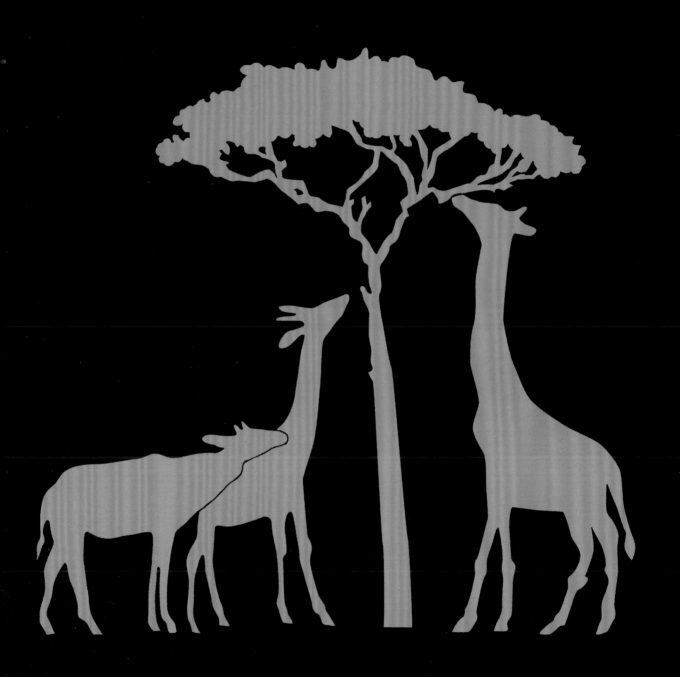

18 59 年，英国博物学家查尔斯·达尔文（Charles Darwin）在《论自然选择的物种起源》（*On the Origin of Species by Means of Natural Selection*，1859）中，发展了自然选择概念，指出自然选择是生物进化的主要机制。达尔文指出，生物个体之间，存活和繁殖能力各不相同。自然选择倾向于选择那些存活和繁殖能力较强的生物个体。那些繁殖成功率更高的生物个体会将基因遗传给下一代，因此具有这些特征的个体变得更加普遍。

加拉帕戈斯群岛

青年时代的达尔文和大多数人一样，接受《圣经》关于地球起源的说教，认为地球只有几千年历史。1831-1836 年，达尔文乘英国皇家海军舰艇"贝尔格号"做环球科学考察时，才开始考虑生物进化的问题。当时，他在船上读到了苏格兰地质学家查尔斯·

> 自然选择是自然界时时刻刻对生物发生的微小变异进行选择
> ——查尔斯·达尔文

莱尔新出版的《地质学基本原理》（*Principles of Geology*）。莱尔在书中证实，岩石上有微小、渐进和累计变化的痕迹，这些变化发生在漫长的时间周期内——数百万年，而不是数千年。当看到世界各地受侵蚀、沉积和火山作用影响的景观时，达尔文开始推测动物物种在很长一段时间内的变化，以及变化的原因。通过研究动物化石和对动物进行观测，他发现了一些现象。例

参见: 生物进化的早期理论 20~21页, 遗传法则 32~33页, DNA 的作用 34~37页, 自私的基因 38~39页, 食物链 132~133页, 物种大灭绝 218~223页, 种群生存力分析 312~315页。

如, 他注意到, 取代灭绝物种的, 是一些与其相似, 但截然不同的现代物种。

1835 年秋天, 达尔文在远离南美的加拉帕戈斯群岛做的野外考察, 为他后来的自然选择进化论提供了强有力的证据。他观察到巨型陆龟的甲壳形状在岛屿之间略有不同。他还惊奇地发现, 那里有四种大体相似, 却截然不同的嘲鸫, 每个岛上只有一个种类。他还观察了许多小鸟, 发现它们尽管看起来很像, 但鸟喙的大小和形状各有差异。达尔文据此推断, 以上每一类动物都拥有共同的祖先, 但在不同环境下进化出了不同的特征。

达尔文的结论

返回英国后, 在加拉帕戈斯群岛观察到的不同嘴型的小鸟让达尔文陷入思考。这些被称为"加拉帕戈斯雀"的小鸟, 实际上并不属于真正的雀科。随后的研究发现, 岛上有 14 种"加拉帕戈斯雀"。达尔文知道, 鸟喙是鸟觅食的主要工具, 根据鸟喙的大小和形状可以推测其觅食习性。例如, 仙人掌地雀的喙长而尖, 有利于从仙人掌果实中觅食; 地雀的喙短而粗, 有利于啄食地面上的植物种子; 加岛绿莺雀的喙细而尖, 有利于捕食飞虫。

达尔文推测, "加拉帕戈斯雀"拥有共同祖先, 来自南美大陆。他得出结论, 在加拉帕戈斯群

加拉帕戈斯雀鸟喙结构比较

大嘴地雀
大嘴地雀是最大的达尔文雀, 喙短而尖, 能够啄开坚果。

中嘴地雀
中嘴地雀的喙结构多变, 进化迅速, 以适应任何大小的可获种子。

小嘴树雀
小嘴树雀的喙短而粗硬, 适合在植物上寻找种子、果实和昆虫。

加岛绿莺雀
加岛绿莺雀的喙细而尖, 有利于捕食小昆虫和蜘蛛。

岛不同的生境下, "加拉帕戈斯雀"的各个种群, 通过适应各自的特化食物得以进化。这个进化过程就是后来达尔文称为自然选择的过程。经过长时间自然选择, 雀种群形成不同的种。

21 世纪初, 哈佛大学的研究者从基因水平上揭示了这种进化的原因。他们的研究结果发表于 2006 年。研究结果表明, 钙调蛋白分子调控鸟喙形成的基因, 并且发现长喙仙人掌地雀的钙调蛋白含量高于短喙的。

理论完善

达尔文受到托马斯·马尔萨斯所写《人口论》的影响, 马尔萨斯预测人口增长会超过食物供应。这个观点和达尔文不谋而合, 他观察的证据表明, 动物物种之间、不同个体之间持续存在资源竞争。这种竞争构成了达尔文进化论的支柱。

1839 年, 达尔文的自然选择进化论已经成形。但是, 他不愿意发表这个理论, 因为他知道, 该理论一经发表, 就会被看成对宗教当局的攻击, 必将引起轩然大波。直到 1857 年, 他收到同行、英国博物学家阿尔弗雷德·拉塞尔·华莱士的来信, 华莱士在信中阐述了自己独自得到的相似结论。达尔

文意识到，是时候发表这个理论了。1858年7月，在伦敦林奈学会的一次会议上，达尔文和华莱士联名提交了一篇论文，名为《论物种形成变异的趋向、变异的永久性和物种的自然选择》。

第二年，达尔文出版了名著《论自然选择的物种起源》。书中观点与拉马克的生物演变理论不一致，冒犯了一些支持拉马克理论的科学家。该理论也破坏了《圣经》的创世说根基，使神权论者极为不安。另外一些人则认为达尔文的理论不能解释物种的巨大变异，称其为"无导向"和"非进步"的。

达尔文当时很有信心。他知道物种个体之间，都存在一定程度的性状变异。例如，有的个体胡须较长，有的个体腿较短，有的个体颜色较鲜艳。所有个体都必须竞争以获得有限资源，那些对生存环境最适应的性状变异个体，最有可能生存下来并繁衍后代。同时，他认为，那些使生物活得更长和繁

> **我看不出这本书中的观点有什么理由会让持有宗教观点的人感到震惊。**
> ——查尔斯·达尔文

殖更多的变异性状，也会遗传给更多的后代，而不利于生存和繁衍的变异性状，则会逐渐消失。达尔文称以上的进化过程为自然选择，即对某一给定生物物种而言，那些更适应生存环境的个体将会生存并繁衍——适者生存。

性选择

达尔文同时提出了性选择理论。他在《论自然选择的物种起源》中首次概述了这个理论，并在《人类起源和性选择》（*The Descent of Man, and Selection in Relation to Sex*，1871）一书中进一步发展了他的理论。性选择理论与自然选择理论截然不同，因为达尔文认识到，动物选择配偶，不仅仅是从有利于生存的角度出发的。例如，达尔文看到雄孔雀漂亮而笨重的尾巴时，不知道这种尾巴对于孔雀生存有什么好处。他认为，它只不过是增加了个体成功繁殖的机会。雌孔雀挑选尾巴鲜艳的雄性，所以这些艳丽雄孔雀的遗传物质会传给下一代。雄孔雀尾部羽毛鲜艳预示身体健康，因此，选择具有这一特征的雄孔雀，对雌孔雀来说是明智的。达尔文的观点受到批评，19世纪的西方社会，可以接受雄性为繁殖而竞争（性内选择），但两性间的选择，即由一种性别（通常是雌性）做出选择，却会遭到嘲笑。

显而易见，成功繁殖对于物

自然选择

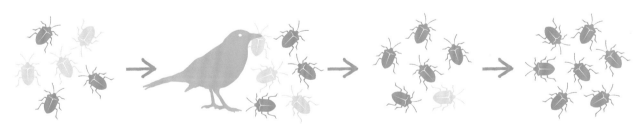

性状的变异
例如，有些甲虫颜色浅，有些甲虫颜色深。

不同的繁殖能力
环境限制了种群的无限增长，有些个体输掉生存之战。例如，鸟吃颜色浅的甲虫，所以颜色浅的甲虫存活下来的少。

变异的遗传
颜色深的甲虫可以将这一性状遗传给更多后代。

最终结果
深颜色有利变异，经过数代遗传，所有甲虫都变成深颜色的。

有鲜艳尾巴的雄孔雀能吸引更多的雌孔雀，作为有利的变异，这个性状会遗传给雄性后代。

种是极其重要的。自然选择通常被描述为"适者生存"。生物个体寿命在这方面不是特别有用。假如个体A的寿命是个体B的10倍，在繁殖能力方面，个体B是个体A的2倍，那么个体B的后代将超过个体A。

达尔文理论的基础

达尔文和华莱士进化论的许多观点已经被证明是相当准确的。然而，他们当时还没认识到遗传物质的作用，尽管达尔文用到了"遗传的"（genetic）一词，用来描述尚不可知的遗传机制。"遗传学"（genetics）作为科学术语，是在20世纪初，由英国生物学家威廉·贝特森（William Bateson）首次提出的。1930年，英国遗传学家罗纳德·费希尔（Ronald Fisher）在其著作《自然选择的遗

为什么有的个体存活下来，有的死亡？答案很明显，就是适者生存。
——阿尔弗雷德·拉塞尔·华莱士

亲缘选择理论

1964年，英国生物学家约翰·梅纳德·史密斯提出术语"亲缘选择"。这是指生物的一种进化策略：生物个体将亲缘的生存和繁殖需求置于自己的需求之上——利他行为。

查尔斯·达尔文在研究群居性昆虫时，发现一些昆虫，例如蜂群中的雌性工蜂自己不生育，但会帮助蜂后抚育后代。

英国进化生物学家威廉·唐纳德·汉密尔顿提出，当两只蜜蜂亲缘关系较近，并且当利他行为的益处超出代价时，蜜蜂会表现出利他行为——协助其他蜜蜂繁殖。这就是"汉密尔顿准则"。

在蜂群里，雌性工蜂照顾蜂后。它们构筑蜂巢，采集花蜜和花粉，喂养幼蜂，但不能生育。

白化现象，就像图中这只得了白化病的豹纹壁虎显示的，是一种导致色素缺乏的突变。这种突变使它的体色变浅，并且对光敏感，因此对于生存不利。

传理论》（*The Genetical Theory of Natural Selection*）中，将达尔文的自然选择理论与19世纪奥地利科学家格雷戈尔·孟德尔的遗传理论，做了有机的结合。1937年，乌克兰裔美籍遗传学家费奥多西·杜布赞斯基（Theodosius Dobzhansky）提出，经常发生的基因突变足以提供遗传多样性，导致后代性状多样性，使自然选择成为可能。他写道，进化是基因库中"等位基因"频率的改变，等位基因是由基因突变产生的基因的一种替代形式。

基因突变是指构成个体基因的分子——DNA序列——发生了永久变化，导致突变体的DNA序列与非突变体不同。两种方式会导致基因突变：一种是细胞分裂过程发生的DNA复制错误，另一种是环境因素，比如，受到过量紫外线辐射。一种突变只影响到携带突变基因的生物个体，而另一种突变会影响到所有后代，甚至数代。

遗传突变或许会改变个体的表现型——生理特征和行为。如果

绝大多数大突变对生物是有害的，而经常发生的小突变很可能对生物有益。
——罗纳德·费希尔

突变的确影响生物个体的表现型，也可能是正负两方面的，即有利于或不利于生存和繁衍。如果突变是不利的，它们可能从种群中消失；如果突变能帮助生物更好地适应环境，它们就会在几代时间里变得更加普遍。久而久之，后代和祖先产生了足够大的差异，从而形成新的物种，这个过程就称为物种形成。

突变发生率通常很低，但对生物而言，又是无所不在的。突变可能是有益的、中性的或有害的。突变是随机发生的，某些类型的突变发生得更加频繁。例如，由于经常发生突变，细菌进化得非常快。

不同进化速率

地球上所有生物的祖先都是非常简单的。最新的科学研究表明，地球上最早的源于早期生命形式的岩石，可以追溯到近40亿年前。在那个时期，高度复杂的生命

> 从进化角度来看，生物学或许是最令人满意和鼓舞人心的科学。
> ——费奥多西·杜布赞斯基

形式逐渐形成，后来发现的与现在物种比较相似的古生物化石揭示了当时发生了什么。例如，被发现的6000万年前的始祖马化石显示，始祖马生活在森林中，只有狗一样大，每只脚上有几个脚趾。后来，进化产生了体形较大的马，每只脚只有一个蹄子。这种进化是由于它们生活在开阔的大草原上，经常面对食肉动物的攻击而逐渐适应的结果。

英国桦尺蛾在较短时间内会发生变化。它们的颜色通常较浅，与桦树皮相近，因而浅色是保护色，但突变会产生黑色个体。19世纪前，大多数桦尺蛾是浅色的。在工业革命期间（1760-1840），英国城市的建筑物和树上落满了煤烟，此时黑色桦尺蛾变得越来越常见。到1895年，95%的桦尺蛾都是黑色的，因为颜色较浅的被鸟吃掉了。如今，在英国，由于煤烟浓度下降，浅色桦尺蛾再次变得常见。■

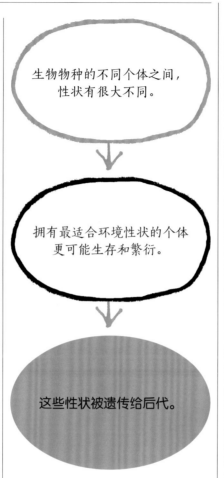

生物物种的不同个体之间，性状有很大不同。

拥有最适合环境性状的个体更可能生存和繁衍。

这些性状被遗传给后代。

两种不同颜色的桦尺蛾展示进化是如何起作用的。图中下面的是工业革命期间出现的黑色飞蛾。这种深色变种在19世纪初出现在英国城市里。

实时进化

1988年，美国密歇根州立大学的理查德·伦斯基教授（Richard Lenski）开展了一项长期细菌进化实验。在25年多的时间里，他研究了5.9万代大肠杆菌。在此期间，他观察到，用葡萄糖溶液培养的大肠杆菌体积变大，生长较快。而且，他发现了新物种，这种物种能够吞噬培养液中的柠檬酸盐。不断进化的细菌对于人类健康具有潜在的威胁。日益增长的抗生素能消灭许多致病细菌，但不包括那些已经发生突变，产生抗药性的细菌。这些具有抗药性的菌，通过大量繁殖，将抗药性传给后代，成为主要的致病菌。这实际上也是自然选择的结果。

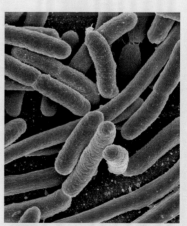

由大肠杆菌引起的严重肠道感染和其他传染病，由于致病细菌不断突变和随之产生的抗药性，将变得越来越不容易医治。

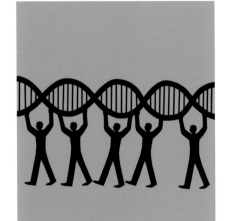

人类只不过是基因携带者

遗传法则

背景介绍

关键人物

格雷戈尔·孟德尔（1822—1884）

此前

1802 年 法国生物学家让-巴蒂斯特·拉马克提出，生物后天获得的性状可以遗传给后代。

1859 年 查尔斯·达尔文在《论自然选择的物种起源》中，提出了自然选择生物进化理论。

此后

1869 年 瑞士化学家弗里德里希·米歇尔发现了 DNA，他称之为核素。

1953 年 英国的弗朗西斯·克里克和美国的詹姆斯·沃森共同发现了 DNA 的结构。

21 世纪初 表观遗传学领域的研究者描述了遗传的非基因 DNA 序列机制。

科学家经历漫长岁月，才得以破解遗传的奥秘。1866 年，奥地利修道士格雷戈尔·孟德尔（Gregor Mendel）通过大量艰苦研究，首次准确预言了生物性状的遗传规律。

当时，科学家相信，动物和植物的各种性状可以通过混合过程传递给后代。孟德尔在修道院庭院里进行了植物杂交试验，他让绿豌豆和黄豌豆杂交。按照当时的混合遗传理论，后代应该是黄绿色的，但孟德尔发现所有杂交后代都是黄色的。

孟德尔的艰苦工作

孟德尔进行了长达 8 年的艰苦试验（1856—1863），种了大约 3 万株豌豆，记录各种杂交试验的结果。他先聚焦于植株的两个完全不同的性状，比如开白花和紫花。在研究绿豌豆和黄豌豆的性状时，

孟德尔的豌豆试验

在孟德尔的豌豆试验里，控制颜色性状的是一对等位基因，黄色是显性基因，绿色是隐性基因。

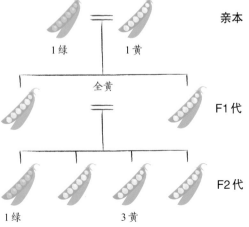

参见: 生物进化的早期理论 20~21页,自然选择进化论 24~31页,
DNA 的作用 34~37页,自私的基因 28~39页。

> 遗传改变生物本身的内在机制。
>
> ——詹姆斯·马克·鲍德温
> (美国心理学家)

他先通过异花授粉让绿豌豆和黄豌豆杂交,结果杂交后代 F1 代都是黄豌豆。孟德尔称黄色为显性性状,绿色为隐性性状。然后,他通过异花授粉让 F1 代自交产生 F2 代,孟德尔发现,F2 代中黄豌豆和绿豌豆植株的比例为 3∶1。

遗传法则

通过豌豆杂交试验,孟德尔总结出了遗传法则:豌豆的每个性状都受到一对遗传因子的控制,通过杂交,后代可从亲本的父本和母本中各继承一个遗传因子。如果继承的遗传因子都是显性的,则后代呈现出显性性状;如果都是隐性的,则后代呈现出隐性性状;如果一个显性,一个隐性,则后代呈现出显性性状。

开创性的遗传学家

1866 年,孟德尔提交了他的研究论文,但没有引起重视。1900 年,植物学家许霍·德弗里斯(Hugo de Vries)、卡尔·埃里希·科伦斯(Carl Erich Correns)和埃里希·切马克·冯·塞纳格(Erich Tschermak von Seysenegg)证实了他的试验结果,孟德尔的理论才获得广泛认可。

在短短 10 年内,科学家把孟德尔的遗传因子命名为基因,并表明它们与染色体有关。人们现在认识到,遗传比孟德尔认为的复杂得多,但孟德尔一丝不苟的研究,构成了科学研究的基础。■

豌豆试验为孟德尔提供了原始数据。孟德尔利用这些数据,提出了遗传法则,用以解释植物性状的遗传规律。

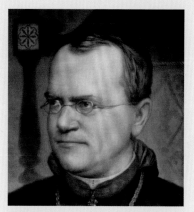

格雷戈尔·约翰·孟德尔

约翰·孟德尔于 1822 年出生在西里西亚的一个农民家庭。西里西亚位于当时的奥地利帝国,如今的捷克共和国。1840-1843 年,孟德尔在奥洛莫乌茨大学学习哲学和物理学。在此期间,他开始对约翰·卡尔·内斯特勒(Johann Karl Nestler)的研究感兴趣,后者研究动植物性状遗传。1847 年,孟德尔进入修道院,获得教名格雷戈尔。1851-1853 年,孟德尔进入维也纳大学继续学习。

1853 年,孟德尔返回修道院,修道院住持西里尔·纳普(Cyril Napp)允许他利用修道院的庭院进行遗传方面的研究。1868 年,孟德尔成为住持,没有时间做试验了。孟德尔在有生之年没有获得学术上的荣誉,但被广泛认为是现代遗传学的奠基人。

主要作品

1866 年 论文《植物杂交试验》
(*Experiments with Plant Hybrids*)

我们已经发现了生命的奥秘

DNA 的作用

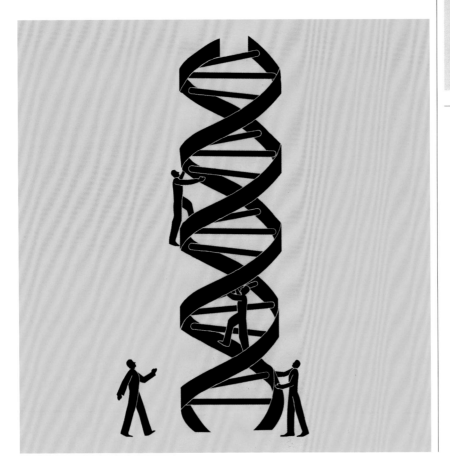

背景介绍

关键人物
弗朗西斯·克里克（1916—2004）
罗莎琳德·富兰克林（1920—1958）
詹姆斯·沃森（1928—）
莫里斯·威尔金斯（1916—2004）

此前
1910—1929 年 美国生物化学家菲巴斯·利文（Phoebus Levene）描述了 DNA 的化学成分。

1944 年 美国奥斯瓦尔德·艾弗里、科林·麦克劳德（Colin Macleod）和麦克林·麦卡蒂（Maclyn McCarty）表明 DNA 是遗传决定物质。

此后
1990 年 英国胚胎学家伊恩·威尔莫特（Ian Wilmut）及其团队成功克隆出绵羊多莉。

2003 年 人类基因图谱绘制完成。

1953 年，DNA 分子结构的发现，是迄今为止最重大的科学突破之一。它提供了理解生命构建过程的关键，解释了遗传信息是如何存储和传递的。在英国剑桥的酒吧，英国科学家弗朗西斯·克里克（Francis Crick）和美国科学家詹姆斯·沃森（James Watson）低调庆祝他们的共同发现。随后，他们在英国《自然》杂志发表了一篇短文。他们的发现，对于科学进步具有巨大的潜力，并对医学（包括法医学）、分类学、农学等诸多领域，产生了重大影响。随着处理遗传物质的方法的进步，以及我们

参见: 生物进化的早期理论 20~21页, 自然选择进化论 24~31页, 遗传法则 32~33页, 自私的基因 38~39页, 自然生物识别系统 86~87页, 生物物种概念 88~89页。

分子生物学家詹姆斯·沃森（左）和弗朗西斯·克里克（右）和他们的 DNA 双螺旋模型, 摄于1953年。沃森称 DNA 是自然王国里最有趣的分子。

对单个基因如何运作的了解越来越多, 他们的研究成果至今仍在产生影响。

克里克和沃森取得的突破, 建立在许多科学家数十年的研究基础上, 包括罗莎琳德·富兰克林（Rosalind Franklin）和莫里斯·威尔金斯（Maurice Wilkins）的工作。当克里克和沃森借助三维模型, 搞清楚 DNA 的各种成分如何结合到一起时, 在伦敦大学的国王学院, 罗莎琳德和威尔金斯正在发展用 X 射线来观测 DNA 结构的方法。沃森在宣布他和克里克的发现不久前, 看到了富兰克林拍的片子, 暗示着 DNA 螺旋结构。

1962 年, 克里克、沃森和威尔金斯共同获得诺贝尔生理学或医学奖。罗莎琳德在 1958 年去世, 她生前从未因参与这项发现而获得认可, 尽管克里克和沃森公开承认她的工作对他们的成功至关重要。

双螺旋结构

DNA 分子由两条细长的链互相盘旋而成, 就像两条互相盘旋的绳梯, 这就是 DNA 双螺旋结构。DNA 长链由脱氧核糖和磷酸组成, 两条长链通过含氮碱基对连接, 其中腺嘌呤（A）与胸腺嘧啶（T）配对, 鸟嘌呤（G）与胞嘧啶（C）配对。

DNA 是生命的蓝图。沿着长链的碱基序列构成了基因, 基因确定生物的完整形态和生理机能。每

> DNA就像计算机程序, 不过要比所有程序先进得多。
>
> ——比尔·盖茨

基因工程

了解了 DNA 结构, 可使科学家改变或"改造"生物细胞中的遗传物质。科学家有可能切下一个生物的某个基因, 将其插入另一个生物的 DNA 中。20 世纪 70 年代, 科学家进行了首次尝试, 当时这种操作比较困难, 而且耗时。但是, 随着技术发展, 例如 CRISPR 技术（一种强大的基因组编辑技术, 对生物 DNA 进行修剪、切断、替换或添加）的出现, 极大简化和加速了这种过程。理论上, 遗传学家可以任意拼接基因。他们已经进行了很多有趣的尝试。例如, 将控制产蛛丝的基因插入山羊 DNA 中, 使山羊可以生产富含蛋白质的奶。改变基因可以生产出另外一些物质——激素和疫苗。

在基因治疗方面, 被修饰基因的载体（通常是病毒）, 携带基因进入生物体 DNA, 去替换有缺陷的基因或人们不想要的基因。

科学家在分析 DNA 样品。基因操作现在已经成为医学上的常规操作, DNA 分析已成为法医的重要工具。

转基因食品

在农业方面，可以通过对作物实施基因工程，增强作物某一方面的能力。基因发生改变的作物被称为转基因作物（GMO）。一些企业通过改变植物DNA，使植物产生更多的某种营养物质或者毒素，使植物对特定害虫有抗性。也可以通过改变植物DNA，使作物对某种除草剂产生抗性，这样喷洒除草剂只能除去杂草，而对作物没有伤害。

一些生态学家认为，转基因植物会对非转基因植物造成污染。他们同时指出，人食用转基因食品的长期效应仍然没有搞清楚。另外，他们担心，一旦大的农用化学品公司取得转基因作物的专利，将会控制世界上的粮食供应，这会对贫穷国家产生极大危害。

通过基因工程得到的新稻品种，可能提高营养价值和抗病性。

三个碱基组成一个密码子，每个密码子对20种氨基酸的一种进行编码。氨基酸排列的顺序，决定合成蛋白质的类型。例如，GGA碱基组合是甘氨酸的密码子。4种碱基可能有64种排列方式。其中的61种对某一特定氨基酸编码，另外3种是开始和结束的信号，控制细胞如何读取信息。DNA还是染色体的重要组成成分，人类有23对染色体。

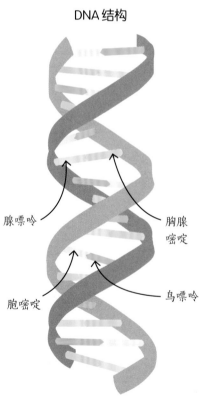

DNA 结构

腺嘌呤

胞嘧啶

胸腺嘧啶

鸟嘌呤

DNA分子由两条细长的链互相盘旋而成。DNA长链由脱氧核糖和磷酸组成，两条长链通过含氮碱基对连接，其中腺嘌呤与胸腺嘧啶配对，鸟嘌呤与胞嘧啶配对。

遗传密码复制

细胞在分裂时，DNA的两条长链分开，以每条长链为模板，按照碱基互补原则（A-T，G-C）进行碱基配对，结果产生两个与原来DNA完全一样的DNA分子。

DNA在细胞核中，信使核糖核酸（mRNA）转录具有编码序列的DNA片段，并携带这些遗传信息到细胞质，指导蛋白质合成。从化学成分看，RNA与DNA是有关联的，只不过是用尿嘧啶（U）取代了DNA的胸腺嘧啶。因此，RNA不太稳定，但需要的能量也少。生物的稳定性得益于拥有DNA基因组，然而，RNA构成了一些病毒的基因组，此时稳定性可能并不有利。

从变形虫到昆虫、树、老虎和人类，地球上所有生物都有DNA。当然，碱基序列存在很大差异，这种差异促使遗传学家去探索不同物种间的相互关系。

有利和不利的突变

DNA是高度稳定的分子，但有时会发生碱基对组成和排列顺序错误，即产生突变。基因突变可能在DNA复制过程中自然发生，或者受环境条件诱导而发生，例如暴露在辐射和致癌化学品环境下。有些突变对生物没有影响，有些突变会改变基因产生的东西或抑制其功能，从而对生物产生不利影响。例如，囊肿性纤维化和镰状细胞贫血就是由于基因突变引起的疾病。

许多基因突变是有害的，但

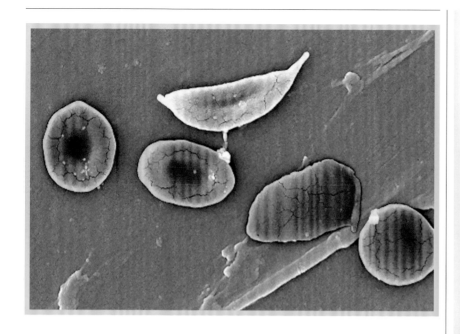

偶尔的突变对生物个体有益，使其能够更好地存活下来。这种有益突变会通过自然选择被生物世代传递。因此，突变是生物多样性、适者生存及生物进化的一个机制。

人类基因组图谱

2003 年 4 月 14 日，科学家完成了人类基因组测序这一艰巨而漫长的工作。人类基因组含有约 30 亿个 DNA 碱基对，组成了约 3 万个基因。遗传学家弄清了所有碱基对的精确位置，能够鉴定新基因及其在生物体中的作用。

人类基因组测序工作的完成，使人们能够发现自己是否继承了父母的缺陷基因。此外，也可以在胚胎移植进子宫前筛查是否有遗传缺陷。2018 年 3 月，已经完成了 1.5 万种生物的 DNA 测序工作。这些信息有助于了解动物在进化过程中如何相互联系，以及如何变得多

在镰状细胞贫血病患者中发现了突变的血细胞。这是一种遗传病，当父母双方都携带缺陷基因时，就会将其遗传给下一代。这种病的症状是疼痛和容易感染。

样化。

DNA 组成和结构的发现掀起了遗传学的一场革命。需要注意的是，在人类基因组中，只有 2% 的 DNA 被用于蛋白质编码。另外 98% 的 DNA 所起的作用，遗传学家还没有完全了解。人们相信，至少其中一些区域与基因被表达或活化方式的调控有关。看来遗传学家任重而道远，更多的发现在等待着他们。■

DNA 条形码

利用 DNA 条形码来识别物种的想法，是由加拿大圭尔夫大学的保罗·赫伯特（Paul Hebert）研究团队在 2003 年提出的。该团队选择细胞色素氧化酶 1（CO1）基因片段，共有 648 个碱基对。分析这个基因片段用不了多长时间，但不同动物物种和同一物种个体之间，这个基因片段不同，因此这个片段可用于识别动物物种。其他基因片段可用于其他生命形式的识别。

DNA 条形码系统首先是对已知物种的样本进行分类。提取已知物种样本的 DNA 并分析碱基对序列，该过程被称为测序。然后，将测序后的序列储存在计算机数据库中。当一个未知物种的 DNA 经过测序进入数据库时，计算机会将它与现存记录进行匹配。条形码技术已被证明对动物和植物分类有效。

利用基因工程，我们将有可能改进人类基因。

——斯蒂芬·霍金

基因是自私分子

自私的基因

背景介绍

关键人物

理查德·道金斯（1941—）

此前

1963 年 威廉·唐纳德·汉密尔顿在论文《利他行为的生物进化》（*The Evolution of Altruistic Behaviour*）中，论述了基因的自私性。

1966 年 美国生物学家乔治·C. 威廉姆斯（George C. Williams）在《适应和自然选择》（*Adaptation and Natural Selection*）中指出，生物的利他行为是发生在基因水平上的自然选择的结果。

此后

1982 年 理查德·道金斯在《延伸的表现型》一书中，指出生物研究应该分析基因对环境的影响。

2002 年 斯蒂芬·杰·古尔德（Stephen Jay Gould）在《进化论的构建》（*The Structure of Evolutionary Theory*）一书中，修正和完善了达尔文主义经典理论，批判了道金斯。

1976 年，随着英国进化生物学家理查德·道金斯（Richard Dawkins）的著作《自私的基因》（*The Selfish Gene*）出版，"自私的基因"这一概念广为人知。在书中，道金斯提出，从根本上来讲，生物进化是以牺牲其他基因为代价，以不同形式的特定基因的生存为基础的，那些具有存活下来的基因的生物个体，其体型和行为（表现型性状）能够成功传递给下一代。这个理论的支持者认为，由于遗传信息是通过遗传物质 DNA 在世代间进行传递的，所以生物的

自然选择的结果是基因的存活，而不是个体的存活。

即使黑寡妇蜘蛛的雌性个体在交配后立即吃掉雄性个体，雄性个体仍然会同雌性个体交配。

工蜂（没有繁殖能力）是蜂巢中的主要劳动力，是蜂群不可缺少的。

动物会在捕食者接近时，不惜牺牲自己，向同伴发出警告，这样做可以保存更多的同伴。

参见: 自然选择进化论 24~31页, 遗传法则 32~33页, DNA 的作用 34~37页, 互利共生 56~59页。

一只黑寡妇蜘蛛雄性个体小心翼翼地接近一只巨大的雌性个体。这种由基因驱使的交配行为将使雄性个体的基因能够被遗传下去,但雄性个体将付出生命的代价。

自然选择和进化最好从基因方面来解释。

道金斯深受威廉·唐纳德·汉密尔顿(William Donald Hamilton)关于生物利他性作品的影响,他在自己的书中仔细分析了生物的自私和利他性质。他认为生物体只不过是搭载基因的工具,有助于生物体生存和繁殖的基因,被复制的可能性也显著提高。

成功的基因通常对生物个体有益。例如,动植物的抗病基因有助于抵抗疾病。然而,有时候,基因和其生物载体之间的利益似乎会发生冲突。基因驱使黑寡妇蜘蛛雄性个体冒着被雌性个体吃掉的风险,与其交配。然而,雄性个体的牺牲,使雌性个体获得了营养,并提高了其基因传递给后代的可能性。

自私性和利他性

自私的基因通常导致生物个体行为的自私性。但是,有时候,通过表面上的利他主义行为,基因实现了自己的目的。其中一个例子就是亲缘选择。所谓亲缘选择,是指生物个体将亲属的生存和繁殖需求置于自己的需求之上。

基因利他主义的一个极端例子是群居性。蜜蜂是一种群居性动物,生活在蜂巢中,包括有生育能力的蜂后和无生育能力的雌性工蜂。成千上万的雌性工蜂辛勤劳作,维持蜂群的存活,确保它们的基因能够被蜂后遗传下去。

道金斯理论的批评者认为,单个基因并不能控制生物体的行为,所以基因不能被说成是自私的。道金斯坚持,他从没说过基因本身有意识。他后来写道,或许用"不道德的基因"代替"自私的基因",是一个更好的选择。■

生物进化理论和地球围绕太阳转的理论一样值得怀疑。

——理查德·道金斯

理查德·道金斯

理查德·道金斯出生在肯尼亚,父母都是英国人。随父母回英国后,他对自然科学产生了浓厚兴趣。他在牛津大学学习动物学,师从诺贝尔奖获得者尼古拉斯·廷伯根,后者是动物行为研究的先驱。

理查德·道金斯最著名的著作是《自私的基因》,在书中阐述了生物进化过程,提出自然选择是通过基因发挥作用的。他的理论受到斯蒂芬·杰·古尔德和其他进化生物学家的猛烈抨击。

主要作品

1976 年 《自私的基因》

1982 年 《延伸的表现型》(The Extended Phenotype)

1986 年 《盲眼钟表匠》(The Blind Watchmaker)

2006 年 《上帝幻觉》(The God Delusion)

2009 年 《地球最伟大的表演: 演化的证据》(The Greatest show on Earth: The Evidence for Evolution)

ECOLOGICAL PROCESSES

生态过程

约瑟夫·格林内尔发表关于
加州弯嘴嘲鸫的研究
结果，建立了生态位理论
的基础。

罗伯特·麦克阿瑟关于北美
柳莺的研究表明，不同物种
如何避免直接竞争，以达到
共同生存的目的。

丹尼尔·简森观察到金合欢树
和树上蚂蚁的相互依存关系，
得出结论，生物物种以
互利共生的方式进化。

1917年

1957年

1965年

1925—1926年

1961年

1969年

洛特卡-沃尔泰拉模型用一个
数学方程描述捕食者和猎物
之间的关系。

约瑟夫·格林内尔揭示不同类型
的藤壶在不同潮汐带茁壮生长
（在理论上，它们可以生长在
其中任何一个潮汐带）。

罗伯特·佩因创造"关键种"这
一术语，用来描述那些
在生态系统中起至关重要
作用的物种。

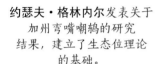 元前5世纪，希腊历史学家希罗多德描述了他观察到的现象：鳄鱼张开大嘴，让鸟在它们的牙齿间觅食。他或许是记录生态过程的第一人。我们现在知道，这种现象是由于爬行类动物和鸟类具有共生关系。早在公元前4世纪，亚里士多德和泰奥弗拉斯托斯就观察到许多动物和环境之间的相互作用。

在接下来的2000多年时间里，对自然界的观察逐渐增多，但由于能力所限，人们不能观察非常小的生物、在夜间活动的生物、在水下活动的生物，无法从中得到生物之间、生物与环境之间相互作用的认知。另外，当时对自然感兴趣的人很少有过较多的旅行经历。随着技术进步，以及人们开始远途旅行，罗伯特·胡克、安东尼·范·列文虎克、卡尔·林奈、亚历山大·冯·洪堡、阿尔弗雷德·拉塞尔·华莱士、查尔斯·达尔文和约翰内斯·瓦明等科学家，开始逐渐意识到生态过程，并建立了生态科学基础，尽管他们当时并没有使用"生态学"这个词。

数学模型

长期以来，人们一直认为，最基本的生态过程之一是生存竞争：食草动物找到食物，捕食者尽其所能去捕食猎物，猎物尽全力避免被捕食者吃掉。1910年，阿尔弗雷德·洛特卡引进了第一个应用于生态学的数学模型，被称为洛特卡-沃尔泰拉模型，在该模型中的"捕食者-猎物"方程，可用于预测两个生物种群的波动情况。

20世纪早期，约瑟夫·格林内尔在美国西部进行了大量研究，研究动物对栖息地的需求。他观察到物种在栖息地有不同的生态位，如果两个物种有近乎相同的食物需求，那么一个物种就会排斥另一个。达尔文在随皇家海军舰艇"贝尔格号"环球旅行中，已经观察到这一现象。格林内尔进一步发展了达尔文的思想，同时做了大量研究。1934年，格奥尔基·高斯在实验基础上，提出了生物

罗伊·安德森和罗伯特·梅揭示流行病如何影响动物种群的生长速率。

罗纳德·普利亚姆、埃里克·查尔诺夫和格雷厄姆·派克共同发表研究结果，详细阐述动物**最优觅食理论**，即动物尽可能消耗较少的能量来获得资源。

罗伯特·斯特纳和詹姆斯·埃尔斯开创了**生态化学计量学**，研究生物体内不同化学物质的比例，如何随某种反应而发生变化。

20世纪**70**年代　　**1977**年　　**2002**年

1972年　　**1991**年

克努特·施密特-尼尔森出版《动物如何工作》，极大地影响了生态生理学界。

厄尔·维尔纳发表关于捕食者对猎物的**非消费性效应**的发现。

竞争排斥原理。威廉·E. 奥德姆（William E. Odum）在 1958 年解释，生物的生态位不仅依赖生物栖息在何处，还取决于生物做什么。

从野外观察到室内实验

　　在研究生态过程的时候，在实验室实验和野外观察是获得数据的两种主要途径。野外实验是通过控制局地环境条件，来检验假设的。约瑟夫·格林内尔在苏格兰进行有关藤壶的实验研究之前，野外实验缺乏科学严谨性。格林内尔对实验的设计和观察一丝不苟，而且他的实验具有可重复性。他的实验结果发表于 1961 年。

　　格林内尔制定了野外观察标准，而室内实验，例如厄尔·维尔纳在 30 年后所做的实验，仍然具有重要作用。他的实验揭示了捕食者蜻蜓幼虫对猎物蝌蚪的行为和生理发育的非消耗性影响。

　　从 20 世纪中期开始，关于生态过程，涌现出许多新思想。罗伯特·麦克阿瑟和其他研究者，通过研究物种的竞争关系，提出了最优觅食理论，尝试解释为什么动物对食物具有选择性。通过生物学家，如丹尼尔·简森的研究，可以较好地理解生物之间的共生关系。罗伯特·佩因通过对海星和贻贝的研究，强调了关键种的概念——那些对生态系统有不成比例影响的物种。

新技术

　　随着技术发展，包括复杂的化学取样、卫星遥感技术的出现，以及计算机快速处理海量数据能力的提高，出现了新的研究领域。

　　例如，生态化学计量学是在分子水平上，研究食物网和生态系统的能量和化学元素流动。正如许多生态学思想一样，生态化学计量学也可以追溯到许多年前。2003年，罗伯特·斯特纳和詹姆斯·埃尔斯的著作《生态化学计量学》，对此做了很好的总结和概括。诸如此类的新技术，将毫无疑问地让我们加深对生态过程的了解。■

有关生物生存竞争的数学模型

捕食者-猎物方程

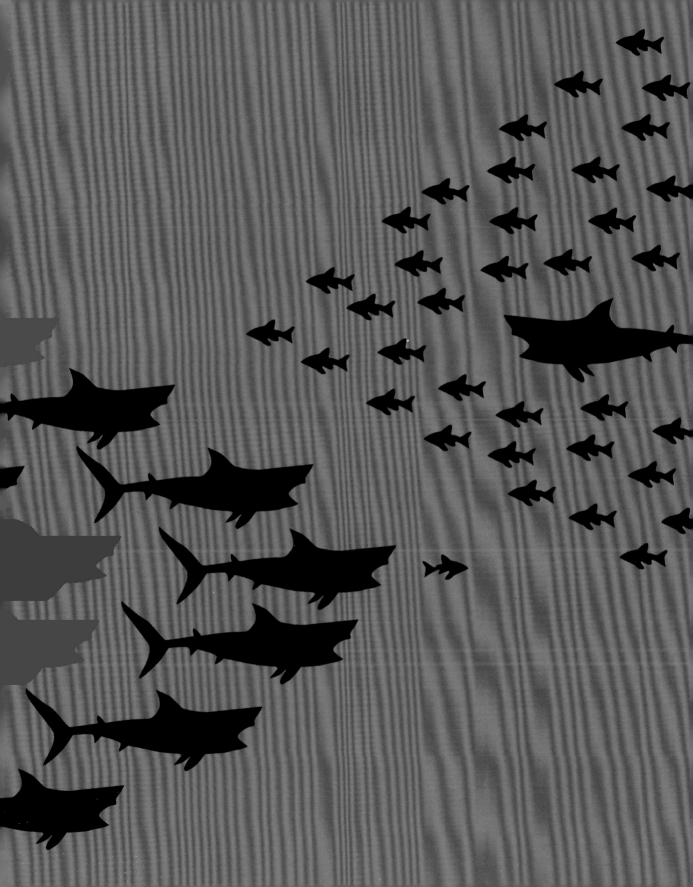

背景介绍

关键人物

阿尔弗雷德·J.洛特卡
（1880—1949）

维多·沃尔泰拉（1860—1940）

此前

1798年 英国经济学家托马斯·马尔萨斯表明，随着人口增长，人口的变化率也随之增加。

1871年 在刘易斯·卡罗尔的小说《爱丽丝漫游奇境》中，红皇后对爱丽丝说："你必须尽力不停地跑，才能使你保持在原地。"

此后

1973年 美国生物学家利·范瓦伦提出"红皇后效应"，描述捕食者与猎物之间的"军备竞赛"。

1989年 阿尔迪蒂-金茨堡方程（Arditi-Ginzburg equations）给出了描述捕食者与猎物种群动态的另一个数学模型，包含捕食者与猎物的比例对种群动态的影响。

两个物种的种群发生相互作用，一个物种是捕食者，另一个物种是猎物。

⬇

猎物获得食物，种群呈指数级增长。

猎物遇到捕食者，被吃掉。

更多的捕食者出现。

⬇

更多的捕食者导致猎物减少，从而引起捕食者种群数量减少。

捕食者-猎物方程是数学应用于生物学研究的一个例子。该方程是在20世纪20年代，由美国数学家阿尔弗雷德·J.洛特卡（Alfred J. Lotka）和意大利数学家、物理学家维多·沃尔泰拉（Vito Volterra）共同提出的，后来被称为洛特卡-沃尔泰拉方程。该方程描述了捕食者与猎物之间种群数量的波动及两者之间的关系。

洛特卡在1910年提出方程，起初将方程用于解释自催化的化学反应的反应速率。在接下来的10年里，他将该方程用于对野生动物种群动态的研究。

1926年，沃尔泰拉遇到了意大利海洋生物学家翁贝托·丹科纳（Umberto D'Ancona）。丹科纳告诉他，第一次世界大战期间，在亚德里亚海用网捕到的鱼中，捕食性鱼所占比例大大增加，这显然与战争期间，捕鱼作业急剧减少有关。丹科纳不明白，为什么捕鱼作业

维多·沃尔泰拉

1860年，维多·沃尔泰拉出生于意大利安科纳。作为犹太布匹商人的儿子，他在贫穷中长大。1883年，刚满23岁的时候，他获得比萨大学力学教授职位，从此开始数学家的职业生涯。他先后在都灵和罗马的大学中任教，1900年结婚，先后有6个孩子，只有4个活到成年。1905年，他当选为意大利王国参议员。第一次世界大战期间，他致力于研发军用飞艇。1931年，由于拒绝宣誓效忠法西斯独裁者墨索里尼，他被解除罗马大学的教职，不得不到国外谋生，只是在去世前短暂返回过意大利。他在1940年去世。

主要作品

1926年 论文《从数学来看物种多度的波动》（*Fluctuations in the Abundance of a Species Considered Mathematically*）

1935年 论文《从数学角度来看生物中的关系》（*Les associations biologiques au point de vue mathématique*）

参见: 自然选择进化论 24~31页, 自私的基因 38~39页, 生态位 50~51页, 竞争排斥原理 52~53页, 互利共生 56~59页, 关键种 60~65页, 最优觅食理论 66~67页。

猎豹在追逐汤氏瞪羚。捕食者-猎物方程能够用来模拟两个物种的种群随其中一个物种的活动发生的动态变化。

减少，其他种类的鱼没有增加。沃尔泰拉对此很感兴趣，他用与洛特卡同样的方程，解释了这一现象。

种群波动原理

尽管洛特卡和沃尔泰拉当时提出了种群动态的数学模型，但种群动态学仍处于初级阶段，几乎没有什么进展。关于种群动态的研究，可以追溯到18世纪末，英国经济学家托马斯·马尔萨斯对人口变化的研究。按照马尔萨斯的理论，只要生存的环境条件保持不变，人口就会迅速增长或减少，并且人口变化的速率随着人口增长而增加。根据该理论，马尔萨斯对人类的未来持悲观态度。他认为，人口迅速增长到一定程度，会导致耕地生产的食物量不能满足人类需求。这时候全球就会陷入饥荒，从而导致人口减少。

马尔萨斯预测的未来场景并没有发生，这要归功于农业技术的进步。然而，他的人口模型开始被用于对生态系统种群动态的研究。生物群落里的每个物种，其栖息地和生态位，都存在一个容纳量（承载能力），即在可利用的资源（如水、空间、食物和阳光等）条件下，可支撑的最大种群规模。任何超过这一容纳量的种群增长，都可能因自然因素而减少。因此，在理论上，假定忽略灾难性事件的随机影响，种群个体数应该差不多达到平衡，在其容纳量上下波动。

然而，这种相对的平衡并不

在我们的方程给定的条件下，猎物不能被捕食者消灭掉。
——阿尔弗雷德·洛特卡

> 没有自然史的数学是枯燥无味的，没有数学的自然史是混乱不堪的。
> ——约翰·梅纳德·史密斯
> （英国数学家、进化学者）

总是与人们观察到的事实相符。例如，前面丹科纳描述的捕食性鱼的数量突然增加。解释这种理论和事实不一致的前提假设是，捕食者种群的规模与其可以获得的食物有关。如果可以获得较多食物，捕食者种群规模就大。而捕食者种群规模增加，导致猎物数量减少，反过来又会引起捕食者数量减少。捕食者和猎物数量都会增加或减少，但两者的比例将保持稳定。

平衡理论仍然和物种观察结果不一致。根据数学模型，沃尔泰拉能够说明，尽管捕食者和猎物的平均数量的确变化不大，但两个物种的种群变化率总是在变化，并且也不一致。为消除变量影响，沃尔泰拉做了一系列假设。首先，假设两个物种可以任意繁殖，种群数量的变化率与种群数量成正比。其次，假设猎物种群，例如食草动物，总能找到足够的食物。再次，

假设猎物种群是捕食者种群的唯一食物来源，而且捕食者总是感到饥饿，一直在捕食猎物。最后，假定天气变化或自然灾害对这个生态过程没有影响。他也没有考虑，两个物种种群中个体的遗传多样性对生存的影响。

如图所示，捕食者种群数量上升或下降要滞后于猎物，猎物种群数量开始下降时，捕食者的数量仍在上升。这解释了丹科纳观察到的现象：捕鱼作业减少，导致猎物种群数量增加，捕食者数量随后也大幅度增加。

种群数量的相对波动取决于两个物种的相对繁殖率和相对捕食率。例如，蚂蚁种群和食蚁兽种群的波动几乎不易引起注意，这是因为两个种群的繁殖率截然不同。两个繁殖率相近的种群，如伊比利亚猞猁和野兔种群的波动，

则非常显著。

自然界"军备竞赛"

捕食者-猎物方程揭示了物种之间通过永不休止的生存竞争联系在一起。种群从面临灾难和灭绝到充裕和繁盛之间摆动。在生物学意义上的"军备竞赛"中，对猎物物种而言，进化压力在于如何逃脱捕食者的捕食而生存下来，从而有更多后代。而对捕食者而言，进化压力在于如何保持较高的捕食率，为更多的后代提供食物。其中，一个物种对另一个物种的适应做出响应。偶蹄目哺乳动物，如羚羊和鹿，与食肉哺乳动物，如大型猫科动物和狼之间的关系，就是进化"军备竞赛"的一个例子。有蹄动物腿长，由于经常行走，脚趾骨尖端变宽而逐渐融合在一起，使它们比捕食者跑得更快，跳得更高。作

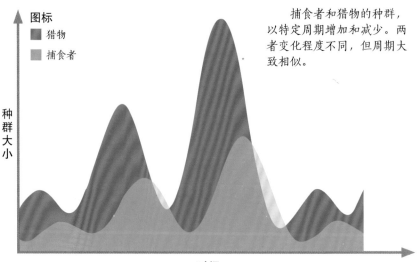

捕食者-猎物种群的周期性变化

图标：猎物、捕食者

种群大小 / 时间

捕食者和猎物的种群，以特定周期增加和减少。两者变化程度不同，但周期大致相似。

为响应，大型猫科动物，如狮子和老虎，速度更快、更强壮，使它们在突然攻击大型的跑得快的猎物时能够得手。狼具有很好的耐力，可以不停地长距离奔跑，这使狼群可以持续追逐猎物，直到猎物筋疲力尽。

尽管捕食者-猎物方程能够对两个物种种群的动态进行深度解析，但方程的假设前提很少能够在现实中满足。有些捕食者确实捕食单一猎物，而生态系统中的另外一些因素也会影响种群动态。

其他应用

洛特卡-沃尔泰拉方程已被用于研究食物链和食物网中种群的动态变化，其中一个物种可能是另一个物种的捕食者，也可能是第三个物种的猎物。方程还被用于研究寄主和寄生物种之间的相互关系，这种关系与猎物和捕食者的关系相似。寄生物种通常寄生在一种寄主物种上，这与洛特卡-沃尔泰拉方

沃尔泰拉对关于适者
生存的数学理论感兴趣。
——亚历山大·温斯坦
（俄罗斯数学家）

程描述的假设前提相似。然而，进化过程实际上与捕食者-猎物的关系描述不太一样。寄生者通常不会吃掉它的寄主（吃掉寄主的称为拟寄生），而是降低寄主的适合度。20世纪70年代，利·范瓦伦（Leigh Van Valen）提出红皇后进化理论，指出在受到寄生物种攻击时，寄主种群中的某些个体能够维持它们的适合度。这得益于这些个体中的有益基因，当寄生物种不断进化而充分利用这些看似不受影响的个体时，寄主种群中的有益基因

拟寄生胡蜂在蚜虫（图示中黄色的较小的昆虫）身上产卵。之所以称为拟寄生，是由于胡蜂幼虫长大后，会吃掉这些蚜虫。

也随之发生变化。这样，直到寄主和寄生物种分出胜负，进化一直在进行，尽管表面看来似乎没有什么变化。■

生物生存取决于
环境提供的生机
生态位

背景介绍

关键人物
约瑟夫·格林内尔（1877—1939）

此前

1910 年 美国生物学家罗斯韦尔·希尔·约翰逊（Roswell Hill Johnson）在一篇关于甲虫的论文中，首次用到了"生态位"这个词。

此后

1927 年 英国生态学家查尔斯·埃尔顿在《动物生态学》一书中，给出生态位的定义，强调生物及其栖息地的重要性。

1957 年 英国生态学家乔治·伊夫林·哈钦森在一篇名为《结束语》的学术论文中，将生态位的概念扩展到包含生物环境的所有因素。

1968 年 澳大利亚人 D. R. 克莱因（D. R. Klein）研究阿拉斯加圣马修斯岛上的驯鹿从迁入到繁盛再到灭绝的过程，认为这是生态位被破坏的后果。

生物的生态位是指生物种群占据的位置及其与相关种群之间的功能关系。这包括生物如何满足食物和居住的需求，如何避免被捕杀，如何与其他物种竞争，如何繁殖，还包括生物与其他生物及非生物环境之间的所有相互作用。独特的生态位对任何动植物都是有益的，因为可以减少与其他物种的竞争。对生态学家来说，对生物生态位的全面了解，针对因气候变化和生物栖息地破坏导致的环境变化，采取相应的补救措施，是至关重要的。

生态位概念的提出，最早源于美国生态学家约瑟夫·格林内尔（Joseph Grinnell）关于加州弯嘴嘲鸫的研究。1917 年，他发表研究结果，揭示这种鸟类如何在矮小的灌木丛中觅食和繁殖，以及如何

生物物种一直在为食物和资源进行竞争，更适应环境的物种在竞争中胜出。

竞争减少，使在竞争中胜出的物种生存的概率增加。

找到独有的生态位，可以消除竞争。

物种的生存取决于环境提供的生机。

参见: 竞争排斥原理 52~53页, 野外实验 54~55页, 最优觅食理论 66~67页, 动物生态学 106~113页, 生态位构建 188~189页。

超级专家

大熊猫占有一个非常特殊的生态位, 这是由于它们的食物主要以竹子为主。竹子是一种不好的食物, 蛋白质含量低, 纤维素含量高。大熊猫只能消化吃进去的一小部分竹子, 这意味着它们每天要吃多达12.5千克的竹子, 一天要吃14小时。

为什么大熊猫对竹子这么依恋, 目前尚不清楚。一些动物学家认为, 竹子是丰富和可靠的食物资源, 而大熊猫本身捕食技能不高。

大熊猫在不同的季节吃竹子的不同部位。在春末, 它们喜欢吃竹子的嫩芽, 在其他时间吃竹叶, 在冬天还吃竹节。大熊猫的下巴和伪拇指较发达, 使其能够握住并咀嚼竹节。它们的消化道效率较低, 尽管在肠道里有许多微生物帮助消化, 还是不能消化大量的竹子, 这是由于它们的消化道仍然与食肉祖先比较相似的缘故。

躲避捕食者。保护色、短翅膀和强壮的腿部使它们能完美适应生存环境。格林内尔将矮小的灌木丛称为这种鸟类的生态位。格林内尔关于生态位的概念也包含在动植物中生态等价的思想, 即具有远亲关系且栖息地相距较远的动植物, 在相似生态位条件下, 表现出相似的适应性, 例如食性。在澳大利亚内陆地区, 画眉鸟也在灌木丛中觅食, 尽管两者并没有亲缘关系。格林内尔同时给出了未被占用的生态位的概念, 是指生物物种可能占用的栖息地, 而实际上并没有被占用。

生态位概念的拓展

20世纪20年代, 生态学家查尔斯·埃尔顿 (Charles Elton) 将生态位的概念进一步拓展。在他看来, 动物吃什么和被谁吃是更重要的因素。30年后, 乔治·伊夫林·哈钦森 (George Evelyn Hutchinson) 进一步拓展了生态位的定义。他认为生态位应该包括生物和其他生物以及与非生物环境的所有的相互作用, 其中非生物环境因素包括地质情况、土壤或者水的酸度、养分流及气候。在他的工作基础上, 其他研究者提出了生态位宽度 (生物利用的各种资源的总和)、生态位分离 (竞争物种共存) 和生态位重叠 (不同动植物资源的重叠) 的概念。

生态位是高度抽象的多维超空间。
——乔治·伊夫林·哈钦森

栖息地的重要性

生物的生态位依赖稳定的栖息地, 栖息地微小的变化就能根除生物曾经占据的生态位。例如, 蜻蜓幼虫的生长发育需要一定的条件, 要求水的酸度、化学组成、温度和食物在一定范围内, 而且天敌数量有限。此外, 合适的植物, 对于雌蜻蜓产卵和幼虫的变态是必要的。蜻蜓也会对生存环境产生影响。它的卵是两栖动物的食物; 它的幼虫, 既是捕食者, 也是猎物; 成年蜻蜓则捕食昆虫。蜻蜓对环境的需求和对环境的影响, 限定了它的生态位。哈钦森认为, 一个物种要想生存, 生存条件必须维持在需要的范围内。一旦超出了这个范围, 物种就可能面临灭绝的危险。■

完全的竞争对手不能共存

竞争排斥原理

背景介绍

关键人物

格奥尔基·高斯（1910－1986）

此前

1925 年 阿尔弗雷德·J. 洛特卡首次用方程分析捕食者-猎物种群的变化。一年后，数学家维多·沃尔泰拉也做了分析。

1927 年 沃尔泰拉扩展和补充了他在 1926 年做的研究，将生物群落中各种生态相互作用包含进去。

此后

1959 年 乔治·伊夫林·哈钦森进一步发展了高斯的思想，提出用一个比率来描述两个竞争物种的相似性的极限。

1967 年 罗伯特·麦克阿瑟和理查德·莱文斯利用概率论和洛特卡-沃尔泰拉方程，描述共存物种如何相互作用。

竞争是生物进化的驱动力，变得更大、更强、更好的需求，不可避免地使生物对环境适应，使其在竞争中具有优势。当两个物种竞争相同的资源时，具有某些优势的物种将胜出。在竞争中失败的一方或者灭绝，或者适应环境，使两者不再竞争。这就是众所周知的竞争排斥原理，是由俄罗斯微生物学家格奥尔基·高斯（Georgy Gause）提出的，因而也被称为"高斯定律"。

高斯定律是在实验室培养微生物进行实验得到的，而不是基于

柳莺如何共存

开普梅柳莺

橙胸柳莺

黑喉绿柳莺

栗胸柳莺

黄腰柳莺

五种柳莺能够分享同一棵树，这是由于每种柳莺都有特定的生态位。以这种方式生活在一起，各种柳莺的生态位之间没有太大重叠，因此不产生竞争。

参见： 自然选择进化论 24~31页，生态位 50~51页，动物生态学 106~113页，生态系统 134~137页，生态共位群 176~177页，生态位构建 188~189页，物种入侵 270~273页。

红松鼠比灰松鼠小，对食物和居住环境的要求比灰松鼠苛刻。红松鼠会死于松鼠副痘病毒，这种病毒是由灰松鼠携带的，但对灰松鼠没有影响。

对自然界的观察。高斯认为，生态过程的影响机制是很复杂的，自从达尔文时代以来，在理解物种生存竞争方面的进展甚微，但实验方法在遗传学研究领域取得了很大的进展。实际上，尽管竞争排斥理论是一个有用的理论模型，但在自然界很少看到。这是由于在竞争中落败的一方，往往会迅速采取行动或者迅速适应。

避免竞争

为了生存，大多数生物会做出一些必要的改变。由于生态位不同，各种各样的鸟类可以在同一个公园生存。各种喙的形状和大小截然不同，使它们会寻找不同的食物，如知更鸟喜欢吃昆虫，而雀类吃种子。它们的栖息地和觅食时间也可能不同，这就是资源分配。

1957年，罗伯特·麦克阿瑟（Robert MacArthur）在对北美柳莺的研究中，注意到了这一现象。他观察到五种柳莺，每种都有不同颜色的斑纹。五种柳莺在针叶树林飞进飞出，捕食臭虫和其他昆虫。它们能够共存，是由于它们并没有在树的相同部位觅食，而是在不同高度和深度觅食，这样相互之间就

为实验目的，我们人为制造一个微宇宙，在试管里加入培养液，然后放入原生动物，这些原生动物吃同一种食物，或者互相吞噬。

——格奥尔基·高斯

避免了竞争。

入侵的竞争对手

如果一个外来物种突然入侵生态系统，通常会出现问题。英国红松鼠和灰松鼠提供了一个明显的例子。19世纪70年代，灰松鼠由美洲进入英国，两种松鼠竞争相同的栖息地和食物，使当地的红松鼠种群面临生存压力。灰松鼠有优势，它们可以吃没有成熟的松子，而红松鼠只能吃成熟的松子，因此在森林的同一区域内，灰松鼠甚至可以在红松鼠吃东西前就把食物吃光。此外，灰松鼠还可以密集生活在各种栖息地，当森林受到破坏后，更容易生存下来。红松鼠、灰松鼠竞争的结果是，英国的红松鼠濒临灭绝。■

生物竞争类型

竞争排斥理论主要涵盖两种类型的生物竞争。一种是种内竞争，即同一物种不同个体之间的竞争。竞争的结果是适者生存，即对环境条件最适应的个体生存下来，并繁殖后代。另一种竞争是种间竞争，即依赖相同资源的两个不同物种之间的竞争。在资源中最重要的就是"有限资源"，这是两个物种繁殖必需的资源。生态学家进一步将竞争分为两种类型。一种是干扰性竞争，指两个个体为有限的资源，如配偶或喜欢的食物，直接发生争斗。另一种是利用性竞争，这是一种间接性竞争，如一种生物利用了所有资源，使竞争者无资源可用。后者在植物中可以看到，如一种植物对养分和水分的利用效率比邻近的其他植物高。

不好的野外实验是有害无益的

野外实验

实验在生态学研究中是至关重要的。离开实验的支撑，我们对于生物行为背后隐藏的原因，将只能进行推测。缜密的观察也是必不可少的。但是，很多时候，为充分理解这些观察结果，需要进行实验。

用于检验生态学理论的实验方法主要包括三种：数学模型、实验室实验、野外实验。每种方法都有优点，但直到最近，人们才认识到野外实验的益处。在 20 世纪 60 年代前，科学家很少进行野外实验。

实验室是人造环境，生物在实验室的行为，或许与在自然环境的行为有所不同。例如，蝙蝠一般在黄昏离开巢穴去觅食，但在春季和夏末，到觅食地的路径却可能不一样。可能的原因包括：猎物分布及天敌的威胁随季节变化，树木覆盖的情况随季节不同，或者是由于人类干扰和光污染。这些影响因素不可能在实验室里建立起来。数学模型或许有助于预测蝙蝠的行为模式，但对于找出上述觅食路径变化的原因毫无帮助。为理解蝙蝠的行为，在自然环境中进行研究至关重要。

在野外实验中，可以通过控制不同变量来研究变量之间的关系。在关于蝙蝠行为的研究中，可

热带雨林生态系统是世界上生物物种最丰富的生态系统，对生态学家进行野外实验很有价值。

参见： 生态位 50~51页，生物多样性的现代观点 90~91页，动物行为 116~117页，生态系统 134~137页，生态位构建 188~189页。

以通过关闭路灯来研究光污染对蝙蝠行为变化的影响。

苏格兰藤壶研究

1961 年，美国生态学家约瑟夫·康奈尔（Joseph Connell）发表了关于苏格兰海岸藤壶的研究结果。由于藤壶幼体可以自由游动，所以可以出现在任何地方。康奈尔发现在潮间带的低处，主要是龟头状藤壶，而在高处则主要是小藤壶。他想知道这到底是由于竞争或捕食造成的，还是由于环境因素造成的。

康奈尔控制环境条件，监测了一年多。在一个区域，他把小藤壶移走，结果发现龟头状藤壶并没有取代小藤壶，这意味着龟头状藤壶不能忍受退潮时高处的干燥条件。接着，他又将龟头状藤壶移走，结果发现小藤壶取代了它们。

> 康奈尔的研究工作，增进了我们对于生物种群和群落动态形成机制、生物多样性及人口统计学的理解。
>
> ——斯蒂芬·施勒特（海洋科学家）

约瑟夫·康奈尔的藤壶实验

- ● 小藤壶
- ○ 龟头状藤壶

退潮时高处的干燥区域

满潮

基础生态位

实际生态位

海洋

退潮

这个实验说明，龟头状藤壶只能生活在潮间带的低处，而小藤壶在低处和高处都能生活，但在低处竞争不过龟头状藤壶。

这两种藤壶都能在低处生存，但只有一种能在高处生存。这意味着小藤壶能够适应潮间带高处相对艰苦的环境条件，但在低处竞争不过龟头状藤壶。小藤壶的基础生态位（通常指生物物种能够存活的生态位）包含低处和高处，但其实际生态位要受到更多限制。

物种多样性实验

20 世纪 70 年代，康奈尔和美国生态学家丹尼尔·简森发表了关于热带森林树种多样性的解释，即简森-康奈尔假说。康奈尔绘制了澳大利亚北昆士兰两个热带雨林树种的分布图，发现离树种幼苗最近的是相同树种时，它不容易存活。

每个树种都对应特定食草动物和病原体，它们会吃掉或攻击树种中较小和较弱的树。这样就使一个树种的个体不容易聚集到一起。

1978 年，康奈尔提出了中度干扰假说（IDH）。该假说认为，对物种进行高频干扰和低频干扰都会减少物种多样性，当干扰介于两者之间，即中度干扰时，物种多样性最高。他的假说得到了一些研究的支持。其中一个是研究海浪的扰动对澳大利亚西部沿海地带生物多样性的影响，结果发现，在无保护的近海和受保护的地带，生物多样性都低。■

花蜜越多，蚂蚁越多，反之亦然

互利共生

背景介绍

关键人物
丹尼尔·简森（1939—）

此前
1862年 查尔斯·达尔文提出，非洲兰花的花蜜容器长，采蜜授粉的飞蛾要具备同等长度的喙。

1873年 比利时动物学家皮埃尔-约瑟夫·范贝内登（Pierre-Joseph van Beneden）首次运用"互利共生"这一术语。

1964年 美国生物学家保罗·欧利希和彼得·雷文首次使用"协同进化"这一术语，来描述蝴蝶及其植物食物之间的互利共生关系。

此后
2014年 研究者发现了一种不寻常却有益的三方互利共生关系，涉及树懒、飞蛾和藻类植物。

在生物学中，生物之间存在几种相互作用关系。生态系统中的一个物种会在竞争相同的资源时，输给另外一个物种。捕食者会吃掉猎物。除此之外，生物还存在共生关系，在这种关系中，一个生物物种获益不以牺牲另一个物种为代价；或者，即使物种没有获益，但仍能存活下去。互利共生关系，是指两个物种都能从相互的关系中获益。

树和蚂蚁

20世纪60年代中期，美国

参见: 自然选择进化论 24~31页,生态位 50~51页,竞争排斥原理 52~53页,动物生态学 106~113页。

丝兰和丝兰蛾

在炎热、干燥的北美地区,灌木丝兰和丝兰蛾之间存在不寻常的互利共生关系。除丝兰蛾外,没有别的昆虫为丝兰授粉。同样,丝兰蛾幼虫只能寄生在丝兰上。雌蛾将花粉从一株植株的花中带到另一株植株的花中,使植株完成受精。随后,它在花的子房咬一个小孔,在小孔里产一粒卵,在同一朵花里可能产几个卵。卵孵化成幼虫,幼虫以花里的花籽为食物,但不会吃掉所有花籽,而是留下足够的量,以便植物能够繁殖。如果蛾在一朵花里产卵过多,在孵化之前,植物就会落果去除一部分。如果没有这些蛾,丝兰就不能授粉,就会逐渐消亡。如果没有丝兰,丝兰蛾就无处产卵,也不会存活下来。

年轻的生态学家丹尼尔·简森(Daniel Janzen),注意到墨西哥东部的金合欢树和蚂蚁之间存在令人吃惊的互利共生关系,并被这种关系深深吸引。他首次对这种关系进行了深入研究。金合欢树干有很多凸起的牛角状的刺,蚂蚁就住在这些刺里面。简森发现,蚁后找到尚未被占用的嫩枝,在其中的一个凸起的刺上咬出一个小孔,在小孔里产卵,有时候会离开去寻找花蜜。由卵孵化出的蚂蚁幼虫主要以金合欢树的叶尖为食物,叶尖富含糖类和蛋白质。随后,幼虫变态成工蚁。随着时间的推移,蚂蚁占据了金合欢树所有的刺,多达3万只蚂蚁生活在一个蚁群里。

简森还发现,要是没有这些蚂蚁保护,金合欢树就不能避免昆虫对它的伤害,昆虫吃金合欢树的叶子、花、树干,还有根。要是没

蚂蚁及其幼虫生活在东非的一种哨刺金合欢树上凸起的刺里面。作为回报,当金合欢树受到食草昆虫袭击时,蚂蚁蜂拥而至,与昆虫展开搏斗。

有蚂蚁的话,金合欢树的叶子就会被吃光,在6个月或一年内死去。要是金合欢树不能持续生长,也可能逐渐被其他竞争树种取代。简森剪掉金合欢树的刺,砍掉或者烧掉嫩枝,迫使蚂蚁离开。他发现,一旦金合欢树生出新刺,蚂蚁就会回来。

金合欢树为蚂蚁提供了食物和居住之所。作为回报,蚂蚁也为金合欢树提供两项服务:一是保护树叶不被食叶昆虫吃掉,二是吃附近金合欢树潜在竞争对手的幼苗。简森将金合欢树与蚂蚁之间的关系称为"专性共生关系",意味着一个物种离开另一个物种将会逐渐消

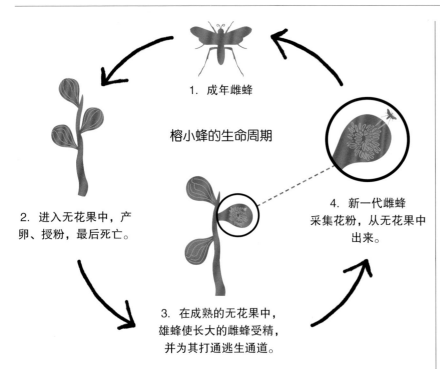

1. 成年雌蜂

榕小蜂的生命周期

2. 进入无花果中，产卵、授粉，最后死亡。

3. 在成熟的无花果中，雄蜂使长大的雌蜂受精，并为其打通逃生通道。

4. 新一代雌蜂采集花粉，从无花果中出来。

榕小蜂和无花果具有复杂的服务-资源互利共生关系。榕小蜂为无花果提供授粉服务，而无花果为蜂卵的发育提供安全的环境。

许多物种之间存在互助关系。

——皮埃尔-约瑟夫·范贝内登
（比利时动物学家）

亡。如果蚂蚁离开金合欢树，金合欢树本身不能保护自己。如果离开了金合欢树，蚂蚁则无家可归。

双方受益

生物互利共生关系基本包含两种类型，一种是服务-资源类型，另一种是服务-服务类型。两种生物之间关系的性质决定了它们的关系属于哪一种类型。无论作为服务的提供方，还是作为资源的接受方，对于两种生物的生存都是关键的。在自然界，生物之间的服务-资源关系随处可见。例如，蝴蝶、飞蛾、蜜蜂、飞蝇、胡蜂、甲虫、蝙蝠或者鸟类都参与了花的授粉或者受精过程，就是这种关系的

一些例子。其中，花提供资源——花粉，动物则提供服务——授粉。据估计，将近四分之三的开花植物，约有17万种，是由20万种动物来完成授粉的。通常来说，昆虫受花的颜色或者气味吸引，前来饮用花蜜或者采集花粉，一些花粉附着在昆虫身上，被带到另一朵花上。花和授粉昆虫都得到进化，以使这种机制更有效。

有些植物在进化过程中，也逐渐形成了与动物之间的这种服务-资源关系。鸟和哺乳动物传播植物的种子、孢子或果实。哺乳动物在吃植物的叶子时，一些植物种子就会附着在动物皮毛上，当这些动物到达别的地方时，就会把植物

种子带到那里。鬼笔菌难闻的气味吸引飞蝇前来，当它们舔食鬼笔菌的黏液时，就会传播这种真菌的孢子。鸟类吞食植物的果实飞离时，也会携带植物的种子，不能消化掉的种子会随着粪便被排泄出来，实际上也起到了传播植物种子的作用。在以上例子中，植物提供资源（食物），哺乳动物、飞蝇和鸟提供服务（传播）。

然而，不是所有生物间的互利共生关系都涉及植物。在非洲，牛椋鸟和食草哺乳动物（如黑斑羚和斑马）之间，存在着服务-资源类型的互利共生关系。牛椋鸟啄食这些哺乳动物皮毛中的虱子，让这些哺乳动物感到舒服，同时不容易生病。而且，牛椋鸟在感觉到危险时，能发出很大的叫声，给这些哺乳动物和其他同类发出警报。

在昆虫世界里，蚂蚁和蚜虫之间存在另外一种服务-资源互利共生关系。蚜虫以植物为食物，而蚂蚁能够保护蚜虫。随后，蚂蚁通过一种类似"挤奶"的过程，用触

角按压抚摸蚜虫，吸食蚜虫分泌的蜜露。生物之间的服务-服务类型的互利共生关系，即两种生物彼此之间互相提供保护，在自然界里比较少见。其中的一个例子，发生在西太平洋的30多种小丑鱼和10种有毒的海葵之间。海葵的触手上有带刺的、充满毒素的刺丝囊，能杀死大多数靠近的小鱼，而小丑鱼是例外。小丑鱼身上有一层厚的保护黏液，使海葵的刺伤不到自己，使其能够生活在海葵的触手之间。作

小丑鱼和海葵离开彼此的保护也能各自生存，但彼此之间协同进化的相互关系使其生存概率更高。

为对海葵保护的回报，小丑鱼吓阻捕食性的鲽鱼，清除海葵身上的寄生生物，还以其排泄物为海葵提供营养物质。

协同进化

服务提供者和资源提供者之间的关系在一个被称为"协同进化"的过程中发展了数百万年——两个或两个以上物种的进化相互影响。

协同进化这一术语，是由美国生物学家保罗·欧利希（Paul Ehrlich）和彼得·雷文（Peter Raven）在1964年创造的。但是，在一个世纪前，达尔文在1862年收到了来自马达加斯加岛的兰花标本，随后和阿尔弗雷德·拉塞尔·

华莱士一起，通过对兰花的观察，意识到了这一概念。像许多其他开花植物一样，兰花靠昆虫授粉。一些兰花具有独特的结构，用于容纳花蜜和花粉。为吸引昆虫来授粉，植物为它们准备了含有能量的花蜜。兰花标本的花蜜储存在一个中空的深达30厘米的花距中。达尔文和华莱士推测，只有较大的飞蛾，它们的喙较长，才可以够到花蜜，这一推测在1997年获得了证实。如果兰花的花蜜储存在较短的花距中，飞蛾就很容易喝到，这样的话，就不容易粘上花粉，也不可能给花授粉。如果花距太长，飞蛾就不会来喝花蜜了。■

海螺像行动缓慢的小狼

小狼

关键种

背景介绍

关键人物
罗伯特·佩因（1933—2016）

此前
20世纪50年代 肯尼亚农民环保主义者大卫·谢尔德里克（David Sheldrick）把大象引入东察沃国家公园，发现生物多样性大幅增加。

1961年 美国生态学家约瑟夫·康奈尔在苏格兰岩质海岸进行的野外研究显示，海螺消亡改变了其食物藤壶的分布。

此后
1994年 以布莱恩·米勒（Brian Miller）为首的美国生态学家发表论文，解释北美草原土拨鼠作为关键种所起的作用。

2016年 由美国海洋生态学家萨拉·格雷姆（Sarah Gravem）领导的野外研究结果表明，某种生物在某些地方可能是关键种。

尽管关键种只占生态系统生物量的一小部分，但在生态系统中起到至关重要的作用。关键种对环境影响大，与它的生物量并不成比例。在生态系统中，关键种消失，将引起生态系统的巨大变化。1969年，美国生态学家罗伯特·佩因（Robert Paine）发表论文《关于营养复杂性和群落稳定性的说明》（*A Note on Trophic Complexity and Community Stability*）。在论文中，他阐述了关键种的重要性。"keystone"（关键）一词，原意是拱门顶部中间的拱顶石，它的作用是防止拱门倒塌。

关键种概念

20世纪60年代，佩因花了几年时间，研究华盛顿州太平洋沿岸的塔图许岛（Tatoosh Island）潮间带的动物。他将赭色海星移走，观察海星的主要猎物贻贝的数量，发现贻贝逐渐取代其他次要物种，占据这一区域。研究结果表明，关键种的消除，对其他物种有明显

> 你需要一个汽车修理工吗？他知晓汽车引擎的所有部分，或者真正明白引擎的各个部分如何相互作用，使其正常运转。
>
> ——罗伯特·佩因

的影响。佩因发展了关于关键种的思想，将"营养级联效应"的概念也包括进去。营养级联效应是指生态系统中自上而下的强烈的链式效应。在佩因关于海星的研究工作以

美国怀俄明州的**黑尾草原土拨鼠**从洞穴向外看。对这个物种的研究揭示，它们对当地生物多样性有促进作用。

参见: 捕食者-猎物方程 44~49页, 互利共生 56~59页, 动物生态学 106~113页, 营养级联 140~143页, 稳定进化状态 154~155页。

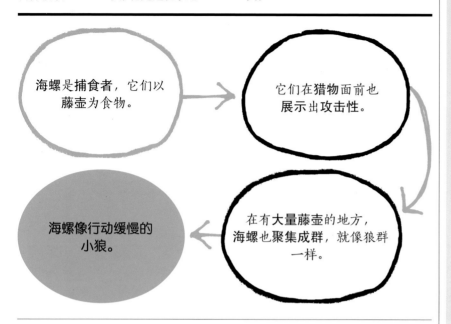

海螺是捕食者, 它们以藤壶为食物。

它们在猎物面前也展示出攻击性。

在有大量藤壶的地方, 海螺也聚集成群, 就像狼群一样。

海螺像行动缓慢的小狼。

罗伯特·佩因

1933年, 罗伯特·佩因出生于美国马萨诸塞州坎布里奇市。从哈佛大学毕业后, 他在美国军队服役, 当时是部队的园丁。此后, 他开始研究海洋无脊椎动物。他研究太平洋沿岸海星和贻贝的关系, 提出关键种的概念。

佩因的职业生涯基本上在华盛顿大学度过。在那里, 他以擅长生态学野外实验而著称。他在2013年获得美国科学院授予的国际宇宙奖, 在2016年去世。

主要作品

1966年 论文《食物网复杂性和物种多样性》(*Food Web Complexity and Species Diversity*), 发表于《美国博物学家》(*American Naturalist*)

1969年 论文《关于营养复杂性和群落稳定性的说明》, 发表于《美国博物学家》

1994年 《岩质海岸和群落生态学——以实验者视角》(*Marine Rocky Shores and Community Ecology: An Experimentalist's Perspective*)

后, 许多其他研究也表明还有许多关键种, 而且每个关键种都以不同的形式产生作用。

生态工程师

美国中西部的草原土拨鼠就是关键种的一个很好的例子。它们对于其他物种的影响是其工程作业的结果。这些小哺乳动物在草地下面挖了大量洞穴, 这些洞穴连接在一起。土拨鼠在洞穴里睡觉, 养育幼崽, 逐渐把草地变成了适宜的生活环境。

土拨鼠持续不断地挖洞, 增加翻土次数, 使营养物质和雨水或雪水渗透到更深的土壤里。潮湿而富含营养物质的土壤增加了植物的多样性, 鸟类(如岩鸽)在矮草里筑巢和觅食。王鸳和黑足雪貂也被猎物吸引到这里, 雪貂和虎皮蝾螈利用洞穴作为栖身场所。差不多有150种动物和植物从土拨鼠的挖洞工程中受益。尽管有些物种, 尤其是喜爱高植被的脊椎动物受害, 但土拨鼠的存在, 总体来说增加了该区域的生物多样性。而随着这些洞穴的消失, 丛生的灌木取代矮草, 岩鸽放弃这里, 捕食者数量也随之减少。

珊瑚清洗者

加勒比海的带鳍鹦嘴鱼是另一种关键种, 这是由于它摄取食物的影响。带鳍鹦嘴鱼生活在珊瑚礁周围, 在那里, 珊瑚之间为争夺光、营养和空间而互相争斗。带鳍鹦嘴鱼刮擦珊瑚表面, 将表面的海藻、海草吃掉。如果不这样做, 珊瑚表面的海草就会越来越多, 完全覆盖珊瑚礁, 对珊瑚礁造成破坏。如果这种鱼被过度捕捞或者由于病害逐渐消失, 那么珊瑚礁的健康就会迅速恶化。

景观管理者

在非洲草原上，非洲象撞倒大小适中的树来觅食，这样做可以维护非洲稀树草原的草地，还可以在原先是林地的地方开拓新草地。非洲象的这种破坏性行为，对于食草动物（如斑马、羚羊和角马）获取食物是有益的。此外，这还有助于食肉动物（如非洲狮、猎豹和鬣狗）捕食猎物，以及小型哺乳动物在草地里挖洞。如果没有非洲象，这些动物都会很快消失。非洲象还是植物种子的很好传播者，没有被消化的植物种子，通过非洲象的粪便传播，随后发芽。西非树种的三分之一依靠非洲象来传播种子。非洲象还挖掘和维护水坑，这对其他许多物种也是有益的。

居住在森林里的亚洲象也起着类似作用。在东南亚，亚洲象撞倒一些大小适中的树，在森林里形成了林间空地，生长在无遮蔽的林间空地的新植物，增加了森林动物和植物的多样性。

关键捕食者

生活在北美太平洋沿岸的海獭是一种海洋哺乳生物。18世纪和19世纪，人类为获得海獭的皮毛，大量捕猎。20世纪初，海獭在许多地方被捕杀殆尽，总数少于2000只。1911年，立法保护才使其数量缓慢增加。

海獭是重要的，这是因为它们大量捕食海胆。居住在海底的海胆，吃海底长出来的巨型海藻的矮小幼茎，使海藻逐渐死去。如果海藻消失，许多以海藻为食物的海洋无脊椎动物也会死去。此外，生长在海底的巨型海藻还吸收大气中大量的二氧化碳，还能使水流减慢，有助于保护海岸线不受风暴袭击。

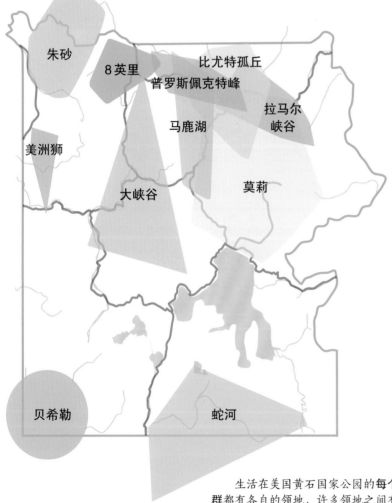

美国黄石国家公园狼群领地

朱砂

8英里

比尤特孤丘

普罗斯佩克特峰

美洲狮

拉马尔峡谷

马鹿湖

大峡谷

莫莉

贝希勒

蛇河

比例

10千米（6英里）

生活在美国黄石国家公园的**每个狼群**都有各自的领地，许多领地之间有重叠的地方。狼群数量每年都有波动，2016年达到108个。

> 海岸带的每个生物物种都以这样或那样的方式，受到海獭影响。

——詹姆斯·埃斯蒂斯
（美国海洋生物学家）

英国再次引入河狸

400年前，河狸在英国已经灭绝，而人们现在已经比较了解河狸作为关键种的益处。河狸是"生态工程师"，它们建水坝，挖地道，其存在会增加生物多样性。

2009年，11只河狸被放入苏格兰卡那普德尔森林。2011年，德文郡野生生物基金会将一对河狸放入用篱笆围住的一块场地。这两个方案中的河狸被监测，以考察其对环境的影响。在卡那普德尔森林，河狸搭建的水坝改变了湖泊水位，德文郡的河狸在塔玛河上游搭建了几个水坝，创建了13个新淡水塘，使周围地区变得更湿润。

在德文郡，由河狸造成的湿润环境，导致苔藓植物数量增加，水生无脊椎动物的种类由14种上升到41种。飞虫数量增加，也使蝙蝠种类增加，两个稀有蝙蝠种类被吸引到这一地区。英国现在正计划引进更多的河狸。

因此，保护海獭对于海藻及广阔的海岸线具有极其重要的作用。

不像海獭，有些关键种也是顶端捕食者，位于食物链的顶端，如灰狼。1995年前，美国黄石国家公园至少有70年没有灰狼。美洲麋鹿在公园里常见，而河狸只有一群。1995年，31只灰狼被放入黄石国家公园；到2001年，灰狼数量超过100只。狼的数量增加，在很大程度上归因于公园里大量的麋鹿，为它们提供了充足的食物。

灰狼的存在使麋鹿流动性更强，麋鹿不像以前那样，待在一个喜欢的地方，尽情啃食柳树、山杨和三角杨的树叶，现在不断地变换地方。这样被麋鹿吃过树叶的植物，还能为其他食草动物（如河狸）提供食物。10年间，河狸的种群由1个增加到9个。河狸用树枝建的水坝，有助于湿地的恢复和湿地野生动物的繁衍。麋鹿残骸的增加，使食腐动物受益，特别是丛林狼、红狐狸、大灰熊、金雕、渡鸦和喜鹊，以及几种较小的食腐动物。

猎豹是生活在南美洲和中美洲森林里的顶端捕食者，捕食的猎物超过85种。在任何区域，猎豹的数量都很少，但会影响其他捕食者的数量，如凯门鳄、蛇、大型鱼类、大型鸟类，以及食草动物，如水豚和鹿。猎豹能够引起所在生态系统显著的连锁反应。如果没有猎豹，食草动物会吃掉大多数植物，毁灭许多其他物种赖以生存的栖息地。

关键植物物种

关键种并不都是动物。植物关键种的一个例子是无花果树，大约有750种，多数生长在热带森林。在热带森林，大多数果肉多的植物都是一年一到两熟。无花果树终年结果，当其他的树不结果实的时候，无花果树上结的果实便成为许多动物的食物。据悉，世界上超过10%的鸟类和6%的哺乳动物（总计1274种）都吃无花果，甚至少数爬行动物和鱼也吃无花果。

无花果树为那些吃植物果实的物种，提供了极为重要的支撑。如果没有无花果树，果蝠、鸟及一些其他生物就会数量锐减或者灭绝。∎

> **通过保护关键种，如土拨鼠，能够教育人们理解保护生态系统的价值。**
>
> ——布莱恩·米勒
> （美国生态学家）

动物的觅食行为取决于觅食效率

最优觅食理论

背景介绍

关键人物
罗纳德·普利亚姆（1945—）
格雷厄姆·派克（1948—）
埃里克·查尔诺夫（1947—）

此前
1966年 约翰·梅里特（John Merritt）、罗伯特·麦克阿瑟和埃里克·宾卡在《美国博物学家》发表论文，提出动物最优觅食的概念。

此后
1984年 阿根廷裔英国动物学家亚历杭德罗·卡切尔尼克（Alejandro Kacelnik）研究椋鸟的觅食行为，阐明了边际值法则（MVT）。

1986年 比利时生态学家帕特里克·梅雷（Patrick Meire）研究蛎鹬对猎物的选择。

1989年 瑞士环境科学家T. J. 沃尔夫（T. J. Wolfe）和保罗·施密德-亨贝尔（Paul Schmid-Hempel）仔细研究蜜蜂携带的花蜜重量如何影响其觅食行为。

地球上的所有动植物都需要资源。植物从土壤中获取养分和水，阳光通过植物的光合作用，为植物提供能量。动物通常要更加努力寻找食物——它们必须不断运动，这就会额外消耗能量。动物的最优觅食理论（OFT）提出，动物应以最大的效率来获取资源，同时避免额外消耗能量。动物觅食和捕食需要消耗时间和能量，动物需要以最小的付出来获得最大的利益。动物的最优觅食理论有助于预测动物为达到目的采用的最优策略。

> 动物在猎物稀少的时候，就会吃各种各样的猎物，但在猎物丰富的时候，只会吃喜欢的猎物。
>
> ——埃里克·宾卡

动物觅食理论

动物觅食理论，直到20世纪60年代中期，才由美国学者罗伯特·麦克阿瑟（Robert MacArthur）和埃里克·宾卡（Eric Pianka）提出。他们仔细研究了为什么动物在面临多种猎物选择时，通常只选择自己喜欢的一些种类。罗伯特·麦克阿瑟和埃里克·宾卡认为，自然选择倾向于选择的动物物种，应是那些在单位觅食时间所获取的净能量最大的物种。动物的觅食时间，应包括寻找猎物、杀死猎物和吃掉猎物所用的时间。

美国生态学家罗纳德·普利亚姆（Ronald Pulliam）和埃里克·查尔诺夫（Eric Charnov）以及澳大利亚生态学家格雷厄姆·派克（Graham Pyke）进一步发展了动物觅食理论。似乎最优觅食理论最适用于运动的捕食者和静止的猎物。有些研究者相信，该理论在猎物运动时一样适用。

关键选择

动物必须选择哪种类型的食

参见: 自然选择进化论 24~31页, 捕食者-猎物方程 44~49页,
竞争排斥原理 52~53页, 互利共生 56~59页。

> 动物关于可获得资源的预期行为,可以用来预测群落的生物结构。

——罗纳德·普利亚姆

物,这种选择很少是直截了当的。例如,美国生态学家霍华德·理查森(Howard Richardson)和尼古拉斯·维尔贝克(Nicolaas Verbeek),对不列颠哥伦比亚潮间带的以蛤蜊为食物的北美乌鸦的觅食行为,进行了研究。北美乌鸦花很多精力,从泥里挖出蛤蜊,打开壳,吃里面的蛤蜊肉。生态学家注意到,较小的蛤蜊都没有被打开,他们得出结论,北美乌鸦采取的觅食策略是,与其花费时间和精力去打开一只较小的蛤蜊壳,倒不如去泥里挖另一只更大的蛤蜊。类似的对蛎鹬和贻贝的研究发现,最大的贻贝都被剩下了,因为它们的壳厚,而且覆盖着藤壶,打开比较困难。蛎鹬往往吃掉那些壳薄的贻贝,尽管那些贻贝比较小。

动物也必须对在哪里觅食,何时觅食做出选择。例如,椋鸟在一块适宜的草地待的时间越长,觅食就越困难。因此,它们得决定何时离开这里,到另一片草地去,这是被称为边际值法则的一个例子。动物觅食也需要考虑一系列其他因素,例如有没有天敌存在,竞争同一食物的竞争者的数量,以及人类活动的影响。■

蛎鹬以鸟蛤和贻贝为主要食物来源。没有这些食物,它们就被迫到更远的内陆去觅食。

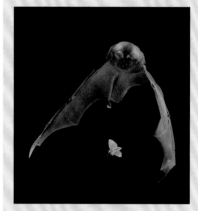

靠回声定位的蝙蝠

技术进步为研究动物的捕食策略提供了极大的帮助。食虫蝙蝠,也被称为微型蝙蝠,在黑暗中靠回声来定位和捕捉飞虫,例如飞蛾和蚊虫。一个日本研究团队利用声阵列测量技术和数学模型,开始研究蝙蝠的觅食行为。研究者记录蝙蝠的回声定位声波及其飞行轨迹。他们发现,蝙蝠通过回声定位的猎物,除最接近它们的,还包括下一个与最近的排成一列的猎物。

研究团队还发现,蝙蝠就像熟练的象棋选手一样,提前两步选择飞行轨迹。蝙蝠不仅通过选择多个目标以获得最多的能量,还通过减少飞行距离,使消耗的能量最少。蝙蝠的觅食行为与动物的最优觅食理论相符。

寄生虫和病原体像捕食者一样控制种群

生态流行病学

背景介绍

关键人物
罗伊·安德森（1947—）
罗伯特·梅（1936—）

此前
1662 年 英国统计学家约翰·格朗特（John Graunt）在《关于死亡率的自然观察和政治观察》（*Natural and Political Observations made upon the Bills of Mortality*）中，分析了伦敦居民死亡的原因。

1927 年 苏格兰科学家安德森·格雷·麦肯德里克和威廉·奥格尔维·克马克（William Ogilvy Kermack）开发出流行病学模型，以描述感染、未感染个体和免疫个体之间的关系。

此后
1996 年 美国流行病学家詹姆斯·S. 库普曼（James S. Koopman）呼吁用计算机模拟疾病的发生和传播。

流行病学研究疾病如何在种群中传播，起初用于研究人类疾病，但人们很快认识到，它的研究方法也是模拟其他生物种群的有效方法。

生态学家很早以前就知道，动植物种群的规模和增长率取决于可以获得的食物、生存空间和捕食活动的程度。20 世纪 70 年代，英国流行病学家罗伊·安德森（Roy Anderson）和澳大利亚科学家罗伯特·梅（Robert May）的研究表明，寄生生物和由细菌与病毒引起的传染病会影响生物种群的规模。

参见： 微生物环境 84~85页，微生物学 102~103页，菌根的普遍性 104~105页，生物多样性与生态系统功能 156~157页。

1854年死于伦敦霍乱的死者分布地图

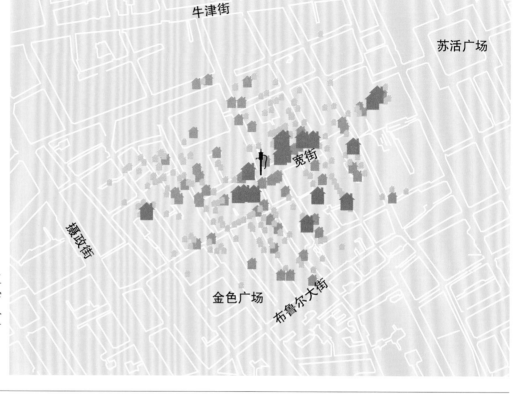

图例

- 1~4 个死者
- 5~9 个死者
- 10~15 个死者
- 宽街压水泵

牛津街

苏活广场

宽街

摄政街

金色广场

布鲁尔大街

1854年，伦敦暴发的霍乱**死亡人数**与中心区的一处水井有关。从患者家里排出的污水污染了这口水井。

例如，引起野生羊死亡的主要疾病是肺线虫，而大部分野生鸟类死于病毒性感染。

在生态学中，疾病的影响更为深远。每天有多达40%的海洋细菌被病毒杀死。这引起"病毒分流"，如同原本会沿着食物链向上流动到消费者的养分，又退回生物链底端。

流行病学的早期工作

流行病学起源于英国医生约翰·斯诺（John Snow）所做的工作。1854年，斯诺医生目睹霍乱在伦敦苏活街蔓延。那个时候，人们认为疾病是由瘴气引起的，瘴气是从死人和病危的人身上发出的一种有毒气体。斯诺并非第一个对这个说法提出质疑的人，在霍乱蔓延时，他对此说法产生了强烈的怀疑。

1854年，斯诺在苏活街区地

英国医生约翰·斯诺认为霍乱是通过水传播的。为让人们接受他的观点，他与当权者进行了斗争。医学杂志《柳叶刀》（*The Lancet*）最终在1866年承认他是对的。

干旱对植物病害的作用

像其他致病介质一样，植物病原体（植物致病介质）需要一定数量的易感个体。在干旱期间，植物生长和繁殖速率下降，因此病害得以减轻。

然而，在干旱期间，植物比较脆弱，容易受到一些病原菌侵害。这些病原菌能够在干燥条件下成长，包括各种各样的真菌。这些真菌容易使禾谷类作物、豆科作物和果树的叶片生病。这些真菌以休眠状态存活在土壤的固体颗粒上。它们能在干燥条件下存活许多年。但是，一旦土壤变湿润，它们必须在几周内找到寄主，否则就会死亡。当然，它们不一定要杀死寄主。关于鹰嘴豆的近期研究表明，尽管植物在干旱期间容易感染真菌，但其死亡率会下降。

夏季干旱造成大麦幼苗生长缓慢，缺水和高温会降低其根部对真菌的抵抗能力。

图上，标记出每个死于霍乱的居民的住址。他发现，有死者的家庭都到宽街的水井打水。他关闭了水井，传染病很快停止传播。这表明霍乱是由水传播的疾病，通过被污染的食物和水在人群中传播。十年后，路易·巴斯德的细菌理论提出，疾病和一般的腐烂都是微生物的作用。

疾病模型

20世纪70年代，安德森和梅在研究中构建了一个数学模型，用来描述微生物如何影响种群，结果得到一个方程组。他们希望这个方程组有助于解释真实世界里不同种类的病原生物对生物种群的影响，这些病原生物包括细菌、病毒、寄生虫和昆虫幼虫。

在他们的模型中，大量老鼠被分为三组：易感染的（尚未感染）、已经感染的和在感染中存活下来并具有免疫力的。不像许多早期流行病学研究，在他们的模型

很明显，数学模型是以精确的方式思考问题的最恰当的工具。
——罗伊·安德森和罗伯特·梅

英国北约克郡的**一棵患有荷兰榆树病的树**，这种病害是偶然通过榆树皮甲虫从亚洲传入欧洲和美洲的一种真菌引起的。

中，种群个体的总数不是固定的。通过繁殖和从别的种群中加入，可以增加种群个体总数。当然，老鼠也会自然老死。在没有疾病的条件下，老鼠种群个体总数总是大致相同，增加的和死去的老鼠数量基本持平。

为简化起见，该模型假定，疾病在感染的和未感染的老鼠之间传播。考虑到老鼠染病不一定会死，因此该模型也将康复率包括进去。康复的老鼠具有免疫力，至少起初是这样。对病毒的免疫力或多或少是终生的，但也有可能随着时间推移，这些老鼠会重新感染相同的病毒。因此，该模型也将免疫力丧失率包括进去。

基于上述考虑，安德森和梅利用他们构建的方程组，预测了三个老鼠种群的变化率，把这三个结果加在一起，就给出了整个老鼠种

> 麻疹和风疹等具有短暂感染和能够持久免疫特征的疾病往往表现出流行模式。

——罗伊·安德森

群的变化率。在计算中，他们推断出，当种群的平衡点（增加的数量与自然死亡的数量持平时，老鼠种群个体总数）超过自然死亡的、病死的、康复的，以及重新感染的老鼠个数总和时，疾病就会继续发生。反之，疾病就会逐渐消失。一旦种群没有疾病发生，它的平衡点就会回到原来的水平。种群发生疾病时的平衡点小于无病时的平衡点。

与现实世界基本一致

安德森和梅需要证实他们的模型能够精确预测现实世界的生物种群变化。他们在实验室观察感染了巴氏杆菌病的老鼠种群，当然也考虑不同数量的老鼠加入种群的效应。实验数据证实了他们的预测，两位科学家因此能够预测在各种假想条件下的种群效应。例如，他们发现，当加入种群的老鼠数量最多时，疾病对种群个体总数影响最大。这意味着，繁殖率高的物种的种群，最有可能患上传染病。与繁殖率低的物种相比，其种群规模低于正常水平。两位科学家还探讨了不同强度的疾病对种群的不同影响。

不像一些地方性疾病患病个体数保持稳定，当所有受感染和未受感染成员的增长率都低于传染病造成的死亡率时，该疾病就会在种群中流行。感染个体数急剧上升到最高值，然后下降。当一种疾病不是特别致命，但减缓了种群的增长率时，也会发生流行病。例如，人类疾病麻疹和天花。

理论应用

疾病的性质及其对动植物种群的影响，变得越来越重要。例如，食品生产商受益于一些研究，这些研究是关于影响作物和家畜的寄生生物性质和疾病动态的。自然资源保护者也利用流行病学方法，来预测外来疾病和入侵寄生生物如何影响脆弱的生态系统。■

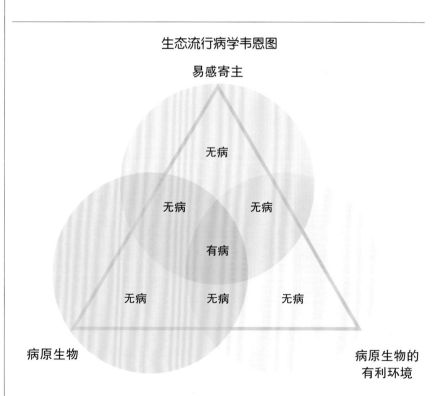

生态流行病学韦恩图

易感寄主

无病

无病　　无病

有病

无病　　无病　　无病

病原生物　　　　　　　　　　病原生物的有利环境

当在适宜感染的环境中发现适当的寄主时，**病原生物**侵入寄主，如图中圆形的相交部分。例如，在卫生条件差的情况下，腹泻在病人之间传播很快。

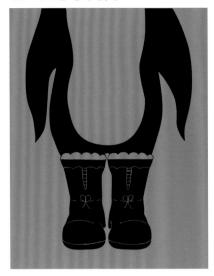

为什么企鹅的脚不结冰?

生态生理学

背景介绍

关键人物

克努特·施密特-尼尔森

（1915—2007）

此前

1845 年 探险家亚历山大·冯·洪堡揭示，面对相似生态要素的植物具有许多相似的性质。

1859 年 查尔斯·达尔文认为，生物进化是由于对于变化的生态条件的适应。

此后

1966 年 澳大利亚生化学家马歇尔·哈奇（Marshall Hatch）和查尔斯·斯莱克（Charles Slack）解释，分布最广泛的植物是那些光合作用最有效的植物。

1984 年 英国科学家彼得·惠勒（Peter Wheeler）提出，人类用两条腿走路，是为保持体温而进化的结果，这样可以减少身体暴露在直射阳光下。

达尔文进化论的核心原则：所有生物，从简单的细菌到复杂的哺乳动物，都要通过自然选择，适应并生存在特定的生态位和栖息地中。生态生理学是研究生物的解剖结构与功能，以及与环境的关系的一门学科。生态生理学用来解释生物的解剖结构如何与生物的生存能力、分布、多度和繁殖能力相联系。1960年，克努特·施密特-尼尔森（Knut Schmidt-Nielsen）出版《动物生理学》（*Animal*

从生理学的观点来看，淡水在海洋中并不比在沙漠中更容易获得。

——克努特·施密特-尼尔森

Physiology），给生态生理学研究提供了很多重要的灵感。现在，生态生理学研究在生态学中起着重要作用，可以帮助科学家理解气候变化造成的环境危害，如何影响野生生态系统和栽培环境。

控制温度

生态生理学已经揭示了生物在不同环境下大量的特定适应性。例如，生活在较冷地区的动物，与生活在较温暖地区的相比，身体较大，腿较短，耳朵较小，尾巴也较短。身体较大的动物体表面积与质量的比值较小，散热较慢；而较小的附肢减少暴露在寒冷环境中的机会，以免冻伤。

在极端寒冷的环境里，恒温动物的脚有冻在地上的危险。在北极地区，哺乳动物（如麝香牛和北极熊）已经适应了那里的环境条件，它们的脚上有厚厚的毛。

在南极，企鹅脚底有厚厚的脂肪，保护它们的脚。在企鹅腿部，存在热交换机制（对流），来自企鹅身体的热血和来自脚底的冷

参见: 自然选择进化论 24~31页，生态位 50~51页，竞争排斥原理 52~53页，生态化学计量学 74~75页。

血进行热交换，使脚的温度上升到体温。

非洲瞪羚利用相似的热交换机制来降低体温。通过这种机制，使到达头部的血冷却下来，这使它们比经常头脑发热的捕食者更有优势。骆驼的鼻腔也存在热交换，以减少呼吸时的水分损失。又热又干的空气被吸入鼻腔内，在到达肺部之前，要与鼻腔内的水分混合。骆驼向外呼出的气体要比外面的空气凉爽得多，因此向外呼出的空气中的水分在鼻腔内凝结。这样，就在骆驼的鼻腔内形成了一个潮湿、凉爽的环境。

未来挑战

目前，生态生理学的研究目标已经逐渐聚焦于植物、真菌和微生物。和动物一样，它们也要适应环境才能生存下去。对于它们的研究，无论出于商业目的还是生态保护目的，都有可能得到一些至关重要的发现。■

帝企鹅能够生存在南极寒冷的环境里，部分原因归功于它们的身体已经进化，适应了恶劣环境。

克努特·施密特-尼尔森

克努特·施密特-尼尔森在挪威特隆赫姆市长大，对与动物栖息地有关的动物生理学感兴趣。他的兴趣受爷爷影响，他的爷爷曾把几千个比目鱼苗放进淡水湖中。那些鱼能够正常生长，但不能繁殖，因为其生殖生理功能已经适应了咸水环境。1954年，施密特-尼尔森来到美国杜克大学，研究骆驼、沙土鼠和其他沙漠动物的生理结构。他还研究鸟类呼吸系统和鱼类的浮力。他在1960年出版的《动物生理学》至今仍是经典著作。

主要作品

1960年《动物生理学》

1964年《沙漠动物》
（*Desert Animals*）

1972年《动物如何工作》
（*How Animals Work*）

1984年《缩放：为什么动物大小如此重要》（*Scaling: Why is Animal Size so Important?*）

1998年《骆驼的鼻腔：好奇科学家的回忆录》（*The Camel's Nose: Memoirs of a Curious Scientist*）

所有生命都是化学品

生态化学计量学

所有生物，从微小的海洋藻类到巨大的红杉树，都是由不同比例的化学元素构成的。化学计量学研究这些元素的平衡，以及在化学反应中元素比例的变化。研究元素的比例能够阐明生物世界运行的方式，揭示生物是如何从周围环境中获取营养和其他化学物质的。2002年，美国生物学家罗伯特·斯特纳（Robert Sterner）和詹姆斯·埃尔斯（James Elser）在

生物个体在一生中构成元素所占比例也是有差别的。年轻个体与较老个体之间，构成元素比例是不同的。
——罗伯特·斯特纳和詹姆斯·埃尔斯

他们的著作《生态化学计量学》（*Ecological Stoichiometry*）中，首次全面描述了化学计量学在生态各个等级水平中的应用：从分子和细胞到个体，再到种群、群落和生态系统。

关键化学元素

在生态学研究中，碳、氮、磷三种化学元素起着至关重要的作用。碳元素构成所有生物的基本构架，而且涉及许多重要的化学反应过程。氮是所有蛋白质的主要构成元素，而磷元素对于细胞的发育及能量的储存是至关重要的。

生物的碳氮磷比不一定始终不变。植物的这个比例是变化的，根据环境条件进行调整。例如，在一个特别晴朗的天气里，植物碳元素所占的比例上升，这是由于发生的光合作用较多的缘故。光合作用是指植物吸收空气中的二氧化碳，并利用太阳能，将二氧化碳转化为植物需要的营养物质的过程。

在食物链中等级较高的动物，其碳氮磷比较为固定，因此当

参见： 生态生理学 72~73页，食物链 132~133页，生态系统的能量流 138~139页，植物生态学基础 167页。

控制生物体内的化学元素比例

蝗虫吃的草中碳元素含量是其需求量的6倍。为维持平衡，蝗虫要排泄出碳元素或者以二氧化碳的形式呼出碳元素。蝗虫容易繁殖，被广泛应用于研究中。

图例

■ 碳　■ 氮

蝗虫　　　　　　　草
5：1　　　　　　33：1

化学元素进入身体，动物要利用各种不同机制，来处理这种化学元素，使其达到平衡。例如，如果昆虫或食草动物摄入过多的碳元素，可能调节消化酶去适应，可能将其排泄出去，可能将其储存为脂肪，也可能通过提高代谢率去消耗掉，以二氧化碳的形式呼出体外。然而，滥用这些机制去修正元素的不平衡，可能影响动物的健康、生长和繁殖。食肉动物很少这样做，这是因为猎物的碳氮磷比与其本身的非常接近。但是，它们的猎物种群的规模，仍然由生存环境中的植物来决定，因为高碳比的植物食物只能维持一个小的食物链。

理解我们的世界

食物链是一个研究领域，而生态化学计量学包含其间几乎所有联系。通过探索生物体的化学元素含量对生态的影响，科学家可以了解如何更好地管理环境。他们的发现可能对未来地球上的生命产生显著影响。

沙漠蝗虫要吃大量富含碳元素的植物，以得到足够的氮和磷，维持其碳氮比。

增长率假说

现在，癌症研究也运用了化学计量学。日益增长的证据显示，一种被称为"增长率假说"的理论，有助于解释为什么某些癌症肿瘤增长较快。

增长率假说认为，碳磷比高的生物体，如果蝇，细胞中含有较多的核糖体，使其能够迅速生长和繁殖。生物体中磷元素的近一半是以核糖体核糖核酸的形式，存在于每个细胞中，它参与生产的蛋白质，可用于构建新的细胞，使生物体生长。詹姆斯·埃尔斯及其团队，运用生物化学计量学方法得出结论，显示癌症肿瘤中的磷元素含量远远高于正常身体组织。这一研究结果可能有助于科学家找出控制肿瘤增长的办法。

探讨癌症肿瘤迅速增长的研究发现，在肺部和结肠部的恶性肿瘤中，磷元素含量极高。

恐惧本身是强有力的

捕食者对猎物的非消费性效应

背景介绍

关键人物

厄尔·维尔纳（1944—）

此前

1966 年 美国生态学家罗伯特·佩因进行了一系列开创性的野外实验，以强调捕食者对其生活的群落的重要影响。

1990 年 加拿大生物学家史蒂文·利马（Steven Lima）和劳伦斯·迪尔（Lawrence Dill）分析了那些最有可能被其他生物捕食的生物体的决策过程。

此后

2008 年 美国生物行为学家、生态学家约翰·奥罗克（John Orrock）与厄尔·维尔纳合作，提出了一个数学模型，用于解释捕食性动物的非消费性效应。

很多有关生态系统中捕食者与猎物关系的描述，聚焦于生物之间吃与被吃的关系。然而，美国生态学家厄尔·维尔纳（Earl Werner）和其他一些研究者的研究表明，仅仅是捕食者的存在，就会影响到猎物的行为。

除顶端捕食者外，所有动物必须平衡几方面的需求，包括睡眠、繁殖，以及冒着生命危险觅食。捕食者能够吃掉猎物，它们的致命作用是明显的，然而，它们的非致命（非消费）作用对生态系统的影响甚至更大。猎物为生存下来，被迫改变生活方式。

1990 年，维尔纳研究绿蜻蜓

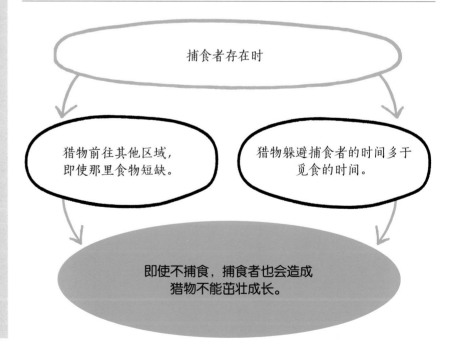

捕食者存在时

猎物前往其他区域，即使那里食物短缺。

猎物躲避捕食者的时间多于觅食的时间。

即使不捕食，捕食者也会造成猎物不能茁壮成长。

参见: 自然选择进化论 24~31页, 捕食者-猎物方程 44~49页, 生态位 50~51页, 竞争排斥原理 52~53页, 互利共生 56~59页, 最优觅食理论 66~67页。

绿蜻蜓在池塘中产卵, 孵化出的幼虫成为池塘中蝌蚪的捕食者, 影响蝌蚪的行为。

幼虫对蟾蜍蝌蚪的影响。他注意到, 当蜻蜓幼虫出现在水槽里时, 水槽里的蝌蚪很少活动, 它们游到水槽其他地方, 并且在较小的时候就完成了变态过程。仅仅是捕食者的存在, 就改变了蝌蚪的形态及其行为。

1991年, 维尔纳调查了涉及一种以上猎物的情况。当水槽中没有捕食者时, 牛蛙和绿蛙的蝌蚪生长速率几乎一致。但是, 当水槽中出现捕食者绿蜻蜓的幼虫时, 两个种类的蝌蚪都很少活动, 会游到不同的地方。牛蛙蝌蚪生长得比没有捕食者时更迅速, 而绿蛙蝌蚪则减少了觅食活动, 生长缓慢。维尔纳据此得出结论, 认为对于猎物来说, 在尽可能快速生长与被捕食的风险之间, 存在取舍关系。快速生长需要更多的觅食活动, 这增加了被捕食者吃掉的可能性。捕食者的存在, 对于不同物种的猎物的行为的影响是不同的。牛蛙蝌蚪在捕食者存在时的行为, 使它们变大, 因而比绿蛙蝌蚪更具有竞争优势。

陆生动物

早期关于动物的非消费性效应的研究, 主要是在实验室条件下, 针对水生动物展开的。目前, 科学家对于陆生动物也进行了许多研究。2018年发表的一个德国野外研究, 就是针对猞猁及其猎物狍子展开的。研究者发现, 当有猞猁存在时, 白天和夏季的夜晚, 狍子会避免到已知的高风险区域去。在夏季, 捕食活动常常发生在夜晚。狍子不再到一些常去的地方吃草, 大概是害怕受到猞猁攻击。

有捕食者的地方, 就有非消费性效应。捕食者也会影响一些固生动物（不能移动）, 以及移动的动物。当某些主要的竞争对手被捕食者取代, 而且捕食者在新的栖息地中, 在同固生动物竞争食物中取胜时, 会影响到固生动物的生存。例如, 小鱼被捕食者取代, 会影响到海绵动物的生存。■

生物通过减少活动和改变活动地点对捕食者做出反应。
——厄尔·维尔纳

ORDERING THE NATURAL WORLD

自然界的
秩序

亚里士多德《动物志》
以物种为基础，将生物
分为 11 个等级。

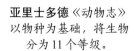

牛津大学阿什莫尔博物馆
（世界上第一个公共博物馆）展出了
一批私人收藏的自然历史珍品。

伦敦自然历史博物馆向公众
免费开放。现在这里收藏了
8000 万件标本。

大约公元前350年　　　　**1683年**　　　　**1881年**

1665年　　　　**1758年**

罗伯特·胡克所著的插图丰富的
《显微制图》向大众揭示了
微观结构。

卡尔·林奈的《自然系统》第 10
版利用他的双名系统对一系列
植物和动物物种进行了分类。

久以来，人们一直为生命的多样性感到惊奇，赞叹大自然，可以追溯到 3 万多年前的史前洞穴艺术来赞美大自然的恩赐。早在公元前 4 世纪的古希腊，亚里士多德就曾尝试对生物体系进行分类。他在《自然阶梯》中把生物体系分为 11 级，其中人类和哺乳动物在最顶端，然后是其他代表动物，继续向下延伸到植物，最后是矿物。一千年过去了，直到中世纪，人们仍然认为亚里士多德体系及其变体是正确的。这主要有以下几个原因：一方面，当时没有显微镜，人们对细胞和微生物一无所知。另一方面，没有有效的水下探测手段，科学家对水生生物的认知有限，世界上许多地方对科学家来说仍然是未知的。为与天主教的主流思想保持一致，人们一般认为自然界是静止不变的。

发现的时代

伟大的探险时代发现了以前的未知地区和当地的动植物。瑞士医生和博物学家康拉德·格斯纳所著《动物史》（1551—1558）一书涵盖了一些来自新大陆的、远东的最新发现，以及古典文献记载的动物。他在这个五卷本著作中将动物划分为哺乳动物、爬行动物和两栖动物、鸟类、鱼类和水生动物，以及蛇和蝎子几类。

显微镜的发明对科学发展产生了重大影响。英国学者罗伯特·胡克很快开始采用这项新技术。胡克的著作《显微制图》（1665）启发了其他科学家使用显微镜进行研究。由于能看到放大到实际大小 50 倍的标本，胡克对微观生命进行了细致入微的描绘，还在观察植物纤维之后发现了细胞并为之命名。胡克还因在岩石中发现化石碎片而提出生命起源的问题。

不同分类

英国牧师约翰·雷的《植物史》（1686—1704）是格斯纳早期著作的植物学版本，共分三卷，收录了约 1.8 万种植物。雷还提出了一个物种生物定义，他指出"一个

卡尔·伍斯发现被忽视的
第三类生命形式——古菌。

诺曼·迈尔斯提出"生物
多样性热点地区",划定了
10个保护珍稀物种的
热点地区。

1977年　　　　　　**1988**年

1942年　　　　　　**1988**年　　　　　　**2018**年

恩斯特·迈尔提出了生物物种
概念,根据物种与其他物种
交配繁殖的能力进行分类。

爱德华·威尔逊创造
"生物多样性"这个词,
并在后来指出人类是生物
多样性的主要威胁。

国际自然保护联盟的红色名录
显示,在所有被评估的
物种中,超过27%的物种
有灭绝危险。

物种永远不会从另一个物种的种子中生长出来"。瑞典植物学家、分类学之父卡尔·林奈在1735年首次出版了《自然系统》,但直到1758年出版的第10版中,才建立了现代动物学命名系统。林奈有两卷著作是关于植物和动物的,他将它们分为纲、目、属和种。在这个双名系统中,每个物种不仅有一个属名,还有一个种名,这种命名法至今仍在使用。林奈还写了关于岩石、矿物和化石的第三卷。

物种概念

德裔美国进化生物学家恩斯特·迈尔在《分类学与物种起源》(1942)一书中,以达尔文的自然选择进化论为基础,并且巩固了物种生物学的概念。迈尔认为,一个物种不仅是一群形态相似的个体的集合,而且是一个只能在内部繁殖的种群。迈尔进一步解释,如果一个物种中的种群与其他种群隔离,它们可能变得与其余种群不同,随着时间推移,通过遗传漂变和自然选择,甚至可能进化成新物种。

电子显微镜和线粒体DNA分析等现代技术的进步,揭示出许多关于物种数量和物种关系的信息,其中有些令人吃惊。1966年,德国昆虫学家威利·亨尼希为反映进化的复杂性,提出了一种基于共同祖先的生物分类体系。20世纪70年代,美国生物学家卡尔·伍斯将所有生物划分为三大类。截至2018年,现存动植物种约174万种,估计总数在200万到1万亿种之间。

多样性受到威胁

20世纪末,随着对生物多样性规模和关键作用的认识,以及进化能够创造物种,也可以摧毁物种的认识不断加深,美国生态学家爱德华·威尔逊等人让世界意识到人类活动能够导致物种灭绝,而且这一进程正在加速。一些人甚至警告,地球生物可能正处于第六次大灭绝的边缘。目前,各国政府提出许多政策来应对这一问题,包括保护生物多样性热点地区。■

自然界的一切事物，都有某种奇妙之处

生物分类

背景介绍

关键人物

亚里士多德

（约前384—前322）

此前

约公元前1500年 古埃及人认识到植物的不同特性。

此后

8—9世纪 倭马亚和阿巴斯王朝的伊斯兰学者将亚里士多德的许多著作翻译成阿拉伯语。

1551—1558年 康拉德·格斯纳的《动物史》把世界上的动物分为五大群类。

1682年 约翰·雷出版《植物史》，书中包含1.8万多种植物。

1735年 卡尔·林奈设计了一个双名系统，这是首个对生物进行一致分类的系统。他根据这个命名法，为《自然系统》中所列的每个物种命了名。

从有记载的历史开始，人们就试图根据用途来识别生物体。例如，根据公元前1500年左右的埃及壁画，那时人们了解到许多植物的药用特性。在公元前4世纪写成的《动物志》（*History of Animals*）一书中，希腊哲学家亚里士多德第一次认真尝试对生物体进行分类，研究它们的解剖结构、生活史和行为。

分类特点

亚里士多德将生物分为植物和动物，并且进一步将大约500种动物按照明显的解剖特征来分类，这些特征包括：是否有血，是温血动物还是冷血动物；是否有四只或更多的足；是胎生还是卵生。他还记录动物是生活在海里、陆地还是空中。最重要的是，亚里士多德在分类时使用了后来人们使用的拉丁文"属"和"种"的名称。直到今天，现代分类学家仍在使用这些名称。亚里士多德将动物安置于自然阶梯中，根据生殖方式不同，将动物分为11个等级。高等动物是哺乳动物，低等动物是卵生动物。人类处于阶梯顶端，哺乳动物、鲸类、鸟类和卵生动物处于略低的位置。亚里士多德把矿物质放在阶梯底端，植物、蠕虫、海绵动物、昆虫和甲壳动物都在其上面一层。

亚里士多德的分类系统非常原始，其分类体系主要是基于实际观察，其中许多是在莱斯沃斯岛上进行的。他记录了一些前人从未描

如果有人认为研究动物是一项没有意义的工作，那他一定也不把研究人类放在眼里。

——亚里士多德

参见: 微生物环境 84~85页, 自然生物识别系统 86~87页, 生物物种概念 88~89页, 微生物学 102~103页, 动物行为 116~117页, 岛屿生物地理学 144~149页。

章鱼与周围的环境融为一体。章鱼能改变颜色就是亚里士多德许多精确的观察结果之一。

述过的细节,包括幼角鲨如何在母亲体内生长,河中的雄鲶鱼怎样守护鱼卵,以及章鱼可以变色等。他的大部分观察结果都是正确的,有些在几个世纪后才得到证实。

生物链

尽管亚里士多德的分类方法存在局限,但其影响一直持续到18世纪,对后来的每次动植物分类均产生重大影响。中世纪的基督教把自然阶梯看成一个"伟大的存在之链"。上帝在这个严格阶梯的顶端。人类和动物在其下面,植物在底端。瑞士医生康拉德·格斯纳(Conrad Gessner)在16世纪中叶出版了第一本现代动物学分类著作《动物史》(*History of Animals*)。

这部五卷本巨著以经典资料为基础,包括东亚发现的新物种。它涵盖了格斯纳观察到的主要动物群体:胎生四足动物(哺乳动物)、卵生四足动物(爬行动物和两栖动物)、鸟类、鱼类和水生动物,还有蛇和蝎子。1682年,英国博物学家约翰·雷(John Ray)在《植物史》(*History of Plants*)一书中提出了类似的植物学分类方法。在不到50年时间里,卡尔·林奈的《自然系统》彻底改变了生物的分类方式。■

亚里士多德

亚里士多德出生于古希腊马其顿。他年幼时父母双亡,由监护人抚养长大。17~18岁时,亚里士多德被柏拉图的雅典学园录取,在那里学习了20年,他的著作涉及物理、生物、政治、经济、诗歌和音乐。后来,他和学生泰奥弗拉斯托斯去了莱斯沃斯岛,《动物志》大部分内容基于他在岛上的观察结果。亚里士多德曾经教过托勒密一世和亚历山大大帝。公元前335年,他在雅典创建自己的学校。公元前322年,在亚历山大去世后,亚里士多德逃离雅典,同年去世于埃维亚岛。

主要作品

公元前4世纪

《动物志》

《论动物之构造》(*On the Parts of Animals*)

《动物之繁殖》

(*On the Generation of Animals*)

《动物之运动》

(*On the Movement of Animals*)

《动物之行进》

(*On the Progression of Animals*)

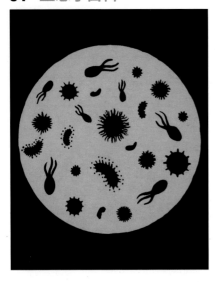

借助显微镜，人类明察秋毫

微生物环境

背景介绍

关键人物

罗伯特·胡克（1635—1703）

此前

1267年 英国哲学家罗吉尔·培根（Roger Bacon）在他的《大著作》（Opus Majus）卷五中讨论了如何利用光束来观察细小的尘埃微粒。

1661年 英国建筑师克里斯托弗·雷恩（Christopher Wren）的显微画作给查尔斯二世留下了深刻印象，于是委托罗伯特·胡克绘制了更多画作。

此后

1683年 荷兰业余科学家安东尼·范·列文虎克用显微镜观察细菌和原生动物，并在伦敦皇家学会发表了自己的研究成果。

1798年 英国医生和科学家爱德华·詹纳研制了世界上第一支天花疫苗，并发表了一篇关于天花疫苗效果的调查报告。

17世纪的读者翻阅《显微制图》（Micrographia）这本书时，会非常惊奇。在英国科学家罗伯特·胡克（Robert Hooke）于1665年出版的影响深远的这部著作中，有许多因尺寸极小以前不为人们认识的结构插图。胡克的显微镜把物体放大了50倍，但这些图片的准确性在很大程度上归功于他的苦功夫。胡克从不同角度绘制了许多草图，然后将它们拼成一张图片。

在每个小粒子中，我们现在看到的生物种类之多，就像我们能够计算出的整个宇宙里的数量一样。

——罗伯特·胡克

虽然还不清楚是谁发明了显微镜，但可以肯定，显微镜在17世纪60年代就开始使用了。由于制造镜片困难，早期仪器并不可靠，科学家必须用创造性思维来解决这个问题。起初，胡克很难看清标本，所以他发明了一种改良光源，并命名为"反光镜"。胡克的著作不仅是对他透过镜片观察到的对象的精确描述，而且从理论上解释了这些图像揭示的生物活动。例如，当观察一块极薄的软木标本时，胡克看到了一个蜂窝状的图案，他将其中的单元格描述为"细胞"，这个术语沿用至今。

显微镜奇迹

《显微制图》启发了许多科学家去研究微观世界。根据胡克书中的注释和设计图，荷兰科学家安东尼·范·列文虎克（Antonie van Leeuwenhoek）制造出了自己的显微镜，实现了200多倍的放大率。

列文虎克检查了雨水和积水样本，并对他看到的众多生命感到惊讶。他发现了单细胞原生动物，

参见: 生物分类 82~83页, 自然生物识别系统 86~87页, 微生物学 102~103页, 昆虫体温调节 126~127页。

并将其命名为"小动物", 然后又发现了细菌。他还对人类和动物的解剖结构进行了大量观察, 包括血细胞和精子。

列文虎克观察水样时, 荷兰同事扬·斯瓦默达姆 (Jan Swammerdam) 也在显微镜下观察昆虫, 发表了描述各种昆虫行为细节的记录, 并发现了很多昆虫的解剖结构。斯瓦默达姆最具有影响力的作品为《蜉蝣的生命》(*Life of the Ephemera*, 1675), 详细记录了蜉蝣的生活史。在英国, 尼希米·格鲁 (Nehemiah Grew) 利用显微镜观察了许多植物, 他是第一个确定花是植物性器官的人。在《植物解剖学》(*The Anatomy of Plants*, 1682) 中, 他称雄蕊为雄性器官, 雌蕊为雌性器官。格鲁还发现了花粉粒, 注意到它们是由蜜蜂传送的。

显微镜技术不断发展, 设备变得越来越复杂。1931年, 电子

> 《显微制图》是我一生中读过的最具独创性的书
> ——塞缪尔·佩皮斯
> (英国日记作者)

显微镜首次被使用, 基于电子束而不是光来显示目标物, 这使科学家可以更加近距离地观察目标。电子显微镜可将物体放大为实际大小的100万倍, 是大多数现代光学显微镜的600倍。■

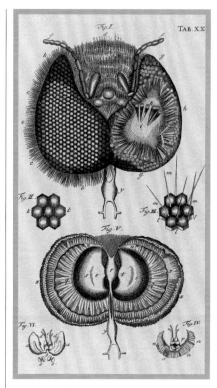

扬·斯瓦默达姆绘制并发表在《蜜蜂史》(*A Treatise on the History of Bees*) 中的蜜蜂复眼和大脑, 图中所示为眼睛外部结构 (左) 和解剖结构 (右), 以及大脑的横截面 (下)。

罗伯特·胡克

胡克出生于英国怀特岛, 早年对科学产生了浓厚兴趣。因继承遗产, 他得以进入著名的威斯敏斯特学院, 在那里表现出色, 并在牛津大学获得一席之地。他曾经做过自然哲学家约翰·威尔金斯 (John Wilkins) 和罗伯特·波义耳 (Robert Boyle) 的助手。1662年, 胡克成为伦敦皇家学会第一位实验室主任。1665年, 他成为格雷沙姆学院的物理学教授。与同时代的许多科学家一样, 胡克兴趣广泛。他的成就包括对光波理论的早期见解、制造最早的望远镜, 以及提出胡克定律。胡克也是一位受人尊敬的建筑师, 这使他成为一个富有的人。

主要作品

1665年 《显微制图》

1674年 《试证地球的运动》(*An Attempt to Prove the Motion of the Earth*)

1676年 《关于太阳仪和其他仪器的描述》(*A Description of Helioscopes and Some Other Instruments*)

如果不知道事物名称，就不会得到对它们的认知

自然生物识别系统

18 世纪以前，动物和植物一直没有统一的命名系统。植物学家和动物学家常常不知道他们是否在讨论同一种生物。为解决这个问题，瑞典植物学家卡尔·林奈（Carl Linnaeus）发明了一种革命性的命名系统，至今仍在使用。因此，他被称为"分类学之父"，分类学即对生物进行命名和分类的科学。

林奈根据植物和动物的共同特征，将其分为纲、目、属和种，根据身体的结构、大小、形状和获取食物的方法的相似性，将生物置于这些级别当中。林奈还为每个物种采用了精确的双名法命名。

早期见解

1730 年，当时林奈还是一名学生，他对约瑟夫·皮顿·图内福特（Joseph Pitton de Tournefort）30 多年前提出的植物分类系统产生了异议。林奈认为，单个物种的特征需要进行深入分析，才能形成更完整的分类体系。

1732 年，林奈加入了拉普兰

协作对于科学进步至关重要。 → 为进行远距离合作，科学家需要确切命名事物的方式。

如果不知道事物名称，就无法认识事物。 ← 误解导致科学认知的差异。

参见: 生物分类 82~83页, 生物物种概念 88~89页, 生物多样性的现代观点 90~91页。

> 在自然科学中, 真理标准应由观察来检验。
>
> ——卡尔·林奈

的探险队, 收集了大约100种新的物种标本。这些构成了《拉普兰植物志》（*Flora Lapponica*）一书的基础, 在这本书中, 他首次提出了关于植物分类的观点。三年后, 林奈在另一本书《自然系统》（*Systema Naturae*）中阐述了植物新等级分类的想法, 之后又在1753年出版的伟大著作《植物种志》（*Species Plantarum*）中发表了这一观点, 该书共包括7300

种植物。在此之前, 人们一直用一些不准确且冗长的名字来给植物命名, 如小叶车前草、短叶车前草、石竹。林奈将这种植物命名为车前草, 这足以识别它们。林奈体系不仅简洁, 还描述了物种之间的关系。

后期发展

林奈的《自然系统》不断扩展, 第10版（1758）成为现代动物分类的起点。人类是灵长类动物家族的成员正是由他提出的。很久以后, 在达尔文自然选择进化论的支持下, 生物学家认为分类应该反映共同祖先原理, 从而促进了支序分类学的发展。■

鲸曾被认为是鱼类, 在林奈早期版本的《自然系统》中就是这样分类的。直到后来, 他才将鲸归类为哺乳动物。

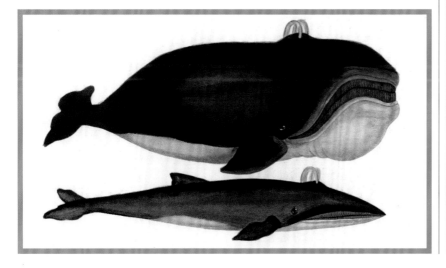

卡尔·林奈

林奈出生于瑞典南部农村, 在乌普萨拉大学接受教育, 1730年开始教授植物学。他在荷兰待了三年, 回到瑞典后, 把时间分别用于教学、写作和收集植物标本。在乌普萨拉, 他的17名学生开始了环游世界的探险。林奈是温标发明者安德斯·摄尔修斯（Anders Celsius）的朋友。在他的朋友去世后, 林奈将温标倒转, 这样冰点是0℃（32℉）, 沸点是100℃（212℉）。林奈被誉为"植物学王子", 哲学家卢梭谈到他时说: "我不认识地球上比他更伟大的人。"林奈死后被葬在乌普萨拉大教堂。他的遗体被做成模式标本, 代表智人这一物种。

主要作品

1735年《自然系统》

1737年《拉普兰植物志》

1751年《植物哲学》

（*Philosophia Botanica*）

1753年《植物种志》

生殖隔离是关键词

生物物种概念

背景介绍

关键人物
恩斯特·迈尔（1904—2005）

此前
1686年 约翰·雷定义源于同一亲本的植物或动物为单独物种。

1859年 查尔斯·达尔文在《物种起源》中介绍物种通过自然选择进化的观点。

此后
1976年 理查德·道金斯的《自私的基因》提出以基因为中心的进化，即遗传水平上的自然选择观点。

1995年 乔纳森·韦纳（Jonathan Weiner）的《雀之喙》（*The Beak of the Finch*）记录生物学家彼得·格兰特和罗斯玛丽·格兰特（Peter and Rosemary Grant）在加拉帕戈斯群岛的研究工作。

2007年 马西莫·皮格利奇（Massimo Pigliucci）和格尔德·B. 穆勒（Gerd B. Müller）使用"生态进化发育"一词说明生态如何成为影响进化的因素。

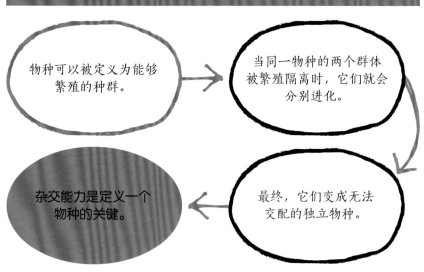

物种可以被定义为能够繁殖的种群。

当同一物种的两个群体被繁殖隔离时，它们就会分别进化。

最终，它们变成无法交配的独立物种。

杂交能力是定义一个物种的关键。

20 世纪初，人们普遍认为多个物种可以从一个共同祖先进化而来。然而，目前还不清楚这种进化过程究竟是如何发生的。事实上，关于物种具体是什么一直存在争论。1942年，进化生物学家恩斯特·迈尔（Ernst Mayr）提出了一个关于物种的新定义：与其他同类群体生殖隔离的自然杂交群体。这意味着生活在同一地区的同一物种的两个种群可能在某一时间因地理位置、配偶选择、喂养策略或其他方式而分离，然后开始通过自然选择或遗传漂变而发生变化。随着时间推移，作为隔离的结果，两个不同物种各自进化，最后不能交配。这种物种的形成通常发生在偏远岛屿上的小种群生物中。

主要区别

生物物种概念主要在于生物体之间的繁殖潜力。两种生物看起来可能一模一样，并且生活在同一地方，但这并不意味着它们是同一

参见: 自然选择进化论 24~31页, DNA 的作用 34~37页, 自私的基因 38~39页, 竞争排斥原理 52~53页。

物种。例如, 西部草地鹨和东部草地鹨看起来很相似, 而且有重叠的活动范围, 但它们在进化过程中产生了不同的叫声。这阻止了彼此交配, 使它们成为两个不同的物种。

另一种情况是, 看起来非常不同, 但可以交配和繁殖的个体, 仍然被认为是同一物种。最明显的例子是家养犬, 这是一个个体之间存在巨大差异的物种。但是, 不同品种能够彼此交配, 因此属于同一物种。

复杂排列

根据生物物种概念, 交配的潜力是定义一个物种的关键。只是地理隔离并不会阻止物种繁殖。有的物种即使聚在一起也存在趋异进化现象, 如西部和东部草地鹨求偶时发出的不同的叫声, 是阻止其进行交配的原因。

生物物种概念不适用于无性生物, 如细菌、鞭尾蜥蜴等。有

> 无穷无尽的最美丽、最奇异的生命形式已经进化完成, 而进化还在继续进行。
>
> ——查尔斯·达尔文

时, 不同动物物种虽然能够交配产生后代, 如母马和公驴可以交配, 产下骡子, 但骡子本身不能繁殖, 因此马和驴仍然是不同物种。另一个例子是狮虎兽, 一种由动物园繁育的雌性老虎和雄性狮子杂交而成的动物。

这些异常现象凸显了定义物种的复杂性。生物物种的概念现在

仍然是最普遍的, 但科学家同时也正在关注共享基因和使用 DNA 序列分析。到目前为止, 还没有人能够提出一种覆盖所有已知物种的单一定义方法, 而且似乎也不太可能做到。在缺乏更好模型的情况下, 恩斯特·迈尔的生物物种概念提供了一个非常有效的方式来思考物种和进化。■

雄性萤火虫是类型学物种的一个例子。它们用一种闪光模式来吸引雌性, 雌性能识别它们的物种密码, 如果想交配, 就会发出闪光来回应。

其他物种概念

迈尔提出关于生物物种形成的概念可以用来定义物种, 并解释物种如何进化, 但这并非唯一方法。事实上, 有超过 20 个公认的物种概念, 主要分为类型学和进化论两大类。类型学物种概念是基于这样的观点, 即相同类型或具有相同特征的个体组成一个物种。这些特征可以基于遗传学, 如 DNA 或 RNA 碱基序列, 也可以基于表现型, 如某些身体结构的大小或特定标记, 如昆虫翅膀上斑点的排列。进化论物种概念是基于物种谱系的。物种可以被定义为, 从最初分裂到灭绝, 或者直到另一次物种分裂并产生新物种, 都共享一个谱系的生物。

生物可分成几个主要的界

生物多样性的现代观点

背景介绍

关键人物
卡尔·沃斯（1928—2012）

此前
1758 年 卡尔·林奈将已知生物分为动物界和植物界。

1937 年 法国生物学家爱德华·查顿把生物分为原核生物（细菌）和真核生物（有复杂细胞的生物）。

1966 年 德国生物学家威利·亨尼希（Willi Hennig）建立了一个基于共同祖先的生物种群分类系统。

1969 年 美国生态学家罗伯特·惠特克把生物划分为五个界：细菌、原生生物、真菌、植物和动物。

此后
2017 年 生物学家达成共识，对生命的七界分类表示认可。

在生物学家拥有研究生物微观结构所需的设备和技术之前，生物被简单地分为动物和植物。直到 20 世纪，科学家开始使用更精确的显微镜来揭示肉眼无法观察的较深层的差异。

20 世纪 60 年代，爱德华·查顿（Edouard Chatton）在 20 世纪 30 年代首次提出的观点被重新认识，科学家提出一个新类，这个类介于原核生物（如具有简单无核细胞的细菌）和真核生物（如具有更大、更复杂细胞的动植物）之间。

20 世纪 70 年代，美国生物学家卡尔·沃斯（Carl Woese）声称，即使上述系统也无法解释微生物（最小的一类生物）的多样性。因此，他专注于核糖体，即所有细胞制造蛋白质所需的微小结构，

嗜硫古菌
在美国怀俄明州黄石国家公园的地热池中，嗜硫古菌大量繁殖。这种环境会杀死其他大多数生物。

参见: 生物进化的早期理论 20~21页, 自然选择进化论 24~31页, DNA 的作用 34~35页, 自然生物识别系统 86~87页。

卡尔·沃斯的三域树

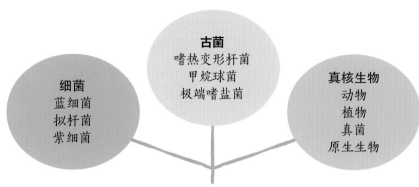

古菌
嗜热变形杆菌
甲烷球菌
极端嗜盐菌

细菌
蓝细菌
拟杆菌
紫细菌

真核生物
动物
植物
真菌
原生生物

根据卡尔·沃斯的观点, 所有的生物都可以分为三个主要类别或"域"。这些分类以在每个域中生物类群的细胞中的核糖体结构的相似性为基础。

并设计了三域系统。这使他对查尔斯·达尔文生命进化树的分支有了新的认识。沃斯发现, 微生物之间核糖体的化学组成存在很大差异, 其中一组和其他原核生物的差异与细菌和人类核糖体的差异一样大。

修正生命之树

沃斯提出的第三个生物域被称为古菌, 表面上与细菌极其相似, 但有一些奇异的特性。许多古菌在条件极端的栖息地繁衍生息。有些独特的生物能够在深海沉积物这种缺氧的地方产生甲烷, 或在打嗝、胀气的食草动物的温暖消化腔内产生甲烷。其他古细菌则栖息在比海水咸十倍的湖泊里, 或者有地热能供热的酸性热水池里, 地热高温能够杀死其他任何生物。在沃斯提出其理论的十年前, 罗伯特·H. 惠特克 (Robert H. Whit-taker) 就已经认识到动物界、植物界和真菌界是独立的真核生物界, 所有不属于前三界的其他真核生物都属于原生生物界, 细菌则构成了第五个界。惠特克提出的原生生物界包含变形虫这样的真核生物, 它们不适合分到其他类别。有些原生生物更像动物, 有些更像植物, 而有些两者都不像。它们并不符合生命之树模型, 在此模型中, 具有共同祖先的生物分支类群从上一个分支中分出。沃斯建立了一种分类系统, 能够反映复杂的进化过程, 生命之树上的主要分支分裂成较小的分支, 甚至最小的分支可以以叶子形式出现, 代表单个物种。未来更复杂的生命树可能会揭示更多的进化类别。■

真菌王国

在生物学历史中, 真菌大部分时间被认为是植物。甚至连伟大的生物分类学家卡尔·林奈也将其归入植物界。随着功能强大的显微镜的发明, 人们开始更深入地了解真菌和植物之间的差异。几丁质是一种复杂的碳水化合物, 是真菌细胞壁的组成部分。植物中不存在这种物质。此外, 真菌通过消化腐烂的物质来获取养分, 而植物吸收光能通过光合作用来合成养分。

DNA 分析表明, 在生物进化树中, 真菌远离植物。事实上, 它们在基因上更接近动物分支。类似研究表明, 传统归类为真菌的某些水生霉菌与真菌并没有关系, 而一些致病微生物则是进化成微小寄生物的真菌。

这种生长在倒下的树上的亮黄色果冻真菌, 就不再被归类为植物。真菌在起源上与动物更接近。

拯救生物圈，就能拯救世界

人类活动与生物多样性

背景介绍

关键人物
爱德华·O. 威尔逊（1929—）

此前
1993 年 联合国宣布 12 月 29 日为国际生物多样性日。

1996 年 美国科学作家大卫·奎曼（David Quammen）在《渡渡鸟之歌》（*The Song of the Dodo*）中表示栖息地越来越碎片化是进化和灭绝的根本原因。

此后
2014 年 记者伊丽莎白·科尔伯特（Elizabeth Kolbert）的《第六次灭绝》（*The Sixth Extinction*）指出，人类正在导致物种第六次大规模灭绝。

2016 年 爱德华·O. 威尔逊在《半个地球》（*Half-Earth*）中提出，将地球的一半还给大自然，才能拯救地球。

生物多样性是指地球上具有各种各样的生命，从基因到微生物，再到人类和所有其他物种，包括尚未被发现的物种。人类依靠生物多样性获得食物和燃料、住所、药物、美容和娱乐。对其他物种而言，生物多样性能够提供营养，传播种子，传粉和繁殖。没有生物多样性，任何生物都无法生存。

生态学家已经确认生物多样性面临日益严重的威胁，其中许多是由人类活动造成的。目前物种灭绝的速度是 1800 年前的 1000 倍，那时人类开始统治地球。"生物多样

参见: 生物多样性热点地区 96~97页, 动物生态学 106~113页, 岛屿生物地理学 144~149页, 生物多样性与生态系统功能 156~157页, 生物群区 206~209页, 物种大灭绝 218~223页, 砍伐森林 254~259页, 过度捕捞 266~269页。

人类活动对生物多样性的影响

5种对地球生物多样性影响最为严重的人类活动可以用爱德华·O. 威尔逊发明的首字母缩略词HIPPO来表示, 每种活动影响的严重程度由字母顺序反映出来。

1. 栖息地破坏（H）

5. 过度狩猎或捕捞（O）

2. 入侵物种（I）

4. 人口（P）

3. 污染（P）

性"（biodiversity）一词是在1988年由美国生物学家爱德华·O. 威尔逊首次使用的, 因此他被称为"生物多样性之父"。爱德华·O. 威尔逊后来用缩写词HIPPO来强调对生物多样性的主要威胁: 栖息地破坏（habitat destruction）、入侵物种（invasive species）、污染（pollution）、人口（human population）、过度狩猎和捕捞（overharvesting by hunting and fishing）。

栖息地破坏者

国际自然保护联盟（IUCN）的红色名录涉及超过2.5万种受胁物种。在这些物种中, 85%的物种因支持特定物种的栖息地的丧失而濒临灭绝。这种破坏可能是由于火灾或洪水等自然原因造成的, 更常见的是由于人类扩大农业用地、砍伐木材和过度放牧所致。人类砍伐森林尤其造成了大量生物栖息地的消失, 目前世界上约一半的原始森林已被清除, 主要是为了农业用途。一些栖息地并没有被破坏, 而是因人类修建水坝或其他引水设施被分割成更孤立的区域。这种栖息地的碎片化对迁徙动物来说特别危

险, 因为它们可能无法在正常通道上找到食物或休息的地方。本地物种和生态系统也会因新物种偶然或有意被引入而受到破坏。这些入侵物种会威胁本地物种的食物供应或其他资源, 另外还有传播疾病、捕食等威胁。例如, 棕树蛇偶然被一艘货船带到关岛, 导致该岛11种本地鸟类中有10种局部灭绝。

空气和水污染

任何污染都会威胁着生物多样性, 而空气和水污染尤其严重。例如, 化石燃料燃烧会向空气中排放二氧化硫和氮氧化物等废气; 这些废气会以酸雨形式返回, 并导致水和土壤酸化, 进而影响生态系统的健康和生物多样性。地面臭氧的排放也会破坏植物细胞膜, 抑制其生长和发育。

水污染主要是由污水或从农业用地流入水中的化学物质造成的。这种污染降低了水中的氧气含

我们必须关心生物多样性的范围, 即全部, 而不仅是一两个明星物种。
——大卫·艾登堡
（英国广播员和博物学家）

爱德华·O. 威尔逊

爱德华·奥斯本·威尔逊（Edward Osborne Wilson）于1929年出生在美国亚拉巴马州，7岁时因捕鱼事故导致一只眼睛失明。他的兴趣此后由观鸟转向了研究昆虫。年仅13岁时，他发现了美国第一个火蚁群落，之后就读于亚拉巴马大学和哈佛大学。威尔逊的工作主要集中在蚂蚁上，还扩展到了被称为岛屿生物地理学的孤立的生态系统研究。作为一名杰出的环保主义者，他获得了150多个奖项，包括美国国家科学奖章、宇宙奖和两项普利策纪实文学奖。他被《时代》和《奥杜邦》杂志评为20世纪最杰出的环保人士之一。

主要作品

1984年 《亲生命性》（*Biophilia*）

1998年 《学科会合：同一性》
（*Consilience: The Unity of Knowledge*）

2014年 《人存在的意义》
（*The Meaning of Human Existence*）

我们应该像保护无价之宝一样来保护每一小块地的生物多样性，同时要学会利用它，理解它对人类的意义。

——爱德华·O. 威尔逊

量，使某些物种的生存变得更加困难，尤其是当与气候变化导致的水温升高结合的时候。例如，某些鱼类产卵需要的淡水溪流可能由于污染而无法使用。

某些生物体吸收一种物质（如化学农药）的速度比排泄的速度更快，这样的过程被称为生物积累。最初，低浓度的化学物质可能不是问题，但当这些化学物质通过从浮游植物到鱼，再到哺乳动物的食物链进行积累时，可能会达到导致出生缺陷、扰乱激素水平和免疫系统的程度。

人口迅速增长对环境造成了进一步破坏。世界人口已经从1800年的不足10亿增加到70多亿，预计到2050年将达到近100亿。随着

偷猎、砍伐森林和其他人类活动在很大程度上导致非洲西部低地的大猩猩成为极度濒危物种。

人口增长，生物多样性面临的其他威胁也在增加：越来越多的入侵物种通过贸易和旅行传播；城市发展和资源开采破坏栖息地；产生更多的污染；土地被过度开发。

人口增长的影响将难以控制，因为越来越多的人依靠食物和住所生存，在日益全球化的消费社会，商品需求也变得越来越大。

对生态平衡的担忧

人口增长还会导致过度收获，这是人类活动对生物多样性构成的五种威胁中的最后一种。在林业、畜牧业和商业化农业中都有体现，过度收获可能来自有针对性的狩猎、采集和放养，以及如渔获物中丢弃的鱼这类意外的收获等。当收获速度超过繁殖或人类活动（如植树）补充的速度时，收获就无法持续，如果不加以管制，可能导致物种灭绝或局部灭绝。

2016年，世界自然保护联盟红色名录的一项研究显示，72%被

美国在各地修建铁路时，雇了大批猎人屠杀野牛，这些野牛曾是美洲土著部落的生活支柱。到19世纪末，只有少数野牛幸存下来。

众教育还有助于人们更好地了解上述措施对生物多样性的潜在影响，以及如何为子孙后代保护生物多样性。■

列为受胁或近乎受胁的物种以一种无法通过自然繁殖或再生来维持平衡的速度被捕获。大约62%的物种因诸如畜牧业、砍伐树木及生产粮食、燃料、纤维和动物饲料等农业活动而处于危险之中。

保护生物多样性

事实上，威尔逊发现的HIPPO威胁是相互关联的。一般来说，没有单一原因可以解释为什么某些特定物种会濒危。例如，农业发展不仅会破坏动物栖息地，还会向大气中释放温室气体，导致空气污染和气候变化。世界自然保护联盟红色名录上80%以上的物种受到一种以上生物多样性威胁的影响。

生物多样性维持地球生态系统的健康。生态系统是植物和动物及其生活的土壤、空气和水之间的微妙平衡。健康的生态系统能够提供维持人类和所有其他生命的资源，提高应对自然灾害、气候变化及人类活动冲击的恢复力，并为娱乐、医疗和生物提供资源。

虽然人类活动对生物多样性的威胁是很严重的，但保护生物多样性的方法正在研究中。对捕捞和农业最重要的是一种"可持续"的农业收获方法，即允许鱼、树木或作物等物种数量保持在一个稳定的水平，甚至随时间推移而增加。对陆地、水域和冰川的保护可以维持受胁物种的生存，而国家之间进行谈判和签订国际协议可以减少合法和非法贸易（如偷猎）的影响。公

人为生物群落

生物圈（地球上有生命活动的区域及大气环境）由生物群落组成，生物群落是基于沙漠或热带雨林等特定环境的大型生态系统。人类活动对生物多样性的影响及由此导致的对地球大部分地区的重塑，已促使生态学家重新评估生物群落，并建议现在有必要建立人为（人造）生物群落。

人为生物群落主要分为六大类：密集定居地、村庄、农田、牧场、森林和原始大自然。与其他可跨越大陆的生物群落不同，人为生物群落由地球表面许多小块区域组成。据生态学家研究，地球上75%以上的无冰覆盖的陆地至少受到某种形式人类活动的影响，特别是密集定居区（城市）和村庄（密集农业定居区），其中城市人口占世界一半以上。

我们正处于物种大灭绝的开始阶段

生物多样性热点地区

背景介绍

关键人物
诺曼·迈尔斯（1934—）

此前

1950 年 费奥多西·杜布赞斯基研究热带地区的植物多样性。

此后

2000 年 迈尔斯和合作者重新评估热点地区名单，添加了几个新的热点地区，使总数达到 25 个。

2003 年 《美国科学家》杂志的一篇文章批评科学家把保护工作集中在热点地区，忽略了物种较少但很重要的冷点地区。

2011 年 一组研究人员将东澳大利亚的森林列为第 35 个热点地区。

2016 年 北美海岸平原被认为符合全球生物多样性热点标准，成为第 36 个热点地区。

生物多样性热点地区是动植物物种异常集中的地区。1988 年，英国自然资源保护主义者诺曼·迈尔斯（Norman Myers）创造了这个词，用来描述生物资源丰富但受到严重威胁的地区。由于优质栖息地的破坏导致物种大规模灭绝的挑战日益增加。面对这种挑战，迈尔斯认为，必须确定优先地区，确定在何处集中资源，以保护尽可能多的生命形式。

定义热点

最初，迈尔斯确定了十个对保护当地特有植物（在地球上其他任何地方都不生长）至关重要的热点地区。2000 年，他改进了这一概念，以关注符合以下两个标准的区域：必须包含至少 1500 种特有

印缅生物多样性热点地区植物茂密的山坡和森林。

参见: 人类活动与生物多样性 92~95页, 生态系统 134~137页, 砍伐森林 254~259页, 可持续生物圈规划 322~323页。

> 我们的福祉与野生动物的福祉密切相关, 拯救野生物种的生命, 或许也就是在拯救我们自己。

——诺曼·迈尔斯

维管植物 (有根、茎、叶的植物), 必须失去了至少70%的原生植被 (最初生长在该地区的植物)。国际环境保护组织以迈尔斯的理念为指导, 列出了36个这样的地区。它们只占地球陆地面积的2.3%, 但却是地球上近60%的植物、两栖动物、爬行动物、哺乳动物和鸟类的家园, 而这些物种有很大一部分只生活在各自的热点地区。

大多数热点地区位于热带或亚热带。面临最大威胁的地区是东南亚的印缅地区。那里的原始栖息地只剩下5%, 而当地的河流、湿地和森林对保护哺乳动物、鸟类、淡水龟和鱼至关重要。这一地区特有的动物有索拉羚 (中南大羚), 与牛有亲缘关系, 但看起来像羚羊的森林哺乳动物; 1992年, 首次在越南的安南山脉被发现。分布在东南亚沿海地带和印度尼西亚群岛的短吻海豚也濒临灭绝。其他稀有动物包括坡鹿、渔猫和巨鹮。

保护措施

保护机构就每一个热点地区的目标达成一致。它们列出了受到威胁的物种, 并计划保护和管理有适宜栖息地和目标动植物种群的地区。这些地点是根据脆弱程度和不可替代程度进行排名的。

迈尔斯提出的两个标准受到了一些人的批评, 认为没有考虑到不足70%的良好栖息地被破坏的地区的情况。例如, 亚马孙雨林不是热点地区, 但森林被砍伐的速度比地球上任何地方都要快。■

> 我们正处于一场由人类引发的生物浩劫——大规模物种灭绝——的初始阶段, 可这能使地球陷入贫瘠长达500万年。

——诺曼·迈尔斯

诺曼·迈尔斯

迈尔斯, 1934年出生, 在英格兰北部长大。他在牛津大学学习, 之后前往肯尼亚, 在那里担任政府官员和教师。20世纪70年代, 迈尔斯在加州大学伯克利分校学习, 对环境越来越感兴趣。他对砍伐森林用于畜牧业的做法表示担忧, 称其为"汉堡关联"。

迈尔斯在1988年发表于《环境学家》杂志上的文章《濒危生物群落: 热带森林中的热点》中提出了生物多样性热点的概念。在《最终的安全: 政治稳定的环境基础》一书中, 他提出环境问题会导致社会和政治危机。2007年,《时代》杂志将迈尔斯誉为"环境英雄"。

主要作品

1988年《受胁生物群落: 热带森林中的热点》(*Threatened Biotas: Hotspots in Tropical Forests*)

1993年《最终的安全: 政治稳定的环境基础》(*Ultimate Security: The Environmental Basis of Political Stability*)

THE VARIETY OF LIFE

生命的多样性

荷兰眼镜制造商汉斯和扎卡里亚斯·詹森发明了**复式显微镜**。

路易·巴斯德揭示酒的发酵过程是由**微生物**引起的。他的发现激发了**病原学说**的发展。

查尔斯·埃尔顿发表《动物生态学》，阐述了动物行为的许多**基本原则**。

1590年　　　　　**1866**年　　　　　**1927**年

1676年　　　　　　**1885**年

安东尼·范·列文虎克识别"**微生物**"，开辟了**微生物学**领域。

阿尔伯特·弗兰克创造"**菌根**"一词，指真菌和树根之间的**共生关系**。

自从亚里士多德发现蜂群有蜂后和工蜂以来，我们对生物的多样性、行为和相互作用的理解已经有了很大进步。技术、野外观察和实验室实验的巨大进步使我们增长了知识，而对动物行为的现代研究——动物行为学——继续给我们带来惊喜。

显微镜下的生命

在显微镜发明之前，没有人知道细菌存在，更不用说它们的作用了。1676年，荷兰显微镜学家安东尼·范·列文虎克用自己制作的仪器首次观察到了细菌。他称这些微小生物为"微生物"，但人们对它们知之甚少。19世纪60年代，法国化学家路易·巴斯德和德国微生物学家罗伯特·科赫提出了微生物致病理论，强调细菌所起的有害作用。后续研究也强调了细菌的积极作用：促进消化；抑制其他致病细菌的生长；"固定"或将氮转化为有助于植物生长的分子；分解死亡的有机物为食物网提供营养。

1885年，德国植物病理学家艾伯特·弗兰克发表了另一项借助显微镜得出的关于真菌和树木之间共生关系的发现。他起初认为树上的真菌是一种病理感染，后来发现有真菌附着在树根上的树比没有真菌的树更健康。真菌的细丝或菌丝使树的根部能够更有效地从土壤中获得硝酸盐和磷酸盐养分。作为回报，真菌从树中获得糖和碳。

生命联系

生物与其生态系统的其余部分存在联系。生物行为之间的相互作用是复杂的，还有许多未被发现的东西。英国动物学家查尔斯·埃尔顿在这一领域做出了巨大的贡献，他在1927年的经典著作《动物生态学》中确立了许多动物行为的重要原则，包括食物网和食物链、猎物大小，以及生态位概念。

动物行为学，研究动物行为及其进化基础和形成机制，是现代生物研究的一个重要组成部分。早在1837年，英国昆虫学家乔治·纽

在《狗的家世》中，
康拉德·洛伦茨描述了动物的
本能行为及其进化起源。

贝恩德·海因里希的
《昆虫温度调节》解释了
**昆虫如何控制自己的
温度**。

人类微生物组计划在
美国启动，以绘制与
健康人体相关的所有
微生物图谱。

1949年　　　　　　**1981**年　　　　　　**2007**年

1947年　　　　　　**1960**年　　　　　　**2005—2011**年

大卫·拉克发表文章，
认为鸟类**窝卵数**
变化是一种进化
适应现象。

简·古道尔在坦桑尼亚建
立了一个研究野外黑猩猩
的营地，发现黑猩猩和
人类有许多共同的特征。

第一个基因图谱证实
人类与类人猿有97%~99%
的DNA相同。

波特就发现，飞蛾和蜜蜂可以通过抖动肌肉来提高胸部温度。从20世纪70年代起，德裔美国昆虫学家贝恩德·海因里希等人发现了更多有助昆虫繁盛的体温调节机制。作为异温动物，它们能够在身体不同部位维持不同温度。

现代研究将实验室实验、野外观察和红外热成像等新技术结合起来，以便更详细地了解昆虫行为。

野外观察是动物行为学研究的重要工具。20世纪40年代，英国鸟类学家大卫·拉克研究了控制鸟产卵数量（窝卵数）的因素。他的食物限制假说指出，一个物种产卵的数量已经进化到与可获得的食物相匹配。进化压力使窝卵数和食物供应之间产生了相关性。

奥地利动物学家康拉德·洛伦兹和荷兰生物学家尼古拉斯·廷伯根也对野生动物进行了研究，以帮助人们理解其行为。洛伦兹在1949年的著作《狗的家世》中解释了宠物狗对主人的忠诚，其依据是狗在野外出于本能地忠诚狗群领袖。廷伯根的野外实验展示了海鸥幼鸟如何轻敲画在模型喙上的彩色标记，因为当它们想要食物时会轻敲父母喙上的红斑。

人类特征

除这些短期研究外，英国灵长类动物学家和动物行为学家简·古道尔进行了较长时间的实地观察，她从1960年至1975年在坦桑尼亚对黑猩猩进行研究。她的发现挑战了人类行为在动物世界中是完全独特的这一观点，表明黑猩猩在行为上比通常人们认为的更接近人类。例如，她注意到黑猩猩会用一系列面部表情和其他身体语言来表达情绪，它们是工具制造者和使用者，经常表现出合作精神，有时还会与竞争对手开战。■

微生物具有最终决定权

微生物学

背景介绍

关键人物

路易·巴斯德（1822—1895）

此前

1683年 荷兰业余科学家安东尼·范·列文虎克用显微镜观察细菌和原生动物。

1796年 爱德华·詹纳进行第一次疫苗接种，使用牛痘病毒来预防天花。

此后

1926年 美国微生物学家托马斯·里弗斯（Thomas Rivers）发现病毒和细菌的区别。

1928年 在研究流感时，苏格兰细菌学家亚历山大·弗莱明发现了青霉素。

2007年 与健康人体相关的所有微生物清单被公布。

微生物——细菌、霉菌、病毒、原生动物和藻类——可以生存在任何环境中，如土壤、水和空气。有些微生物会导致疾病，而大多数微生物对地球上的生命至关重要。除此之外，它们还能分解有机物，使其重新进入生态系统循环。

数以万亿计的微生物生活在人体内。其中最常见的是有益的细菌，它们有助于食物消化和维生素的产生，并帮助免疫系统发现和攻击更多有害微生物。科学家在观测到微生物之前，并不了解它们。第

微生物就像蜂巢里的工蜂一样，在你的身体里发挥着重要的作用。

——罗彬·楚特坎博士
（微生物组专家和作家）

一次对微生物的观察始于17世纪，使用的是当时新发明的显微镜。这些研究揭示了一个先前未知的微生物世界。大约在同一时期，"微生物"（germ）这个词，最初的意思是"胚芽"，首次被用来描述这些微小的生物。

对抗疾病

一些17世纪和18世纪的科学家认为某些"微生物"可能导致疾病，但普遍的观点是，这些疾病是生物体本身虚弱的自然结果。直到19世纪，法国化学家路易·巴斯德（Louis Pasteur）通过艰苦的实验室工作，证实了"微生物致病的理论"。

巴斯德从观察酒精发酵过程开始。他发现葡萄酒的酸味是由外部因素——微生物——引起的。法国丝绸工业的一场危机，是由蚕的传染病引起的，这使巴斯德能够分离和识别引起这种特殊疾病的微生物。当巴斯德将病原学说推广到人类疾病时，他提出微生物侵入人体并引起特定疾病。近100年前，爱

参见: 生物分类 82~83页, 微生物环境 84~85页, 生态系统 134~137页。

> 在观察方面，机遇只偏爱有准备的头脑。
>
> ——路易·巴斯德

德华·詹纳（Edward Jenner）就已经证明，使用"疫苗"——一种类似致病微生物的病毒——可以预防疾病。巴斯德发现，在实验室产生并注射到动物或人类体内的一种致病病菌的减毒或弱化形式，在使人体免疫系统对抗疾病方面特别有效。巴斯德面对强烈反对和警告，最终研制出了炭疽、家禽霍乱和狂犬病的疫苗——后者涉及他的第一次人体试验。

消灭微生物

后来，科学家对微生物的研究重点转向寻找杀菌剂或抗生素，如亚历山大·弗莱明（Alexander Fleming）发现青霉素。从那时起，人们一直遵循消灭微生物的策略。然而，这种原始而落后的方法具有缺点。它不仅杀死了有害微生物，也杀死了有益微生物，还能增强细菌的抗药性，最终导致抗生素失效。■

粪肠球菌是一种存在于健康人体肠道的微生物。如果它扩散到人体其他部位，就会导致严重感染。

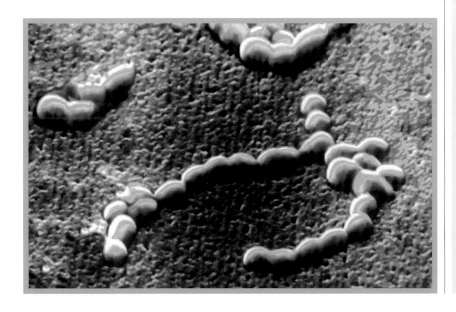

路易·巴斯德

1822 年，巴斯德出生在法国多尔，是一个贫穷的制革工人的儿子。他很努力学习，先后于 1842 年和 1847 年获得学士和理学博士学位。1867 年，在多所大学任教后，巴斯德成为巴黎索邦大学化学教授。他的主要研究兴趣是发酵过程，发现葡萄酒和啤酒的发酵是由微生物引起的。他还发现，可以通过温和的短时间热处理方式来杀死微生物——这个过程现在以他的名字命名为"巴氏杀菌法"。巴斯德的"病原学说"使疫苗得到了广泛的研发，使用疫苗现在仍然是一种重要的疾病控制方法。

主要作品

1870 年 《蚕病研究》
（*Studies on Silk Worm Disease*）

1878 年 《微生物：它们在发酵、腐烂和接触传染中的作用》（*Microbes: Their Role in Fermentation, Putrefaction, and the Contagion*）

1886 年 《狂犬病的治疗》
（*Treatment of Rabies*）

某些树种与真菌的共生关系

菌根的普遍性

背景介绍

关键人物
阿尔伯特·弗兰克（1839—1900）

此前
1840 年 德国植物学家西奥多·哈尔蒂希（Theodor Hartig）在松树根部发现了一个细丝网络。

1874 年 德国生物学家赫尔穆特·布鲁奇曼（Hellmuth Bruchmann）指出"哈氏网"是由真菌菌丝组成的。

此后
1937 年 美国植物学家 A. B. 哈奇（A. B. Hatch）指出松树和菌根真菌之间存在互利关系。

1950 年 瑞典植物学家伊莱亚斯·梅林（Elias Melin）和哈拉尔德·尼尔森（Harald Nilsson）指出，植物的根可以借助菌根从土壤中吸收更多的养分。

1960 年 瑞典植物学家埃里克·比约克曼（Erik Björkman）指出，植物将碳传送给菌根真菌，以换取磷酸盐和硝酸盐。

1885 年，柏林皇家农业学院的植物病理学教授阿尔伯特·弗兰克（Albert Frank）第一个发现树根上生长的真菌与树木健康之间的联系。弗兰克意识到，这些并不是病理（与疾病相关的）感染，而是一种地下的伙伴关系：树木非但没有得病，似乎还获得了更好的营养。他为这种伙伴关系发明了一个新术语——"菌根"（my-corrhiza），来自希腊语"mykes"（意思是真菌）和"rhiza"（意思是根）。

菌根在行动

假块菌是真菌方面的一个例子。19 世纪的普鲁士植物学家在云杉树下发现了这种真菌，注意到每个树根都被拉向块菌，并被包裹在真菌鞘中。当时的植物学家并不知道，他们目睹了一个对许多生态系统至关重要的现象。

真菌通常由有机物质提供营养，它们通过外部消化从这些物质中提取食物。一层厚厚的森林凋落物是完美的。它们把消化用的化学

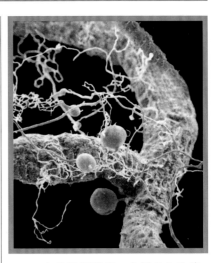

大豆根部菌根。在图示丛枝菌根中，菌丝末端在植物的根细胞内形成簇，优化了养分交换过程。

物质倒在食物上，并吸收一种通过叫作"菌丝"的网络产生的可溶性有机化合物。

植物依靠根毛来吸收水分和矿物质，如硝酸盐和磷酸盐。但是，植物的根长是有限的，因此根毛能吸收多少养分是有限的。菌根的菌丝可以覆盖更广的区域，从而可以吸收更多矿物质。当真菌菌丝

参见: 自然选择进化论 24~31页, 互利共生 56~59页, 生态系统 134~137页, 生态系统的能量流 138~139页。

菌根和植物根之间的互利关系

菌根   植物

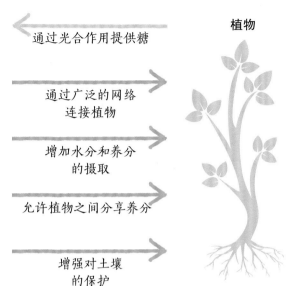

通过光合作用提供糖

通过广泛的网络连接植物

增加水分和养分的摄取

允许植物之间分享养分

增强对土壤的保护

菌根和植物的互利共生关系是高度进化的。多达90%的植物物种依靠真菌提供养分和保护。作为回报,植物为真菌提供重要的食物来源。

附着在植物根部时,它们会扩展根系,导致更多养分进入植物体内。

阿尔伯特·弗兰克意识到这种合作关系对植物和真菌来说是一种双赢关系。作为对传递矿物质的交换,真菌从植物中获取糖分——这是通过光合作用在叶子上产生的,并通过植物的液流输送到根部。这增加了真菌从死去的有机物中获得的营养供应。

古老网络

4亿年前的植物化石有真菌菌丝的痕迹,那时植物刚开始在陆地上蔓延。这表明菌根的伙伴关系是陆生生命进化的关键。今天,大多数植物物种继续以这种方式依赖真菌。获得菌根支持的树木对干旱和疾病有更强的抵抗力,甚至可以通过释放化学物质来传递警报信号,以应对食草动物的威胁。这种连接树木的真菌网络被称为 "树联网"(the wood-wide web)。■

真菌发挥着"奶妈"作用,从土壤中为树木提供全部营养。

——阿尔伯特·弗兰克

以菌根为污染指标

菌根真菌不仅有益于植物健康,还可以作为整体环境健康的指标。对真菌进行的实验室实验表明,有些真菌在有毒素的存在下生长不良,这意味着它们可以用于检测空气或土壤中的污染物。例如,一些真菌在暴露于铅或镉等重金属时无法生长;由于不同种类的真菌对环境变化的反应不同,某些种类的真菌可以用来识别特定种类的污染。

菌根也是真菌原生栖息地健康状况的有用指标。许多真菌在树根上形成菜花状的生长物,在受污染的土壤中要长得小一些。树木本身也可能对污染做出反应,枝条生长较弱,而菌根的反应更为强烈,可以作为栖息地正在恶化的一个宝贵的早期预警信号。

赭色脆褶是欧洲和北美云杉林的一种菌根真菌,其缓慢生长可能是栖息地空气污染的早期指标。

食物问题刻不容缓

动物生态学

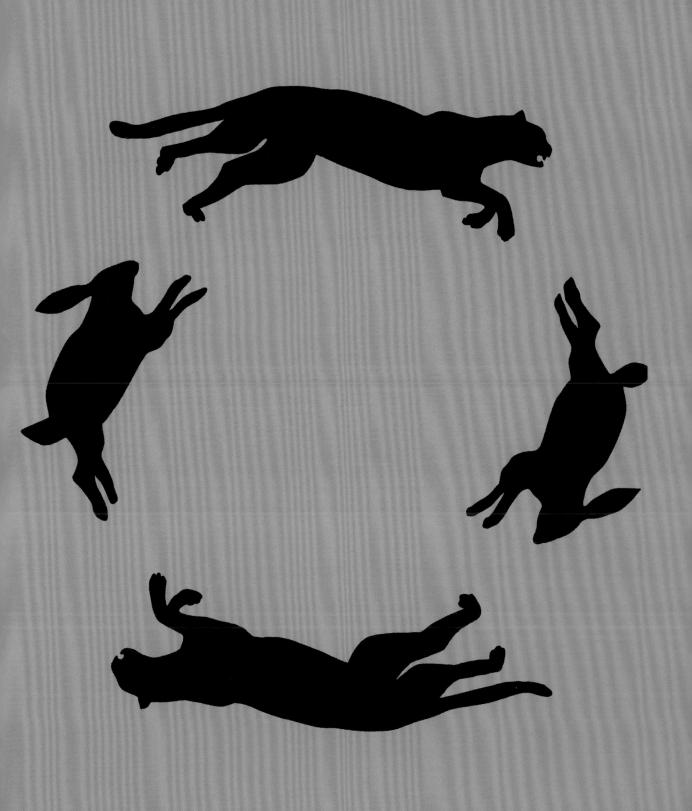

背景介绍

关键人物
查尔斯·埃尔顿（1900-1991）
乔治·伊夫林·哈钦森
（1903-1991）

此前
9世纪 阿拉伯作家贾希兹（Al-Jaziz）在《动物书》（*Kitab al-Hayawan*）中介绍了食物链概念，得出的结论是"每个弱小的动物都会吃掉比自己弱小的动物"。

1917年 美国生物学家约瑟夫·格林内尔在论文《加州弯嘴嘲鸫的生态位关系》（*The Niche Relationships of the California Thrasher*）中首次描述了生态位。

此后
1960年 美国生态学家和哲学家加勒特·哈丁在《科学》杂志上发表文章，指出"表面共存的每个例子都必须考虑在内"。

1973年 澳大利亚生态学家罗伯特·梅出版了《模型生态系统的稳定性和复杂性》（*Stability and Complexity in Model Ecosystems*）一书，他用数学模型证明复杂的生态系统不一定会趋向稳定。

食物链的概念——认为所有生物通过依赖其他物种获取食物而联系在一起——可以追溯到许多世纪以前，但直到20世纪初，科学家才提出食物链形成食物网的概念。

这一思想的先驱是英国动物学家查尔斯·埃尔顿（Charles Elton），他在《动物生态学》（*Animal Ecology*，1927）中讲述了他称之为"食物循环"的理论。后来，他继续发展了动物和环境之间更为复杂的相互作用的理论——这些理论支撑着现代动物生态学。

他把我们对单个动植物物种的认识比作蜂巢里的小室——每个"小室"都很重要，把它们整合在一起，就产生了比组成部分的总和多得多的东西——生态"蜂巢"。

目前，动物生态学研究主要集中在动物和环境如何相互作用、不同物种的作用、为什么种群会兴衰、为什么动物行为有时会发生变化，以及环境变化对动物的影响等方面。动物生态学家遵循的原理是，自然界通常存在一种平衡，如果某一物种的数量增长过快，将通过减少其食物来进行调控。然而，

食物网

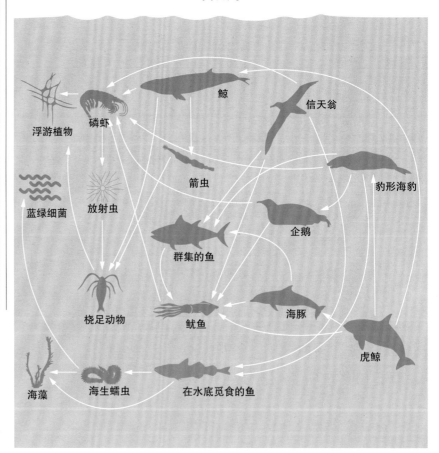

食物网是对生态群落中不同物种之间取食联系的生动描述。这个例子说明了海洋生态系统中的食物网，其中虎鲸是顶端捕食者，浮游植物是主要生产者。

参见: 关键种 60~65页, 食物链 132~133页, 生态系统 134~137页, 生态系统的能量流 138~139页, 营养级联 140~143页。

生物体与所处环境之间的关系随着时间和地点的变化而变化。

依赖链

在《动物生态学》中, 埃尔顿概述了动物群落研究的主要原则: 食物链和食物网、食物大小和生态位。他断言, 每个食物链和食物网都依赖生产者: 植物和藻类支持食草消费者(食草动物)。食草动物反过来又支持一个或多个层级的食肉消费者(食肉动物)。大型食肉动物通常吃较小的动物, 而小型动物繁殖更快, 它们的数量能够支持较大的捕食者。

接近食物网的顶端, 物种对食物的竞争非常激烈。顶端捕食者, 像大型猫科动物和大型猛禽, 没有天敌, 但这往往意味着它们必须保卫领地, 抵御同类竞争对手, 以确保自己和后代有足够的食物。

> 每种动物都与生活在周围的许多其他动物紧密联系在一起, 这些联系大部分是食物关系。
>
> ——查尔斯·埃尔顿

蜘蛛诱捕一只豆娘, 这表明食物大小原则可以通过捕食者和猎物的相对攻击性与力量来改变。

食物大小

埃尔顿最重要的观点之一是, 食物链的存在主要是因为食物大小不一。他解释, 每种食肉动物都吃上限和下限之间的猎物。捕食者无法捕捉和吃掉超过一定大小的其他动物, 因为它们不够大、不够强壮或技术不够熟练。这并不是说捕食者不能杀死并吃掉比自己大的动物; 黄鼠狼可以轻易杀死一只体型较大的兔子, 因为它更具有攻击性。然而, 一只成年母狮, 世界顶端捕食者之一, 却无法杀死一只健康的成年非洲象。同样, 池塘底部的蜻蜓幼虫也许能捕食小蝌蚪, 但不能吃掉一只成年青蛙。

动物也许能够杀死小得多的猎物, 但这根本不值得付出努力。狼捕食中型或大型哺乳动物, 如麋鹿。如果这些哺乳动物从环境中消失, 它们发现很难捕捉到足够数量的小动物, 如老鼠, 来维持生存;

预测气候变化的影响

生态学家研究动物种群和分布的变化, 并利用气候变化模型来预测这些变化在未来5年、10年、50年或更长时间内将如何进一步改变。例如, 在北极, 平均温度上升速度比其他任何地方都快, 海冰正在减少。结果导致北极熊不得不走得更远去寻找冰, 它们在那里捕捉海豹、休息和交配。它们走得越远, 消耗的能量就越多。当海冰减少时, 北极熊就会挨饿。科学家监测它们的数量和活动, 并将这些数据与海冰的变化进行比较。

北极熊在北极的生态环境中起着至关重要的作用。作为顶端捕食者和关键种, 它们必须接近海豹, 而海豹几乎是其唯一的食物。海豹的数量控制着北极熊的密度, 而北极熊的捕食活动反过来又控制着海豹的密度和繁殖成功率。

一只孤独的北极熊在一块浮冰上寻找猎物。北极地区海冰面积减少威胁到这一物种的生存。

北美野兔和猞猁的种群周期

在加拿大北部森林里，猞猁最喜欢的猎物是北美野兔。查尔斯·埃尔顿利用1845—1925年的数据，研究了这两个物种种群之间的关系。当野兔数量众多时，猞猁几乎不捕食其他动物。当数量达到峰值后，野兔就很难找到足够的食物，有些野兔会挨饿，有些则会变得虚弱，更容易被包括猞猁在内的捕食者抓住，猞猁在这段时间内吃得很好。当野兔数量持续下降时，会影响到猞猁，它们被迫去捕食营养较差的猎物，如老鼠和松鸡。

当猞猁挣扎着去寻找足够的食物时，它们会产下更小的幼崽，甚至完全停止繁殖。有些猞猁则饿死了。在野兔数量降到最低后的一两年内，猞猁数量开始下降，这种循环每8～11年重复一次。

一只**加拿大猞猁**捕获了一只北美野兔，这是它的首选猎物。当野兔数量充足时，猞猁每三天吃两只野兔。

它们寻找小猎物消耗的能量要大于吃掉小猎物获取的能量。

植物无法逃跑或反击，所以在食物大小方面，食草动物会有不同的考虑。例如，对于一只雀，适合它的喙的种子的大小有一个极大值，所以，较大的雀比较小的雀有优势。同样，不同种类的蜂鸟只能从一定大小的花朵中吸取花蜜，这取决于它们喙的长度。

生态位

动物或植物的生态位是其生态作用或生活方式。美国动物学家约瑟夫·格林内尔在20世纪早期的工作中，把生物的生态位定义为它们的栖息地。他在加利福尼亚研究了名为嘲鸫的鸟类，观察它们如何在茂密的灌木丛中进食、筑巢和躲避天敌。然而，生态位实际要比生物栖息地复杂得多。牛椋鸟和水牛有完全相同的栖息地——开阔的草原，但它们对生存的要求大不相同：水牛以草为食，而牛椋鸟则以水牛身上的蜱为食。

剑嘴蜂鸟原生于南美洲，它有一个长长的喙，能够从一种西番莲长花中吸取花蜜。当它进食时，会传播花粉。

查尔斯·埃尔顿更深入探讨了生态位概念。他认为食物是确定动物生态位的首要因素，动物吃什么和被什么吃掉至关重要。根据栖息地的不同，特定生态位可以由不同动物来占据。埃尔顿举了一个由猛禽占据的生态位的例子，猛禽捕食地上的小动物，如老鼠和田鼠。在欧洲的橡树林，这个生态位将由灰林鸮占据，而在开阔的草原上，红隼将占据这个位置。

埃尔顿还认为，动物不仅能忍受某种环境条件，而且还可以改变它们。最引人注目的例子之一是河狸的伐木和筑坝活动，它们为水坝中的鱼、枯树上的啄木鸟和池塘

在野外对物种的观察使我确信，物种的存在和延续与环境息息相关。

——约瑟夫·格林内尔

> 不同物种挤在一起，就像肥皂泡挤来挤去一样，一个物种获得了相对于其他物种的优势。
> ——乔治·伊夫林·哈钦森

边的蜻蜓创造了栖息地。

生态位和竞争

出生于英国的动物学家乔治·伊夫林·哈钦森（George Evelyn Hutchinson），20世纪50—70年代在耶鲁大学工作，他研究了生态系统中所有的物理、化学和地质过程，并提出任何生物在其生态位中的作用，包括如何进食、繁殖、寻找住所，如何与其他生物及环境相互作用。例如，每种鳟鱼——以及其他鱼类——都有自己能够忍受的水的盐度、酸度和温度范围，以及猎物和河床或湖床条件。这使一些竞争者比其他竞争者更有竞争力，这取决于它们生活的栖息地的条件。作为现代生态学之父，哈钦森激励其他科学家去探索互相竞争

作为特化种，一只考拉熊每天需要1千克按树叶。这一物种只在澳大利亚的野外被发现，按树在那里很常见。

的动物如何以不同方式利用环境。

动物或植物的生态位宽度包含其得以茁壮成长所需的所有因素。家鼠、浣熊和椋鸟具有较宽的生态位，因为它们能够在各种各样的条件下生存。这样的物种被称为泛化种。其他动物生态位宽度有限。例如，考拉几乎完全依赖按树叶，而巴西潘塔纳尔地区的紫蓝金刚鹦鹉只吃两种棕榈树的坚硬果实——它们是特化种。

由于物种间的竞争，动物很少能够占据整个生态位宽度。例如，北美蓝知更鸟的部分栖息地需求是枯树上啄木鸟留下的树洞，它们在那里产卵和养育幼鸟。在许多森林中，合适的树洞很常见，但蓝知更鸟不能占据所有树洞，因为它们经常竞争不过更具有攻击性的椋鸟。因此，它们的实际生态位——实际占据的地方——不如它们的潜在（或基础）生态位那样广阔。

许多动物分享它们生态位的某些方面，在其他方面则不然。这被称为生态位重叠。如果不同物种生活在同一个栖息地，有相似的生活方式，它们将处于竞争之中，但如果它们的行为或食物在某些方面有所不同，就可能生活在很近的地方。这被称为生态位划分。例如，波多黎各的各种变色蜥成功占据了相同的区域，因为它们选择栖息在树木的不同部位。

生态位重叠是有限度的。当两个有完全相同生态位的动物生活在同一个地方时，其中一个会把另一个推向灭绝。这一概念——竞争排斥原则——是约瑟夫·格林内尔

生态金字塔的三种主要类型

数量金字塔

1	鹗
10	白斑狗鱼
100	鲈鱼
1000	欧白鱼
10000	淡水虾

生物量金字塔

狼
400 千克/平方千米

赤狐
2000 千克/平方千米

北美野兔
20000 千克/平方千米

草
21000000 千克/平方千米

能量金字塔

顶端捕食者
0.01%

二级食肉动物
0.1%

食肉动物
1%

食草动物
10%

生产者
100%

生态金字塔代表生态系统中可量化的数据。数量金字塔表示每个营养级上单个物种的种群大小；生物量金字塔则表示它们的相对生物量；能量金字塔表示，谁吃了什么和吃了多少。

在1904年概述的，在1934年俄罗斯生态学家格奥尔基·高斯发表的一篇论文中得到发展，后来被称为"高斯定律"。

数量金字塔

查尔斯·埃尔顿用金字塔来形象地表示食物链中的不同层次，生产者在底层，初级消费者在上层，以此类推。初级消费者——尤其是昆虫——的数量时常会超过生产者，但往金字塔的顶端，更高级消费者的数量将会减少。这个系统不考虑寄生虫；哺乳动物和鸟类身上的跳蚤和蜱的数量将远远超过生态系统中所有脊椎动物的总数。

1938年，出生于德国的动物生态学家弗雷德里克·博登海默（Frederick Bodenheimer）修改了埃尔顿的数量金字塔，产生了一个生物量金字塔，代表各个营养级单位面积的生物量，这考虑到了一些生物体比其他生物体大很多的事实。但是，由于它是在一个固定时间点上表示各个营养级单位面积的生物量，金字塔有时会产生异常。例如，在一个池塘中，浮游植物生产者（构成水生食物网基础的微小生物）的生物量在某个特定时间点可能没有鱼类消费者的生物量那么大，所以金字塔将被倒置。然而，当阳光和养分等条件适宜时，浮游植物会迅速繁殖。随着时间推

微生物，包括这些硅藻，构成了所有生态金字塔的重要组成部分。它们庞大的数量和快速繁殖为金字塔中更高的物种提供了物质和能量。

> 营养动力学揭示能量从生态系统的一部分转移到另一部分的基本过程。
> ——雷蒙德·林德曼

移，浮游植物的生物量将远远超过鱼类。

营养金字塔

美国生态学家雷蒙德·林德曼提出了一个能量金字塔模型，称为营养金字塔，它显示食草动物吃植物和食肉动物吃食草动物时，能量从一个层次转移到下一个层次的比率。生物的营养级是指它在食物链中所占的位置。植物和藻类在营养级1级，食草动物在2级，食肉

动物在 3 级。超过五个营养级是很罕见的。植物将太阳的能量转化储存在碳化合物中，当植物被食草动物吃掉时，一些能量就转移到动物中。当捕食者吃掉食草动物时，它得到的能量更少，以此类推。

林德曼的"百分之十定律"发表于 1942 年，该定律认为，当生物体被消费时，它们身上的能量中，只有大约 10% 被储存到下一个营养级。能量模型能够更真实地描绘生态系统的状况。例如，如果池塘里的杂草和鱼的生物量相同，但杂草的繁殖速度是鱼的两倍，那么杂草的能量储存将是鱼的两倍。此外，没有倒置的金字塔——最低营养级的能量总是比上一级要多。

然而，评估能量转移需要大量关于能量摄入及生物体的数量和生物量的信息。

未来的思考

生物与环境之间的相互关系随着时间和地点的变化而变化。全球气候变化是越来越明显地影响动物群落的环境因素的一个例子。有些变化已经发生，而未来生态研究面临的挑战之一就是预测其他的变化。■

丁鲷以螺蛳为食，螺蛳以水生附着生物——一种附着在植物上的微小生物的混合物——为食。通过减少螺蛳的数量，丁鲷增加了水生附着生物的生物量。

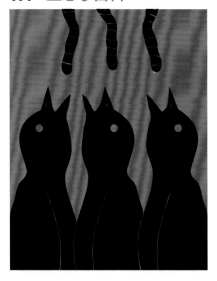

最佳的后代数决定鸟类的产卵数

窝卵数控制

背景介绍

关键人物

大卫·拉克（1910—1973）

此前

1930 年 英国遗传学家罗纳德·费希尔将格雷戈尔·孟德尔的遗传学研究成果与查尔斯·达尔文的自然选择理论结合起来，认为动物在繁殖上的策略必须是有益的。

此后

1948 年 大卫·拉克将他的鸟类最佳窝卵数理论扩展到哺乳动物的产崽数。

1954 年 拉克在《动物数量的自然调节》（*The Natural Regulation of Animal Numbers*）一书中进一步发展了食物限制动物数量的假说，涉及鸟类、哺乳动物和一些昆虫。

1982 年 托尔·施拉斯沃德提出了巢捕食假说，认为窝卵数与巢被攻击的可能性有关。

为什么有些鸟下蛋比较多？例如，蓝山雀平均下 9 个蛋，知更鸟 6 个，黑鹂 4 个。20 世纪 40 年代，英国鸟类学家和进化生态学家大卫·拉克（David Lack）给出了一个解释，并迅速获得支持。他认为，窝卵数（产卵数量）并不受雌鸟产卵能力的控制，因为雌鸟可以产下更多的卵。这一事实可以通过实验来证明，在实验中，蛋从巢中被移走，然后鸟会反复下蛋以弥补损失。

拉克认为，任何物种产卵的数量都是与现有的食物供应相匹配的。换句话说，窝卵数与父母所能养活的最大幼鸟数量一致。所以，如果一对鸟只能找到喂饱 6 只小鸟

蓝山雀巢中平均有 9 个蛋，尽管雌山雀可以下更多的蛋。大卫·拉克提出，窝卵数是由可用食物的数量决定的。

参见: 动物生态学 106~113页, 动物行为 116~117页, 食物链 132~133页, 生态系统 134~137页, 生态恢复力 150~151页。

的食物, 而雌鸟下了 12 个蛋, 这些幼鸟就会挨饿, 可能会饿死。如果它只下了一个蛋, 虽然这只小鸟会被成功养大, 但大部分可用的食物将被闲置。因此, 下 12 个蛋和一个蛋都不是好的繁殖策略; 相反, 下 6 个蛋是养育最多后代的最佳策略。

这一理论被称为 "食物限制假说", 即 "拉克原则", 后来被拉克和其他人推广到哺乳动物及鱼类和无脊椎动物方面。

"纬度趋势"

拉克的假说也给出了另一个谜题的答案: 为什么大多数鸟类在高纬度地区有更多窝卵数。平均而言, 在赤道附近, 鸟类产卵数大约是遥远北方同一物种产卵数的一半。这种 "纬度趋势" 可以解释为, 与热带地区白天较短的情况相比, 夏季高纬度地区白天较长, 食物供应更充足。

> 窝卵数随纬度和昼长的增加而增加, 因为较长的白天使亲鸟能够找到更多食物。
>
> ——大卫·拉克

> 窝卵数如果少于能够被成功喂养和抚养的雏鸟数, 将会带来好处。
>
> ——托尔·施拉斯沃德

然而, 其他因素也可能起作用。在高纬度地区——那里的冬天很冷——较高的死亡率可能导致窝卵数增加。这是因为存活到下一个繁殖季节的机会很低, 而种群数量减少会导致下个繁殖季节有更多的食物可供幸存者食用。

1982年, 挪威进化生态学家托尔·施拉斯沃德 (Tore Slagsvold) 提出了巢捕食假说, 认为巢捕食率高会导致较小的窝卵数。如果一个有很多小鸟的巢被捕食者发现, 相比一个有较少小鸟的巢被发现, 造成的损失更大。此外, 由于额外活动, 养育一大窝雏鸟的父母更有可能被捕食者发现。一些生态学家认为, 在低纬度小窝卵数的形成过程中, 热带捕食者相对多度比食物供应更为重要。■

手足相残和蓝脚鲣鸟

蓝脚鲣鸟是原产于太平洋的海鸟。它们从海洋中获取食物, 在海岸边的悬崖上繁殖。雌鸟会下两个蛋, 大约相隔 5 天, 所以当第二只幼鸟孵出时, 第一只已经长得相当大了。当食物充足时, 父母可以找到足够的食物同时喂养两只幼鸟, 直到它们飞离鸟巢。然而, 当食物匮乏时, 较大的幼鸟会把小的啄死。这样, 年长的幼鸟可以得到更多的食物, 更有可能长出飞羽。在食物匮乏的时候, 如果它不杀死弟弟或妹妹, 两只幼鸟都可能饿死。

这种完全基于食物供应的行为被称为 "兼性手足相残"。相反, 蓝脸鲣鸟则会 "专性手足相残"——不管有多少食物, 最先孵出的幼鸟几乎总会杀死弟弟或妹妹。

蓝脚鲣鸟手足相残是由遗传因素驱使的。杀害弟弟或妹妹可以使行凶者受益, 同时也能确保整个物种生存。

与狗的关系就像地球的纽带一样持久

动物行为

任何狗主人都会描述他们与宠物之间友好而忠诚的关系。奥地利动物学家康拉德·洛伦兹（Konrad Lorenz）在《狗的家世》（*Man Meets Dog*，1949）中开始解释这种行为。他将狗和其他宠物的行为描述为与生俱来的"本能行为"，而不是通过条件反射学到的行为。洛伦兹提出，这种天生的行为帮助动物作为一个物种生存了下来。例如，家狗对主人的忠诚源于其野生祖先的自然行为，它们对狗群领袖忠心耿耿，因为这对狩猎的成功和安全都有好处。

野外实验

洛伦兹的研究不乏志同道合者，他的同胞卡尔·冯·弗里希（Karl von Frisch）和荷兰生物学家尼古拉斯·廷伯根（Nikolaas Tinbergen），也在自然环境中研究动物行为。在此之前，大多数动物行为研究都是在实验室或人工设置环境中进行的，因此人们看到的动物行为并非完全是自然的。在野外研究动物有其自身的困难，尤

小鸭印记是可以被操纵的本能行为的一个例子——让它们铭记人类或者无生命的物体。

其是设计可以重复的严密的野外实验，这样发现才能被视为事实，而不是传闻轶事。

"动物行为学"一词是由美国昆虫学家威廉·莫顿·惠勒（William Morton Wheeler）在1902年创造的，用来表示对动物行为的科学研究。动物行为学家在动物的自然栖息地，通过在实验室研究和野外观察，研究动物行为与生态环境、进化和遗传的关系。

动物行为学家发现，在某些情形下，动物会产生可预测的行为反应，他们称之为"固定行为模

参见：自私的基因 38~39页，野外实验 54~55页，关键种 60~65页，动物生态学 106~113页，窝卵数控制 114~115页，利用动物模型来理解人类行为 118~125页，昆虫温度调节 126~127页。

式"（FAP）。固定行为模式是物种特有的，每次都以同样方式重复，不受经验影响。这种行为的触发因素（"信号刺激"）是非常特定的，可能涉及颜色、图案或声音。例如，当一只雄性刺鱼进入另外一些雄性刺鱼的领地时，这些雄性刺鱼会做出攻击性反应。动物学家认为这是由于看到雄性刺鱼的红色下腹部引起的。

尼古拉斯·廷伯根发现，一些人为的信号刺激会比真实的刺激效果更好。他研究了银鸥幼鸟的乞食行为，它们会啄父母喙上的一个红斑，让父母吐出食物。他发现，幼鸟也会啄海鸥喙的模型，但当给它们一支末端有三条白线的红色细铅笔时，幼鸟啄得更起劲了。廷伯根称这是一种"超常刺激"，表明本能的动物行为可以被人为操纵。■

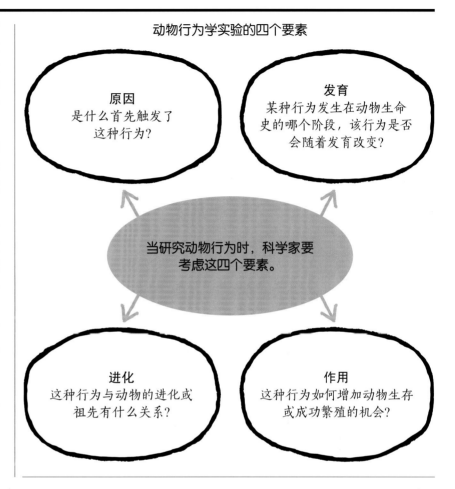

动物行为学实验的四个要素

原因
是什么首先触发了这种行为？

发育
某种行为发生在动物生命史的哪个阶段，该行为是否会随着发育改变？

当研究动物行为时，科学家要考虑这四个要素。

进化
这种行为与动物的进化或祖先有什么关系？

作用
这种行为如何增加动物生存或成功繁殖的机会？

康拉德·洛伦兹

洛伦兹出生于奥地利维也纳，从小就对动物着迷，养鱼、鸟、猫和狗。他是一名整形外科医生的儿子，1928年毕业于维也纳大学医学专业，1933年获动物学博士学位。他的许多宠物成为他的第一批研究对象。洛伦兹最出名的大概是描述被称为"印记"的现象。这就是刚孵出的幼鸟会和它看到的第一个东西（通常是父母）建立亲密关系，并会跟随对方。这种行为发生在鸭子、其他鸟类和哺乳动物身上，是本能的，在出生后不久就会发生。洛伦兹证明了这一理论，他像鸭子一样对着刚孵出的小鸭子嘎嘎叫。不久，他就有了一群小鸭跟着他到处走。

主要作品

1952 年 《所罗门王的指环》（*King Solomon's Ring: New Light on Animal Ways*）

1949 年 《狗的家世》

1963 年 《攻击的秘密》（*On Aggression*）

1981 年 《动物行为学基础》（*The Foundations for Ethology*）

重新定义"工具"，重新定义"人"，还是接受黑猩猩就是"人类"

利用动物模型来理解人类行为

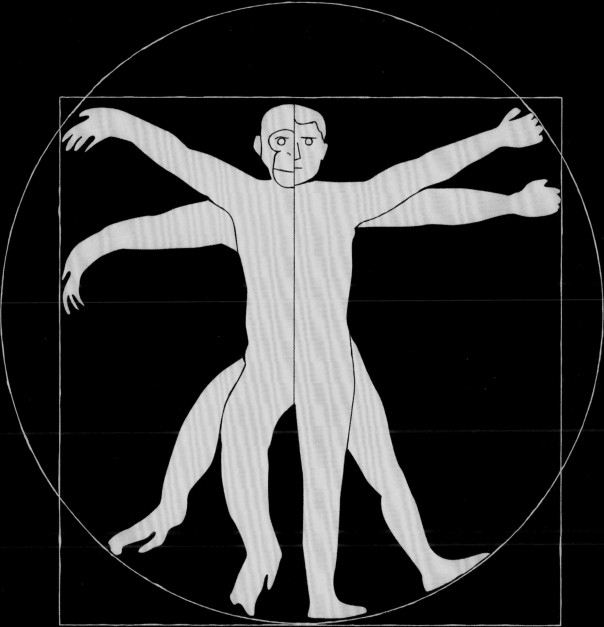

背景介绍

关键人物

简·古道尔（1934—）

此前

1758 年 分类学之父卡尔·林奈大胆将人类归类为自然界的其余部分，称为"智人"（*Homo sapiens*）。

1859 年 查尔斯·达尔文的进化论进一步挑战了人类不同于动物的既定观点。

此后

1963 年 康拉德·洛伦兹出版《攻击的秘密》一书，提出人类的好战行为是与生俱来的。

1967 年 英国动物学家和动物行为学家德斯蒙德·莫里斯出版《裸猿》，这是将人类看成动物来描述人类行为的一项主要研究。

事实上，我们是会讲故事的黑猩猩。

——特里·普拉切特
（英国科幻作家）

灵长目动物树

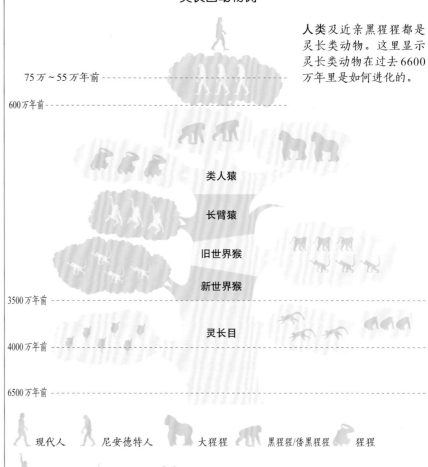

人类及近亲黑猩猩都是灵长类动物。这里显示灵长类动物在过去6600万年里是如何进化的。

75万～55万年前

600万年前

类人猿

长臂猿

旧世界猴

新世界猴

3500万年前

灵长目

4000万年前

6500万年前

现代人　尼安德特人　大猩猩　黑猩猩/倭黑猩猩　猩猩

长臂猿　猴　狒狒　眼镜猴　狐猴　懒猴

绘制人类和其他动物基因组的现代分子研究已经证实了查尔斯·达尔文在19世纪中叶首次提出的理论——我们与类人猿有共同祖先。现今，极少有科学家会质疑普通黑猩猩（*Pan troglodytes*）和倭黑猩猩（*Pan paniscus*）是我们现存的近亲。因此，对这些动物的研究为我们提供了一个了解我们自己和我们行为起源的独一无二的机会。然而，多年来，科学界仍然确信，人类与自然界的其余部分不同。

英国灵长类动物学家简·古道尔（Jane Goodall）的研究让我们认识到黑猩猩和人类之间的相似之处。1961 年，古道尔在与导师路易斯·利基（Louis Leakey）的一次兴奋的交流中宣布了一项将震惊科学界的观察结果：她观测到一只黑猩猩在使用工具。这是人类第一次将这种行为记录下来，同时它将挑战人们对生而为人的意义的认知。

1957 年，古道尔和利基第一次见面，她对自然史的了解给利基

参见: 自然选择进化论 24~31页, 自然生物识别系统 86~87页, 动物生态学 106~113页, 动物行为 116~117页。

留下了深刻印象, 后者向她提供了一份研究黑猩猩行为的工作。作为人类学家和古生物学家, 利基相信进化论, 认为人类和类人猿——黑猩猩、倭黑猩猩、大猩猩和猩猩——属于人科（大型猿类）, 有共同的祖先。

建立联系

利基的野外工作集中在寻找"缺失的环节"——共同祖先和人类之间的过渡形态的化石。他推断, 没有人认真研究过野生黑猩猩, 而此类研究可以为早期人类的进化提供线索。古道尔是一个敏锐的观察者, 不受学术规范束缚, 是这项工作的理想人选。正如利基希望的那样, 她为这个理论提供了一个全新的视角, 并勇敢地说出黑猩猩和人类比想象的更加相似。在此之前, 人们具有的普遍共识是, 设计和制造工具的能力标志着人类优于其他动物。古道尔的发现迫使科

学家重新进行思考。

古道尔的营地位于坦桑尼亚贡贝河国家公园, 她在那里研究坦噶尼喀湖东岸的一个黑猩猩群落。古道尔选择与黑猩猩生活在一起, 以见证它们真正无拘无束的行为。她是最早从事动物行为学研究的人之一, 生物学家在自然环境中监测动物, 试图了解动物的自然行为。在她来到营地的头几个月里, 黑

黑猩猩用一根去掉叶子的小树枝——一种改良"工具"——来捕食白蚁。在贡贝, 古道尔首先记录了黑猩猩发明简单技术的能力。

猩猩远离她, 随后开始无视她的存在。

在观察黑猩猩时, 古道尔会一直坐上好几个小时, 与它们保持距离, 并静静地做野外笔记。1961

简·古道尔

简·古道尔, 1934 年生于伦敦, 从父亲送给她的名为朱比利的一个毛绒玩具知道了黑猩猩。小时候, 她就对动物行为很感兴趣, 有一次躲在鸡舍几小时, 以便观察一只鸡下蛋。1957 年, 她前往肯尼亚, 见到了古人类学家路易斯·利基。在利基的支持下, 古道尔于 1960 年在坦桑尼亚的贡贝建立了一个研究基地, 在那里研究黑猩猩, 直到 1975 年。她的工作从根本上改变了人们对黑猩猩的看法, 并挑战了人们对人类在自然界中所处位置的认知。1965

年, 她在剑桥大学获得动物行为学博士学位。她多次获奖, 包括 2006 年获得的法国荣誉军团勋章。

主要作品

1969 年 《我的朋友野生黑猩猩》
（*My Friends the Wild Chimpanzees*）

1986 年 《贡贝黑猩猩: 行为模式》
（*The Chimpanzees of Gombe: Patterns of Behaviour*）

2009 年 《动物及其世界的希望》
（*Hope for Animals and Their World*）

年11月的一个早晨，她注意到一只名叫戴维·格瑞比尔德（David Greybeard）的黑猩猩坐在白蚁丘上。它把草叶戳进蚁丘里，拔出来，然后放进嘴里。在黑猩猩离开之前，她观察了一段时间。当走到黑猩猩坐着的地方时，古道尔看到地上有丢弃的草茎。她捡起一个，把它戳进蚁丘里，发现被搅乱的白蚁咬住了草茎。她意识到黑猩猩一直在用草茎"钓"白蚁，然后把它们放进嘴里。

在与利基的交谈中，古道尔知道这是一个重大发现。她还看到黑猩猩通过去掉细树枝上的叶子来改造细树枝，将其用在白蚁丘上——黑猩猩不仅会使用工具，而且还会制造工具。

黑猩猩技术

古道尔接着见证了贡贝黑猩猩使用的九种不同的工具。当时的科学家们质疑古道尔的方法，嘲笑她给黑猩猩取名字而不是数字，认为她的野外工作不够严谨。然而，从那时起，世界各地的许多其他研究都证实了她的发现：刚果的黑猩猩用剥下的树枝在白蚁丘捕食；在

> 我不把我的同类看作
> 堕落的天使，而看作站立
> 的猿猴。
>
> ——德斯蒙德·莫里斯
> （英国动物学家）

2006年，简·古道尔在贡贝国家公园工作，手里拿着笔记本。作为研究灵长类动物的先驱，她用毕生精力致力于保护濒临灭绝的黑猩猩。

加蓬，黑猩猩带着五件"工具"进入森林，其中包括一根用来打开蜂箱的棍棒和几块用来舀蜂蜜的树皮。在塞内加尔，黑猩猩狩猎时带着棍子，它们将棍子咬成尖头，像长矛一样用来杀死夜猴。

相似之处多于不同之处

动物行为学家通过研究几个物种的行为来归纳出适用于许多物种的一般规律。动物行为理论可以用于人类行为研究的想法，在20世纪50年代和60年代的动物行为学家的研究工作中滋生，如康拉德·洛伦兹、尼古拉斯·廷伯根和卡尔·冯·弗里希。这些研究者在

> 我们承认我们像猿，但很少意识到我们就是猿。
>
> ——理查德·道金斯
> （英国进化生物学家）

动物自然栖息地研究动物行为，知道动物行为有多么复杂，并开始理解由本能及习得行为而引起的社会交往。动物研究为人类行为研究提供了一面镜子。

基因图谱的出现，使人类与其他物种完全不同这一固执信念遭到彻底反驳。黑猩猩的基因组在 2005 年被绘制出来——随后是其他类人猿——并与人类基因组进行比较，结果清楚表明，人类与黑猩猩的 DNA 有 98.8% 相同，与大猩猩有 98.4% 相同，与猩猩有 97% 相同，人类和类人猿的相似之处多于不同之处。值得注意的是，这些百分比是根据与蛋白质合成有关的基因得出的，这类基因只占人类基因组的很小一部分（约 2%），因此人类和黑猩猩的不同之处还有可能存在于被称为"垃圾 DNA"的

区域，这部分 DNA 之前被认为是多余的。人们现在知道，这种垃圾 DNA 保存着有关基因如何和何时表达的重要信息。尽管如此，人类和类人猿 DNA 的相似之处还是很惊人的。

食肉猎人

在研究期间，古道尔还目睹了黑猩猩吃肉和狩猎。就像制造工具一样，认为黑猩猩是食肉动物的观点与所有已知的知识相悖。起初，科学家们声称这是一种异常行为，但随着研究继续，获得更多观察结果，这就变成了确定的事实。从坦桑尼亚的贡贝和马哈尔山国家公园到科特迪瓦的泰（Tai）国家公园，几乎所有研究黑猩猩的地区都有黑猩猩吃肉的报道。

这种行为对人类的进化产生了影响。长期以来，科学界一直在质疑人类为何及何时开始吃肉。从史前石器和骨骼上的痕迹，古生物学家知道，250 万年前早期的原始人使用石器从动物骨头上切肉，但不清楚，从那时到 700 万年前，黑猩猩和人类的共同祖先都吃些

染色体证据

通过比较人与黑猩猩的染色体，人们发现二者拥有共同祖先的有力证据。黑猩猩（和大猩猩）有 24 对染色体。人类只有 23 对。进化生物学家认为，人类在进化过程中，其中的两条染色体融合在一起了，这就是为什么我们比其他类人猿少一对染色体的原因。

在每条染色体的末端，都有被称为染色体端粒的基因标记物或 DNA 序列。每条染色体的中间都有一个不同的序列，称为着丝粒。如果两条染色体融合在一起，应该可以在染色体中部和两端看到类似染色体端粒的区域。此外，融合的染色体应该有两个着丝粒。科学家证实了以上推论。人类 2 号染色体似乎是黑猩猩 2a 和 2b 染色体的融合。几乎毫无疑问，我们与黑猩猩、倭黑猩猩和大猩猩有共同的祖先。

在贡贝国家公园，**一个雄性黑猩猩首领**用肢体语言，让想要分享猎物的黑猩猩走开。黑猩猩的主要猎物是疣猴。

在西非的一个保护中心，黑猩猩孤儿——它们的妈妈被杀——和饲养员沿着泥路行走。

保护黑猩猩

根据坦桑尼亚简·古道尔研究所的数据，在过去一个世纪里，野生黑猩猩的数量急剧下降。1900年，非洲估计有100万只黑猩猩，如今只有不到30万只。这是由于不断增加的人口需要更多的空间，导致黑猩猩失去栖息地。此外，伐木和采矿等行业也对黑猩猩的栖息地产生了巨大影响，当公路穿过黑猩猩的领地时，破坏了黑猩猩的栖息地，并使其群落支离破碎。公路的修建也助长了另一种破坏性活动——猎取"丛林肉"。在非洲，丛林肉是非常珍贵的一种肉，包括类人猿的肉。公路使来自城镇的猎人能够直接进入丛林。保护黑猩猩的重点是保护土地及提高当地和全世界的环保意识。

什么。

这些早期的原始人很可能捕食猎物。他们没有像黑猩猩那样大的犬齿，但这并不是捕杀小猎物必需的。生物学家观察到，黑猩猩在捕捉疣猴时，会把它们从树上抓下来，然后在地上反复狠摔来杀死；早在最原始的工具出现之前，原始人就以类似方式进行猎杀。

合作行为

黑猩猩狩猎行为的另一个方面与人类相似，那就是社会交往。黑猩猩有时会独自狩猎，但狩猎往往是一项集体活动。黑猩猩在森林中横冲直撞，调整彼此的位置并包围猎物。狩猎结束后，它们一起分享食物。这表明人类的早期祖先可能已经形成了合作行为，这可能是促成他们进化成功的一个因素。

黑猩猩战争

贡贝黑猩猩营地的一个令人震惊的发现是，黑猩猩有能力实施暴力和杀戮行为，特别是战争——这曾被认为是人类专利。1974—1978年，简·古道尔目睹了和平共处的黑猩猩群落分裂成两个敌对团体，然后互相发动了野蛮的战争。古道尔对黑猩猩的活动深感不安，这些活动包括伏击、绑架和血腥杀戮。引发战争的原因尚不清楚；有些研究人员将此归咎于古道尔在该地区设立的喂食站，认为喂食站的建立，助长了黑猩猩的非自然聚集。这个谜题的答案在2018年3月揭晓，美国杜克大学和亚利桑那州立大学的一个研究团队，将古道尔从1967年到1972年间细致的检查单和野外记录进行数字化，将它们输入计算机，以便分析所有雄性黑猩猩的社交网络和联盟。他们的发现揭示，黑猩猩群落的分裂发生在战争爆发前两年，当时一只名叫汉弗莱（Humphrey）的雄性首领接管了这个群落，疏远了另外两只名

为了获取更多的资源或配偶，黑猩猩可以为领土而战，但有些灵长类动物学家认为，这种攻击性行为是非自然的，是由于人类对其栖息地的影响而引发的。

叫查理（Charlie）和休（Hugh）的高级别雄性黑猩猩，导致它们与其他一些黑猩猩被迫到南边去另立山头。南北两个族群变得越来越疏远，在森林不同地方觅食。起初发生了零星的具有攻击性的小冲突，然后战争爆发了。四年时间，汉弗莱和同伴杀死了南边族群的每个雄性黑猩猩，占领了它们的领地，占有了三只幸存的雌性黑猩猩。研究团队认为，这场全面爆发的战争可能是由于北方族群中缺少成熟的雌性。权力斗争和为雌性而战听起来都非常人性化。

> 我确定我的曾孙能够
> 去非洲寻找野生类人猿。
>
> ——简·古道尔

争夺资源

古道尔目睹的这场旷日持久的战争是唯一被完整记录下来的黑猩猩间持续不断的冲突，而黑猩猩群体内部的暴力行为已经被记录了很多。黑猩猩曾经被观察到偷盗、杀害幼年黑猩猩和围攻不受欢迎的雄性首领。在乌干达黑猩猩群落，雄性黑猩猩被发现经常殴打与它们交配的雌性。人们认为，黑猩猩身上的这种暴力倾向可能与食物资源和食肉有关。当食物有限时，黑猩猩为了获得所需的资源会变得更加喜欢使用暴力。众所周知，当水果匮乏时，黑猩猩会吃更多的肉。

大同小异

在普通黑猩猩中，食物匮乏和攻击性之间的联系，也许可以解释为什么人类在灵长类中另一个进化上的近亲倭黑猩猩如此热爱和平。这些小而温和的黑猩猩是杂食动物，生活在大多数时间水果很丰富的环境中。它们成群觅食，并倾向于利用性行为来缓解社交场合的紧张气氛。在倭黑猩猩社会中，冲突是罕见的，它们是母系社会，不像雄性占主导地位的黑猩猩群体。

2017 年，美国北卡罗来纳州杜克大学的研究人员进行的一项实验表明，倭黑猩猩也具有利他主义。两只倭黑猩猩（彼此不认识）被放在相邻的房间（A 和 B）中，它们之间有一道栅栏，一个房间（B）上方悬挂着一块水果。房间 A 中的倭黑猩猩可以松开水果，但自己拿不到。研究人员发现，这只倭黑猩猩会不断松开水果，这样另一只就能取到了。它们会帮助陌生者，而自己得不到任何奖励。

研究人员还观察到，看到屏幕中一只陌生的倭黑猩猩打哈欠，会引发正在看电影的倭黑猩猩打哈欠的反应，这表明倭黑猩猩产生了共鸣。其他研究显示，倭黑猩猩在遇到困难时如何互相安慰，与人类和黑猩猩的"消极"行为不同。倭黑猩猩这些行为特点反映了人类更值得称赞的特征，比如同情心。了解倭黑猩猩的这种行为可以帮助我们理解人类的社会行为是如何发展的。■

倭黑猩猩是很擅长社交的灵长类动物。它们的共鸣能力使其不太具有攻击性，并可能是比普通黑猩猩更接近人类的近亲。

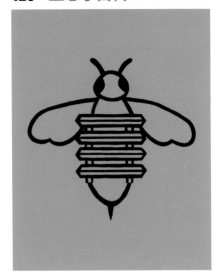

所有身体活动都取决于温度

昆虫体温调节

背景介绍

关键人物

贝恩德·海因里希（1940—）

此前

1837年 在英国，乔治·纽波特观察到飞行昆虫能够将体温提高到高于环境温度。

1941年 丹麦研究人员奥古斯特·克罗（August Krogh）和埃里克·茨威森（Eric Zeuthen）得出结论，昆虫在飞行前相关肌肉的温度决定了飞行速度。

此后

1991年 德国生物学家哈拉尔德·埃施（Harald Esch）描述了肌肉"热身"如何在孵卵、群体防御和飞行准备中发挥作用。

2012年 西班牙动物学家何塞·R.贝尔杜（Jose R. Verdu）利用红外热成像技术，显示蜣螂如何通过加热或冷却胸部来提高飞行性能。

昆虫通常被描述为"冷血动物"，或变温动物。不同于哺乳动物和其他"温血"恒温动物——体温保持在一个或大或小恒定水平的动物，昆虫的体温会随着环境变化而变化。

然而，19世纪初，英国昆虫学家乔治·纽波特（George Newport）发现，一些飞蛾和蜜蜂通过迅速收缩肌肉，使胸部（身体中心部位，翅和足附着在上面）的温度高于周围空气的温度。我们现在知道，许多昆虫是异温动物，身体的不同部位温度不同，有时比周围的温度高得多。

合适温度

昆虫面临的主要挑战是如何获得足够的温度来飞行，但又不至于过热。德裔美国昆虫学家贝恩德·海因里希（Bernd Heinrich）在1974年解释了飞蛾、蜜蜂和甲虫如何通过控制自己的体温来持续活动。他意识到，昆虫与脊椎动物的热适应能力的差别并没有人们以前想象的那么大。

大多数飞虫的代谢率比其他动物高，但其小体型意味着它们会快速失去热量，所以无法始终保持温度不变。允许昆虫飞行的最低温度因物种不同而有所不同，最高温度在40~45℃。为防止过热，昆虫可以将热量从胸腔转移到腹部。

如果不能提高与飞行相关的肌肉的温度，许多较大的飞虫就会一直待在地面上。这些昆虫在起飞前通过"抖动"控制翅膀向上和向下拍动的肌肉来产生热量。它们一旦飞起来，肌肉会消耗大量能量，

和飞行相关的昆虫肌肉组织，是已知的代谢最活跃的组织。

——贝恩德·海因里希

参见: 自然选择进化论 24~31页, 生态生理学 72~73页, 动物生态学 106~113页, 动物行为 116~117页, 生物及其环境 166页。

热调节

蜜蜂以控制蜂巢的温度而闻名。当蜂巢太热时, 它们会用翅膀将热空气扇出巢穴, 使之通风。当天气太冷时, 蜜蜂通过快速收缩和放松与飞行相关的肌肉来产生代谢热量。它们还用热量作为防御机制。日本大黄蜂是凶猛的蜜蜂捕食者。它们能迅速杀死大量蜜蜂, 对蜂巢构成严重威胁。大黄蜂在蜂巢入口处除掉单只蜜蜂, 发动攻击。然而, 日本蜜蜂会用自身产生的热量来保护自己。如果一只大黄蜂发动攻击, 它们会蜂拥而至, 振动翅膀来提高集体温度。大黄蜂无法忍受46°C以上的温度, 而蜜蜂则可以在48°C的温度下存活, 导致攻击者最终死亡。

但只有部分用来拍动翅膀, 剩余的变成了更多的热量。这些热量与直射阳光的热量结合在一起, 意味着飞虫有过热的危险。

为解决这个问题, 许多昆虫物种体内都有一种热交换机制, 将多余热量从胸部转移到腹部, 使胸部保持稳定的温度。

调温技术

蝴蝶通过改变翅膀角度来控制体温。当试图热身时, 它们张开翅膀, 可以最大限度地吸收落在身上的阳光热量。当试图降温时, 它们会转移到阴凉处, 或者将翅膀向上倾斜, 这样直射阳光会较少照射到它们的身体表面。其他昆虫使用更不同寻常的方法来调节体温。当蚊子喝哺乳动物的温血时, 它们的体温就会升高。为应对体温升高, 它们的腹部末端会产生液滴,

玳瑁蝴蝶以蒲公英为食。大多数蝴蝶都能将翅膀向上倾斜来降温, 这一过程被称为行为温度调节。

这些液滴蒸发冷却, 从而降低体温。蜣螂建造粪球, 雌性在其中产卵。有些蜣螂能够提升胸部温度, 这样就能滚动更重的粪球。

一系列温度调节技能显示生命形式是如何进化, 以更好地适应环境的。它们还能激发人类创造新技术: 太阳能电池板方阵能够倾斜一定角度来追踪太阳, 以捕捉到最多的太阳辐射能量——就像蝴蝶的翅膀。■

这只**日本大黄蜂**正在袭击日本哈斯谷中一个蜂巢的"育婴室"。大黄蜂试图吞食其中的蜜蜂幼虫。

ECOSYSTEMS

生态系统

理查德·布拉德利描述了植物、授粉昆虫和食虫动物在**食物链**中如何相互依赖。

查尔斯·埃尔顿在《动物生态学》一书中发展了食物网观点，介绍了**生态位**概念。

《生态学》杂志在雷蒙德·林德曼去世后发表了他的文章《生态学的营养动力论》。

尼尔森·海尔斯顿、弗雷德里克·史密斯和劳伦斯·斯洛博德金的"**绿色世界假说**"认为，**捕食者与猎物的平衡**是生态系统繁荣的关键。

1718年 **1927**年 **1942**年 **1960**年

1859年 **1935**年 **1957**年

查尔斯·达尔文在《物种起源》一书中描述了**食物网**。

阿瑟·乔治·坦斯利创造了**生态系统**这个术语，认为一个环境及其所有生物必须被看作一个相互作用的整体。

乔治·伊夫林·哈钦森在冷泉港数量生物学研讨会上提出了**生态位宽度**概念。

亚里士多德曾经写到，植物和动物物种是为其他生物物种而存在的，这表明他和古希腊时代以来无数自然界观察者一样，对食物链有一个基本的认识。阿拉伯学者贾希兹在9世纪时描述了一个三级食物链，荷兰显微镜学家安东尼·范·列文虎克在1717年也做了同样的描述。英国博物学家理查德·布拉德利在1718年发表了关于食物链的更详细的发现。1859年，查尔斯·达尔文在《物种起源》一书中描述了自然环境中的"复杂关系网"。食物网概念，包含许多捕食者与猎物的相互作用，在查尔斯·埃尔顿经典著作《动物生态学》（1927）中得到了进一步发展。紧接着，英国植物学家

阿瑟·坦斯利在1935年提出了生态系统（"一个可识别的独立实体"）的概念，他认为，生物及其所处环境应该被视为一个物理系统。美国生态学家雷蒙德·林德曼在博士论文中对坦斯利的工作进行了扩展，假定生态系统是由物理、化学和生物过程组成的，这些过程发生在任何时空尺度上。

林德曼还构想出了取食等级或营养级概念，每一级都依赖前一级来维持生存。1960年，由尼尔森·海尔斯顿、弗雷德里克·史密斯和劳伦斯·斯洛博德金组成的美国研究团队发表了一项研究结果，动物处于不同营养级的原因，可以归因于捕食者施加的自上而下的压力和食物供应限制造成的自下而上的

压力。20年后，美国生态学家罗伯特·佩因描述了营养级联效应，即去除系统中的一个关键种会改变系统效应。他描述了在实验中从潮间带移除赭石海星后食物网的变化，这种掠食性海星被证明是一个关键种，在其所处生态系统中发挥着至关重要的作用。

岛屿隔离

在大多数陆地环境中，生物栖息地的碎片化是一个主要问题，因为它将一些特定生物物种隔离开来。因此，研究岛屿的生物地理学在生态学中非常重要，岛屿包括被海洋包围的岛屿，以及被非常不同的环境包围的独特栖息地。20世纪60年代，爱德华·威尔逊和罗伯

约翰·梅纳德·史密斯
在《论进化》一书中
详述了**稳定进化对策**。

哈尔·卡斯韦尔提出一种
生物多样性的"**中性**"理论，
认为竞争者往往是平等的，
而机遇在成功与失败方面
发挥决定性作用。

在巴黎举行的**生物多样性
和生态系统功能会议**上，
科学家们研究了物种消失
对生态系统的影响。

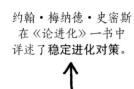 **1972**年　　 **1976**年　　 **2000**年

1967年 　　**1973**年 　　**1980**年 　　**2015**年

罗伯特·麦克阿瑟在
《岛屿生物地理学理论》
中研究了孤立群落的
生物多样性。

克劳福德·斯坦利·霍林
用"**生态恢复力**"这个词
来展示生态系统如何
在变化中生存。

罗伯特·佩因在野外
实验中发现一个**关键种**
被移除后对生态系统的
影响，创造了"**营养级联**"
这一术语。

一项对草原植物的研究
表明，**生物多样性**增加了
生态系统在气候事件
发生期间的**抵抗力**和之后的
恢复力。

特·麦克阿瑟在美国发现了决定岛屿物种多样性、物种迁徙和灭绝的关键因素。詹姆斯·布朗后来做了类似研究，所研究的动物种群生活在加州森林中一处位于山脊上的孤立斑块。这样的研究用于识别那些因隔离而面临最大灭绝风险的物种。

稳定性和恢复力

　　稳定进化状态这一概念的提出，对于理解生态系统动力学具有重要作用。20世纪70年代，英国生物学家约翰·梅纳德·史密斯用"进化稳定对策"（ESS）一词，来描述动物与附近其他动物竞争时的最佳行为对策。这种对策取决于其他动物的行为，旨在实现动物基

因的成功传递。如果动物采取了错误对策，它将活不长，也就无法将其基因遗传下去。生态系统中所有动物进化稳定对策之间的综合平衡被称为稳定进化状态。

　　加拿大生态学家克劳福德·斯坦利·霍林引进了恢复力的概念，用于解释在诸如火灾、洪水或森林砍伐等破坏性变化之后，生态系统如何持续存在。一个系统的恢复力可以用它抗干扰的能力，或者在创伤后恢复到平衡状态所需的时间来衡量。生态学家现在明白，生态系统可以有一个以上的稳定状态，而有弹性的生态系统并非总是有利于生物多样性。

　　当许多物种数量减少，或在当地灭绝时，生态学家再次将注意

力集中到生态系统的恢复力上。包括法国生态学家米歇尔·洛罗在内的许多人相信，生物多样性减少，使生态系统容易受到像气候变化等因素的影响。现在，洛罗和其他人正在努力寻找一种新的理论，用来解释生态系统生物多样性和恢复力之间的关系，以便了解和缓解当今面临的各种环境问题。■

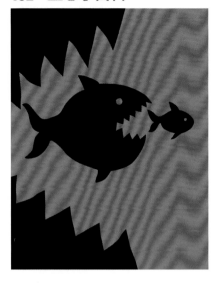

大自然每个独特部分都是支持其余部分必需的

食物链

食物链

顶级捕食者

↑

较大捕食者
（三级消费者）

↑

食肉动物
（次级消费者）

↑

食草动物
（初级消费者）

↑

生产者（自养生物）

为获得生长和维持身体各项机能所需的营养，所有动物都必须吃其他生物。食物链表明栖息地中不同动物的食与被食的等级关系。例如，狐狸吃兔子，兔子从来不吃狐狸。早期就有动物在食物链中相互联系的等级概念，英国博物学家理查德·布拉德利（Richard Bradley）在《种植和园艺方面的新改进》（*New Improvements in Planting and Gardening*，1718）中对这一概念做了更详细的阐述。他注意到，每种昆虫都有特定的植物食物，反过来每种昆虫又是某种特定食肉动物的食物。他相信所有生物互相依赖，形成一个自我延续的食物链条。

生产者和消费者

在现代食物链概念中，有些生物生产自己的食物，被称为生产者，或自养生物。植物和大多数藻类属于这一类，通常利用太阳能将水和二氧化碳转化为葡萄糖，同时释放出氧气。这个过程被称为光合作用，是创造食物的第一步。在没

参见: 捕食者-猎物方程 44~49页, 互利共生 56~59页, 关键种 60~65页, 最优觅食理论 66~67页, 动物生态学 106~113页, 生态系统 134~137页, 营养级联 140~143页, 生态恢复力 150~151页。

> 每个物种在地理位置和食物链中都有特定的位置。

——卡尔·林奈

有阳光的地方,制造自己食物的生物被称为化能自养生物。例如,深海生物从海底热泉释放的化学物质中获取所需的能量。

以生产者为食的动物和以其他动物为食的生物被称为消费者,或异养生物。在食物链任何特定部分,都可能有两三个或更多这样的等级,但在底层总会有一个生产者,而上面的所有等级都是消费者。只吃植物的动物是食草动物,

或初级消费者,包括牛、兔子、蝴蝶和大象。那些只吃其他动物的动物是食肉动物,或次级消费者;这些动物包括画眉、蜻蜓和刺猬。反过来,次级消费者可能被较大的捕食者,或者三级消费者吃掉,如狐狸、小猫和猛禽。食物链顶端的动物是顶级捕食者,它们包括老虎、虎鲸和金雕等不被其他动物捕食的消费者。

当植物和动物死亡时,食物

顶级捕食者,如青铜鲸鲨,没有天敌。在南非附近的温带海域,鲨鱼可以找到大量沙丁鱼来吃。

链并不会断裂。食碎屑动物以这些动植物的残骸为食,回收营养和能量,供下一代生产者使用。

食物网

布拉德利之后的观察者指出,动物不仅是食物链的一部分,而且是一个更大、更复杂的"食物网"的一部分,食物网包含一个地方的所有食物链。这个观点是由荷兰博物学家约翰·布鲁克纳(John Bruckner)在1768年提出的,后来被查尔斯·达尔文采纳,他将物种间各种相互联系的食养关系称为"复杂关系网"。■

理查德·布拉德利

理查德·布拉德利生于1688年左右,22岁时写了一篇关于多肉植物的论文,并因此获得资助。尽管没有受过大学教育,他还是被选为英国皇家学会会员,后来成为剑桥大学第一位植物学教授。

布拉德利的研究兴趣广泛,包括真菌孢子萌发和植物授粉。在某些情况下,布拉德利领先于所处的时代。他认为传染病是由在显微镜下才能看到的微小生物引起的。他根据对养兔场和湖鱼生产力的调查研究,提出关于捕食者与猎物关系的理论。

主要作品

1716–1727年 《多肉植物的历史》
(*The History of Succulent Plants*)

1718年 《种植和园艺方面的新改进》

1721年 《自然界的哲学描述》
(*A Philosophical Account of the Works of Nature*)

所有生物都是其他生物的潜在食物来源

生态系统

背景介绍

关键人物
阿瑟·坦斯利（1871-1955）

此前
1864年 美国自然保护主义者乔治·帕金斯·马什出版《人与自然，或人类活动改变的自然地理》，书中暗示了生态系统概念。

1875年 奥地利地质学家爱德华·修斯提出了"生物圈"这一术语。

此后
1953年 美国生态学家霍华德·奥德姆和尤金·奥德姆（Howard and Eugene Odum）提出一种"系统方法"，用于研究能量在生态系统中的流动。

1956年 美国生态学家保罗·西尔斯（Paul Sears）强调生态系统在养分循环中的作用。

1970年 保罗·埃利希和罗莎·魏格特（Rosa Weigert）警告，人类可能对生态系统造成破坏性干扰。

英国生物学家阿瑟·坦斯利（Arthur Tansley）坚持认为，必须在更广阔的背景下观察特定地区的生物群落，包括该地区的非生物因素，他是持此观点的第一人。坦斯利认为，在一个特定区域，所有生物及所在地球物理环境共同构成一个相互作用的实体。借鉴工程学中的概念，他将互动网络视为一个动态的实体系统。在同事阿瑟·克拉珀姆（Arthur Clapham）的建议下，他创造出"生态系统"

参见: 动物生态学 106~113页, 食物链 132~133页, 生态系统的能量流 138~139页, 生物圈 204~205页, 盖娅假说 214~217页, 环境反馈环 224~225页, 生态系统服务 328~329页。

热带珊瑚礁是最多样化的生态系统之一, 充满鱼类、海龟、甲壳类动物、软体动物、海绵和珊瑚。

（ecosystem）一词来描述这个系统。

在阿瑟·坦斯利于1935年就该主题发表了一篇颇具影响力的论文之前, 这个观点就已经发展很久了。早在1864年, 自然保护主义者乔治·帕金斯·马什就在《人与自然, 或人类活动改变的自然地理》一书中将"森林""水"和"沙"视为不同类型的栖息地。他研究了它们与生活在其中的动植物之间的关系是如何被人类活动干扰的。

互联系统

20世纪, 认为生物和非生物环境之间有独特的相互作用这一观点, 已经站稳了脚跟。1916年, 美国生态学家弗雷德里克·克莱门茨（Frederic Clements）在关于植物演替的著作中建立了这一观点, 将植被的"群落"称为一个单元, 并使用"生物群落"（biome）一词来描述居住在某一特定地区的全部生物。

坦斯利设想生态系统由生物（活的）要素和诸如能源、水、氮和土壤矿物质等非生物（无生命

阿瑟·坦斯利

作为一位思想自由的费边社会主义者和无神论者, 阿瑟·坦斯利是20世纪最有影响力的生态学家之一。他在1871年生于伦敦, 在伦敦大学学院学习生物学, 后来在那里任教。1902年, 他创办《新植物学家》杂志, 后来又成立英国生态学会, 成为该学会《生态学》杂志的创始编辑。1923年, 他中断教学工作, 到维也纳与弗洛伊德一起研究心理学。他后来成为牛津大学的谢拉丹植物学教授。1950年, 坦斯利被任命为英国自然保护协会的第一任主席。

主要作品

1922年《英国植被的类型》（*Types of British Vegetation*）

1922年《植物生态学要素》（*Elements of Plant Ecology*）

1923年《实用植物生态学》（*Practical Plant Ecology*）

1935年 论文《植物术语和概念的使用和滥用》（*The Use and Abuse of Vegetational Terms and Concepts*）

1939年《英属群岛及其植被》（*The British Islands and Their Vegetation*）

的）要素组成，其中非生物要素对整个系统的运作必不可少。在生态系统中，不仅生物之间相互作用，生物与非生物之间也相互作用。因此，在任何给定的生态系统中，生物都能适应环境的生物和非生物要素。不同类型的生态系统，可以根据物理环境分为四类：陆地生态系统、淡水生态系统、海洋生态系统和大气生态系统。根据不同的物理环境和其中的生物多样性，可将其进一步细分为各种类型。例如，陆地生态系统可以细分为沙漠、森林、草原、针叶林和苔原生态系统。

动态反馈

坦斯利最重要的见解是，这些由生物和非生物组成的离散群落构成了动态系统。例如，在陆地生态系统中，生物相互作用来循环利用物质：植物从大气中吸收二氧化碳，从土壤中吸收养分来生长。植物通过呼吸将维持动物生命的氧气释放到大气中，并为动物提供食物。动物排泄物和死的物质也会释放碳，并提供被细菌和真菌分解的物质，进而为植物提供养分。

阿瑟·坦斯利还认为，生态系统中的这些内部过程符合他所描述的"伟大的宇宙平衡定律"。通过自我调节，这些过程自然趋于稳

英国湖区的一个小冰川湖，或冰斗湖。冰斗湖生态系统因许多因素而不同，其中包括水中营养物质的富集程度。

定。生态系统中的循环包含反馈环，可以调整任何远离平衡状态的波动。

每个生态系统都位于一个特定区域，具有独特的环境特征，表现为一个自成一体的、自我调节的系统。全球各地的生态系统拼凑在一起，形成了奥地利科学家爱德华·修斯（Eduard Suess，旧译"徐士"）所称的生物圈——所有生态系统的总和。

外部因素

各种各样的外部因素，如气候和周围环境的地质构造，都可以对生态系统产生影响。太阳是影响所有生态系统的一个恒定的外力，它提供的能量使植物进行光合作用和从大气中获取二氧化碳成为可能；其中一些能量通过生态系统和食物链被分配。在分配过程中，部分能量以热量形式耗散。

然而，其他外部因素也可能

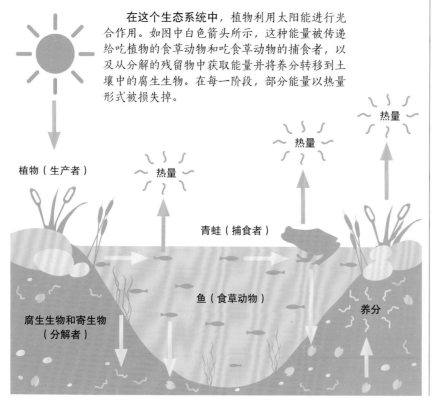

能量动态传递

在这个生态系统中，植物利用太阳能进行光合作用。如图中白色箭头所示，这种能量被传递给吃植物的食草动物和吃食草动物的捕食者，以及从分解的残留物中获取能量并将养分转移到土壤中的腐生生物。在每一阶段，部分能量以热量形式被损失掉。

热量

热量

热量

热量

植物（生产者）

青蛙（捕食者）

鱼（食草动物）

养分

腐生生物和寄生物
（分解者）

> 在正常运作的生态系统中没有浪费。所有生物，无论死活，都是其他生物的潜在食物来源。
>
> ——泰勒·米勒
> （科普作家）

意外出现，给生态系统造成压力。所有生态系统都不时受到外部干扰，然后必须经历一个恢复过程。这些干扰包括风暴、地震、洪水、干旱和其他自然现象，而越来越多的干扰是人类活动的结果——砍伐森林、城市化、污染和人为引起的气候变化的累积影响、破坏生物自然栖息地。人类也对引进入侵物种负有责任。没有这些外部因素，生态系统将维持平衡状态，并保持稳定的特性。

抵抗力和恢复力

生态系统通常足够强大，能够承受一些自然因素的外部干扰，并保持平衡。有些生态系统更能抵抗干扰，并已适应了通常与其环境有关的特定干扰因素。例如，在一些森林生态系统中，由雷暴引起的周期性火灾只会造成生态系统轻微的不平衡。

即使受到外部干扰的严重破坏，有些生态系统也有恢复能力，能够恢复平衡。然而，有些生态系统则比较脆弱，当受到干扰时，可能永远无法恢复平衡。

人们通常认为，生态系统的抵抗力和恢复力与其生物多样性有关。例如，如果只有一种植物在系统中发挥特定作用，而该植物又不耐霜冻，那么反常的严冬可能会使该植物大量减少，从而对整个系统产生重大影响。相反，如果系统中有一些具有这种作用的物种，那么更有可能的是，其中某一物种能够抵抗干扰。

人为因素

有些干扰可能严重到足以对生态系统造成灾难性破坏，使其超过恢复点，从而导致其特性永久变化，甚至灭亡。令人担忧的是，人类活动引起的许多干扰都有可能造成这种永久性损害，特别是对生物栖息地的大规模破坏和由此造成的生物多样性的枯竭。此外，有人认为，人类的影响已经创造了一个新的生态系统类别，即"高科技生态系统"。例如，"冷却池"是为核电站降温而建造的人工池塘，但它们已经成为水生生物的生态系统。

人类与自然生态系统之间的关系并不都是负面的。近年来，科学数据使公众认识到生态系统给人类带来的好处，包括为人类提供食物、水、营养物质和清洁空气，以及控制疾病甚至气候。现在，许多国家的政府逐渐承诺负责任和可持续性地利用生态系统。■

英国康沃尔郡的伊甸园项目在一个巨大的穹顶温室中模拟雨林生态系统。穹顶面板是倾斜的，以吸收大量光能和热能。

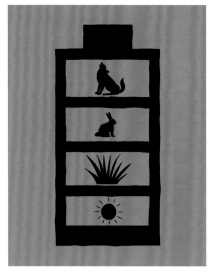

生命由一个巨大的流程网络支撑

生态系统的能量流

背景介绍

关键人物
雷蒙德·林德曼（1915—1942）

此前
1913 年 美国动物学家维克多·谢尔福德第一个用图示形象地说明了食物网。

1920 年 弗雷德里克·克莱门茨描述了不同植物种群在群落中如何相互关联。

1926 年 俄罗斯地球化学家弗拉基米尔·沃尔纳德斯基发现，化学物质在生物和非生物之间被循环利用。

1935 年 阿瑟·坦斯利发展了生态系统概念。

此后
1957 年 美国生态学家尤金·奥德姆用放射性元素了解食物链信息。

1962 年 雷切尔·卡逊在《寂静的春天》一书中提醒人们注意食物链中农药的积累。

19 41 年，一位名叫雷蒙德·林德曼（Raymond Lindeman）的美国学生将博士论文的最后一章投给著名期刊《生态学》，题目为《生态学的营养动力论》（*The Trophic-dynamic Aspect of Ecology*），内容是关于食物链与随时间变化的生物群落中物种的关系。

林德曼花费 5 年时间，研究明尼苏达州雪松溪沼泽里一个老化的湖泊中的生物。他对湖泊的变化尤其感兴趣，因为随着时间推移，水生栖息地逐渐被陆地取代。他获得博士学位，但其论文最初因为理论性过强而被《生态学》拒稿。

林德曼煞费苦心对湖里所有生物进行取样，从水生植物和微小的藻类浮游生物，到蠕虫、昆虫、甲壳类动物，以及相互取食、相互依存的鱼类。他强调，生物群落必须在更广泛的环境中加以研究，否则就不能得到关于它们的正确见解。生物和非生物成分（空气、水、土壤矿物质）通过养分循

生产者（植物和藻类）依赖来自太阳的能量和有机物分解得到的养分。

→ 初级消费者以丰富的植物和藻类作为食物。

↓

次级消费者以丰富的一级消费者作为食物来源。

← 生命由一个巨大的流程网络支撑。

参见: 生态位 50~51页, 捕食者对猎物的非消费性效应 76~77页, 食物链 132~133页, 生态系统 134~137页。

食骨蠕虫是一种深海生物，以鲸鱼等动物的尸体为食。它们长出"根"来分解骨头，从动物残骸中回收养分。

环和能量流动联系在一起。整个系统——生态系统——是生态学的核心单元。

生产者和消费者

林德曼的研究表明，一个生态系统是如何通过从一个生物到另一个生物的能量流来驱动的。这些生物可以被分为不同的"营养级"（摄食级）——从生产者（植物和藻类）到消费者（动物）。生产者从太阳光中吸收能量来制造食物。对消费者而言，"初级消费者"是指吃植物的食草动物，"次级消费者"是指吃食草动物的动物。每个营养级依赖前一个营养级生存。同时，各个营养级死去的动植物被分解者（如细菌和真菌）分解，分解后产生的养分又可以供植物和藻类利用。

林德曼的研究还表明，在每个营养级上，部分能量被损耗掉了，或者在生物呼吸时转化成热量。通过将自己的研究结果与广泛的其他来源的数据相结合，他能够构建出雪松溪沼泽湖泊生态系统的能量流。

英国生态学家乔治·伊夫林·哈钦森被认为是现代生态学的奠基人之一，他是林德曼在耶鲁大学的导师。哈钦森意识到林德曼的研究对生态学未来的发展有重要意义，并游说《生态学》杂志接受他的论文。林德曼身体一直不好，1942年死于肝硬化，年仅27岁。4个月后，他的有关生态系统营养动力的论文终于发表了，现在该文被视为生态领域的经典文献。■

……生物群落可以表示为能量流动和耗散的网络或通道……
——乔治·伊夫林·哈钦森

测量生产力

林德曼的营养动力理论有助于阐明生态系统生产力的概念，而生态学家此前对它的定义相当模糊。植物或动物的生产力是由其有机质的增长或生物量来衡量的。这永远不会等于生物体的能量输入，因为植物把太阳能转化成叶子，或者动物把食物转化成肉，从来不是百分之百有效的。有些能量以热能形式释放出来，其中大部分通过呼吸作用失去——呼吸作用是所有生物新陈代谢的一个基本方面。

当温血动物的体温远高于周围环境时，它们就会失去大量热量。所有动物在排泄尿液时也会失去能量。此外，动物食物中的所有物质并非都能在肠道中消化，作为粪便排出的物质代表未使用的化学能。

这张大象的热像图显示了动物的部分热量是如何流失的。它的体温和粪便都比周围的环境温度高。

世界是绿色的

营养级联

背景介绍

关键人物
尼尔森·海尔斯顿（1917—2008）

此前
1949 年 奥尔多·利奥波德出版《沙乡年鉴》，引起人们关注猎狼对山区植物的生态影响。

此后
1961 年 美国海洋生态学家劳伦斯·斯洛博德金出版重要的生态学教科书《动物种群的增长与调控》（*The Growth and Regulation of Animal Populations*）。

1980 年 罗伯特·佩因描述了捕食者被从潮间带生态系统中移除时，引起的"营养级联效应"。

1995 年 灰狼重返黄石国家公园，引发一系列生态系统变化。

第二次世界大战结束不久，生态学家、美国顶级野生动物管理专家奥尔多·利奥波德（Aldo Leopold）就对狼威胁牲畜应该被消灭的观点提出了质疑。在《沙乡年鉴》中，他描述了移除这种顶级捕食者对生态系统其他部分的破坏性影响。他说，这尤其会导致山坡上的鹿群过度增长。利奥波德的观点是"营养级联"概念的早期表达，尽管他没有使用这个术语。

捕食者通过调节其他动物的数量来维持食物网的平衡。当攻击并吃掉猎物时，它们会影响猎物

参见: 捕食者-猎物方程 44~49页, 食物链 132~133页, 生态系统 134~137页, 生态系统的能量流 138~139页, 稳定进化状态 154~155页, 生物多样性与生态系统功能 156~157页。

赭色海星捕食贻贝和帽贝等海洋生物。在一个著名实验中，罗伯特·佩因把它们从岩石池中取出来，观察对食物网其他部分的影响。

（*Community Structure, Population Control, and Competition*），研究控制不同营养级的动物种群的因素。他们得出结论，生产者、食肉动物和分解者的数量受到各自资源的限制，每个营养级上的物种之间都会发生竞争。他们还发现，食草动物种群很少受到植物供应的限制，但受到食肉动物的限制，所以它们不太可能与其他食草动物争夺共同的资源。论文强调了自上而下的力量（捕食）和自下而上的力量（食物供应）在生态系统中的重要作用。

1980年，美国生态学家罗伯特·佩因率先使用"营养级联"这一术语，用于描述从华盛顿州潮间带实验性移除食肉海星带来的食物网的变化。营养级联的概念现在已被普遍接受，尽管关于它们有多普遍的争论还在继续。

自上而下的级联

当顶级捕食者被移出食物链时，就会发生这种级联现象，可能导致生态系统物种组成发生变化，

的数量和行为，因为当捕食者出现时，猎物会离开。捕食者的影响可以延伸到下一个营养级，影响猎物自身食物来源的种群。在本质上，通过控制猎物的种群密度和行为，捕食者间接令猎物的猎物获益并增加了后者的多度。

生态学家将发生在不同营养级之间的间接相互作用描述为营养级联。根据定义，营养级联至少要跨三个营养级。四级和五级营养级联也为人所知，尽管并不常见。

控制因素

1960年，美国生态学家尼尔森·海尔斯顿（Nelson Hairston）和同事弗雷德里克·史密斯（Frederick Smith）及劳伦斯·斯洛博德金（Lawrence Slobodkin）发表了一篇重要论文，题目为《群落结构、种群控制与竞争》

捕食者以食草动物为食。

自下而上的级联

捕食者进入该地区，数量增加。

↑

食草动物数量增加。

↑

降雨量增加促进植被生长。

自上而下的级联

如果捕食者被移除……

↓

猎物数量增加。

↓

过度放牧导致栖息地变化和物种多度丧失。

食草动物以植物为食。

但生态系统仍然可能继续发挥作用，或者可能导致生态系统崩溃。在美国新英格兰南部海岸发生的营养级联，被认为是导致盐沼栖息地消亡的原因。休闲垂钓者减少了食肉鱼类的数量，以至于食草蟹急剧增加，食草蟹对沼泽植被的消耗增加，使其他依赖沼泽植被的物种产生了连锁反应。

外来物种的引进和扩散，也会引起营养级联，就像20世纪90年代，北美东海岸和墨西哥水域的杂食性当地泥蟹在波罗的海变得很常见一样。螃蟹是许多沿海食物网中的关键种，以底栖（海底）群落——双壳类、腹足类和其他小型无脊椎动物——为食，效率极高，形成了一个强大的自上而下的级联。波罗的海泥蟹数量增加，导致底栖无脊椎动物种类急剧减少，进而导致漂浮营养物质增加，最终促进了浮游植物而不是底栖物种的增长。螃蟹带来的净效应是将养分从海底转移到水层——沉积物和表面之间的水——并使生态系统退化。

自下而上的级联

如果植物——主要生产者——从生态系统中消失，可能会产生自下而上的级联反应。例如，如果真菌疾病导致草死亡，依赖草的兔子种群将崩溃。吃兔子的捕食者将会饿死或被迫离开，整个生态系统可能崩溃。相反，如果种植或保护措施促使各种植物增加，就会吸引更多的食草动物（包括帮助植物繁殖和传播的传粉者），同时也会吸引更多的捕食者。

在自下而上的模型中，食草动物和它们的捕食者对增加的植物品种的反应遵循相同的方向：更多的植物支持更多的食草动物和更多的捕食者。这与自上而下的级联形成对比。在自上而下的级联中，更多的捕食者会导致更少的食草性猎物和更多的植物。

> 鹿生活在对狼的极度恐惧中，高山同样生活在对鹿的极度恐惧中。
> ——奥尔多·利奥波德

甲虫、蚂蚁和飞蛾

在四层系统中研究营养级联更加困难，因为处于最高营养级的捕食者可能吃掉下级捕食者和再下级的食草动物，所以关系变得非常复杂。1999年，研究哥斯达黎加热带雨林营养级联的研究人员，通过研究无脊椎动物的三个营养级系统，解决了这个问题。在这个系统中，顶端捕食者——郭公甲——吃掉低于其营养级的食肉蚂蚁，而不吃再低一级的食草动物。当研究区食肉甲虫的数量增加时，食肉蚂蚁的数量急剧下降。这减轻了对数十种食草无脊椎动物的压力，因此它们吃掉更多的植物。结果，被研究

加利福尼亚的黄色灌木羽扇豆生长迅速并具有侵入性。这种植物可以通过提高土壤含氮量来吸引外来物种，从而扰乱生态系统。

斯特勒海牛是博物学家乔治·斯特勒（Georg Steller）在1741年发现的一种巨型海牛。它的灭绝原因引起了争论：它是被猎杀的，还是食物来源消失了？

的植物叶面积减少了一半。

并不是营养级联中的所有"参与者"都是明显或可见的，有些很小并住在地下。例如，生长在加利福尼亚海岸的黄色灌木羽扇豆的根，是蝙蝠蛾幼虫的食物。而被称为线虫的蠕虫样无脊椎动物寄生在蝙蝠蛾幼虫身上。如果这些线虫存在于土壤中，将会限制蝙蝠蛾幼虫的数量，从而使羽扇豆根的损失减少。

灭绝事件

在极端情况下，营养级联可能导致物种灭绝——就像斯特勒海牛一样，这种海洋哺乳动物曾经生活在白令海峡，但在1768年灭绝了。最近有人认为，这种灭绝是由灾难性的营养级联造成的，诱因是人们为毛皮贸易而大量捕杀海獭，导致海獭几乎灭绝。对海獭的过度捕杀使海胆（通常是海獭的猎物）的数量超过了一个临界值。海胆以海藻为食，因此海胆数量增长，导致海藻数量锐减。海藻是海牛的食物来源，尽管海牛本身没有被猎杀，但它们很快就灭绝了。了解干预措施，以及引入外来物种如何破坏营养级联，对于制定现在的保护措施至关重要。■

人们通常认为食草动物食物充足，而食肉动物经常挨饿。

——劳伦斯·斯洛博德金

早期人类和巨型动物

在过去6万年里，包括最后一个冰川时代末期，北美大约有51属大型哺乳动物灭绝。它们大多数是食草动物，包括地懒、乳齿象和大型犰狳，也有许多食肉动物，如美洲狮、猎豹、弯刀猫和短面熊。

许多物种灭绝发生在10000~11500年前，就在克洛维斯人到达并繁衍后不久，他们以捕猎为生。关于食草动物灭绝的最令人信服的理论之一是"二级捕食假说"，该假说认为人类引发了营养级联。人们杀死了与自己争夺猎物的大型食肉动物。结果，捕食者数量减少，而猎物数量不成比例地增加，导致过度放牧。植被无法再供养食草动物，结果许多食草动物饿死了。

西班牙阿尔塔米拉的洞穴壁画展示了野牛对早期人类的重要性。1927年，野生种群灭绝了，圈养的牛群后来又被重新引入自然。

岛屿是生态系统

岛屿生物地理学

背景介绍

关键人物

罗伯特·H. 麦克阿瑟（1930—1972）
爱德华·O. 威尔逊（1929—）

此前

1948 年 加拿大鳞翅目昆虫学家尤金·门罗（Eugene Munroe）指出加勒比地区岛屿大小与蝴蝶多样性之间的相关性。

此后

1971—1978 年 在美国，生物学家詹姆斯·布朗在加利福尼亚州和犹他州大盆地的森林"岛屿"上研究哺乳动物和鸟类物种的多样性。

2006 年 加拿大生物学家阿提拉·卡尔马（Attila Kalmar）和大卫·柯里（David Currie）研究了346个海洋岛屿上的鸟类种群，发现物种的多样性取决于气候、面积和隔离。

除非我们把保护生物作为神圣职责，否则我们将破坏我们赖以进化的家园，从而危及我们自己。

——爱德华·O. 威尔逊

佛罗里达群岛中生长着红树林的岛屿（现因其拥有多样的海洋和陆生生物而受到保护）曾是检验岛屿生物地理学理论的重点研究区域。

岛屿生物地理学研究影响孤立的自然群落物种丰富度的因素。查尔斯·达尔文、阿尔弗雷德·拉塞尔·华莱士和其他博物学家曾在19世纪写过关于岛屿动植物的文章。他们的研究是在海洋中的实际岛屿上进行的，同样的方法也可以用来观察任何被不适宜环境包围的斑块适宜栖息地，这些环境限制了个体的扩散。例如，沙漠中的绿洲、洞穴系统、城市环境中的公园、干旱景观中的水池、无森林的山谷之间的山地森林。

20世纪中期，生态学家开始更加深入地研究不同岛屿上的物种分布、物种分布的变化及其原因。在美国，生物学家爱德华·O. 威尔逊和罗伯特·麦克阿瑟（Robert MacArthur）构建了第一个用于岛屿生态系统研究的数学模型，并在1967年概述了一个新

参见: 自然选择进化论 24~31页,捕食者-猎物方程 44~49页,野外实验 54~55页,生态系统 134~137页。

生物向岛屿的随机扩散

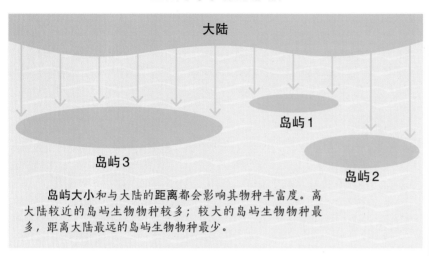

大陆

岛屿3

岛屿1

岛屿2

岛屿大小和与大陆的**距离**都会影响其物种丰富度。离大陆较近的岛屿生物物种较多;较大的岛屿生物物种最多,距离大陆最远的岛屿生物物种最少。

罗伯特·麦克阿瑟

麦克阿瑟在1930年出生于加拿大多伦多,后来移居美国佛蒙特州。他原来是学数学的。1957年,他获得耶鲁大学博士学位,他的论文探讨了针叶林中莺类所占据的生态位。麦克阿瑟强调检验假设的重要性,这有助于将生态学研究从仅仅依赖观测转变为也使用实验模型。这种方法反映在他与爱德华·O.威尔逊合著的《岛屿生物地理学理论》中。麦克阿瑟在职业生涯中一直获奖,在1969年当选为美国国家科学院院士。1972年,他死于肾癌。美国生态学会的一个两年一度的奖项是以他的名字命名的。

主要作品

1967年 《岛屿生物地理学理论》（*The Theory of Island Biogeography*）

1971年 《地理生态学:物种分布的模式》（*Geographical Ecology: Patterns in the Distribution of Species*）

的岛屿生物地理学理论。

他们的理论指出,在每个岛屿上,新物种到达该岛的迁入率与岛上既有物种的灭绝率之间存在一个平衡点。例如,一个适宜栖息但物种相对较少的岛屿可能灭绝率低,当更多的物种迁入时,对有限资源的争夺就会加剧。到一定程度,较小的种群将会被淘汰,既有物种灭绝率将会上升。当新物种迁入率和既有物种灭绝率相等时,就会出现一个平衡点。任意一个速率发生改变之前,这个平衡点可能保持不变。

该理论还指出,新物种的迁入率取决于岛屿与大陆或另一个岛屿的距离,并随着距离的增加而下降。岛屿的面积是另一个影响因素,面积越大,既有物种灭绝率越低,因为一旦既有物种被新物种赶出主要栖息地,它们有机会找到替代栖息地,尽管这种栖息地并不完

美（"次优"）。更大的岛屿也可能有更多种类的栖息地或小生境来容纳新物种。栖息地的多样性和既有物种的低灭绝率,使大岛屿比小岛屿上有更多的物种,即"物种-面积效应"。随着新物种拓殖和既有物种灭绝,物种种类将发生变化,但仍将保持相对多样性。

监控红树林

1969年,威尔逊和他的学生丹尼尔·森博洛夫（Daniel Simberloff）进行了一项野外实验,在美国佛罗里达群岛中六个生长着红树林的小岛上检验这一理论。他们记录了生活在那里的物种,然后对红树林进行熏蒸,以除去所有节肢动物,如昆虫、蜘蛛和甲壳类动物。在接下来的两年里,他们每年都会对返回的物种进行计数,以观察它们重新拓殖的情况。佛罗里达群岛的实验表明,距离的确起到

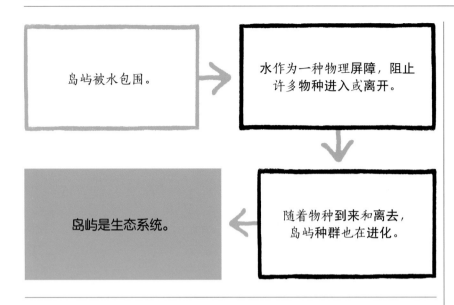

岛屿被水包围。

水作为一种物理**屏障**，阻止许多物种进入或**离开**。

随着物种到来和**离去**，岛屿**种群**也在**进化**。

岛屿是生态系统。

"岛屿"栖息地

20世纪70年代初，美国生物学家詹姆斯·布朗利用威尔逊-麦克阿瑟模型，研究了加利福尼亚州和犹他州大盆地19座山脊上的针叶林"岛屿"。山脊之间是巨大的长有蒿属植物的荒漠。布朗发现，在孤立的林地中，小型哺乳动物（不包括蝙蝠）的多样性和分布不能用拓殖和灭绝之间的平衡来解释。一些物种已经灭绝了，但数百万年来没有新物种迁入，所以布朗把这些哺乳动物称为"残遗种"。几年后，他对山脊上鸟类种群的分析表明，新的鸟类物种来自东部落基山脉和西部内华达山脉中更大的相似的森林。布朗的结论是，某些物种群体——尤其是那些会飞的物种——比其他物种更有可能成为成功的迁入者。

生态学家还研究了俄亥俄州辛辛那提9个不同大小公园里的甲虫和苍蝇的多样性。面积是物种丰富度的最佳预测因子，但当生态学

了重要作用：岛屿离大陆的距离越远，返回该地区重新拓殖的无脊椎动物就越少。

然而，新一波的迁入，可以使遥远的岛屿上的物种免于灭绝。这种情况更可能发生在某些鸟类身上——它们可以快速长途飞行——而不是小型哺乳动物。还有所谓的目标效应，有些岛屿由于提供的栖息地而更加受到欢迎。如果要选择一个没有树的岛和一个有林地的岛，筑巢的鸟自然会选择有树的地方。

人类影响

影响海洋岛屿物种多度的关键因素是其隔离程度、隔离时间、大小、栖息地的适宜性、相对于洋流的位置，以及生物偶然到达的机会（例如，生物被冲到漂浮植物上）。这些因素大多适用于任何类似的孤立的栖息地，而不仅是海洋中的岛屿。

人类影响有时是巨大的，人

类可能至少在3000年前就开始造访太平洋上的孤岛。最近几个世纪，人们将太平洋和其他地方的岛屿开拓为殖民地时，带着狗、猫、山羊和猪，还不经意地把老鼠也带到船上。在许多岛屿，老鼠吃海鸟蛋和当地特有植物的种子，其中一些植物在其他地方都不生长。在加拉帕戈斯群岛，狗吃乌龟蛋、鬣蜥，甚至企鹅。山羊与加拉帕戈斯龟争夺食物，导致圣地亚哥岛上多达五种植物灭绝。

然而，人类到来，并不总是会减少岛上物种的丰富度。研究人员发现了船只在加勒比岛屿物种发展变化过程中的重要作用。例如，尽管特立尼达岛的面积相对较小，但却拥有比面积大得多的古巴岛还要多的蜥蜴种类，因为自20世纪60年代以来实行的经济制裁，使在古巴停靠的船只（以及船上的蜥蜴"偷渡者"）越来越少。

为经济利益而破坏雨林，就像为做饭而烧掉文艺复兴时期的画作一样。
——爱德华·O. 威尔逊

家将其发现与种群规模的数据相结合时，他们计算得出公园面积的增加主要是降低了物种灭绝率，而不是为新物种提供了栖息地。

保护实践

　　岛屿生物地理学理论发展不久，生态学家就开始将其应用于生物保护。自然保护区和国家公园被视为被人类活动改变的景观中的"岛屿"。当第一次建立保护区时，生态学家们就保护区的大小展开了争论：究竟是一个大的保护区好，还是几个小的保护区好？正如岛屿理论表明，生物多样性取决于许多因素，而且不同物种在不同环境中受益。一个大的哺乳动物不能在一个小保护区内生存，但许多小生物会在那里繁衍生息。在人类活动影响较多的地方，根据岛屿理论，可以建立野生动物廊道。这些廊道连接适宜做栖息地的地区，有助于维持生态过程。例如，允许动

　　纽约曼哈顿的**中央公园**是城市环境中的一个"岛屿"。这里有134种鸟类、197种昆虫、9种哺乳动物、5种爬行动物、59种真菌和441种植物。

物活动和使能够存活的种群得以生存，这样就不用大规模扩大保护区。■

我认为任何点滴的生物多样性都是无价的……
——爱德华·O. 威尔逊

喀拉喀托的重生

　　1883年，火山爆发摧毁了印度尼西亚喀拉喀托岛，该岛和附近的塞尔通岛、潘姜岛的动植物全部灭绝。到1886年，苔藓、藻类、有花植物和蕨类植物才回到喀拉喀托，它们不是被风吹来的，就是被海浪冲来的。1887年出现了第一批幼树；1889年发现了多种昆虫和一种蜥蜴。最近的研究表明，喀拉喀托及邻近地区迁入物种的数量在1908—1921年森林形成时期达到顶峰，但在1921—1933年，当茂密的树冠阻挡阳光照射到森林底部时，物种减少达到峰值。陆生鸟类和爬行动物的迁徙几乎停止了，而新的陆生软体动物和许多昆虫仍然从不到45千米外的苏门答腊岛和爪哇岛来到这里。

喀拉喀托火山的致命喷发产生了80千米高的烟灰云，改变了全球气候模式，并导致全球平均气温连续5年下降1.2℃。

重要的是数量恒久不变

生态恢复力

在发生大的火灾、洪水、飓风、严重污染、森林砍伐或引入"外来"新物种等扰动后，生态系统恢复的能力被称为生态恢复力。这些影响中的任何一个都会显著扰乱食物网，而人类活动是造成越来越多扰动的原因。

保持弹性

加拿大生态学家克劳福德·斯坦利·霍林（Crawford Stanley Holling）首先提出了生态恢复力概念，用来描述自然系统在面临破坏性变化时的持久性。霍林认为，自然系统需要稳定性和恢复力，但与之前生态学家的假设相反，两者不一定是相同的特性。

一个稳定的生态系统会为维持现状而抵制变化，而恢复力包括创新和适应的含义。霍林认为，自然的、未受干扰的系统很可能持续处于一种过渡状态，一些物种种群数量在增加，而另一些在减少。然而，这些种群变化和整个系统发生根本性变化相比，不是那么重要。系统恢复力可以用大冲击后恢复平衡所需的时间来描述，或用它吸收干扰的能力来描述。

霍林研究的一个例子是北美五大湖的渔业。20 世纪初，人们收获了大量鲟鱼、鲱鱼和其他鱼类，但过度捕捞显著减少了捕获量。尽管后来对捕鱼进行了控制，但五大湖的鱼类数量并没有恢复。霍林认为，过度捕捞已经逐渐降低了生态系统的恢复力。

霍林认为，生态恢复力对生态系统的影响并不总是正面的。例如，如果一个淡水湖从农业肥料中

> 生态系统不断变化，是一个动态变化的系统，而且未来的可能性也是多样的……
>
> ——克劳福德·斯坦利·霍林

参见: 食物链 132~133页, 生态系统 134~137页, 生态系统的能量流 138~139页, 营养级联 140~143页。

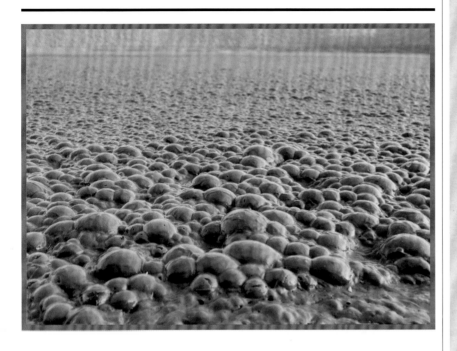

一层厚厚的**绿色藻类**覆盖了印度马哈拉施特拉邦的洛纳尔湖的部分湖面。藻类在富营养条件下生长旺盛,它们分解会消耗氧气,而缺氧会导致鱼类存活减少。

获得大量营养物质,它就会变得富营养化:藻类大量繁殖,耗尽湖中的氧气,使其不适合鱼类生长。这样的湖泊也许是有恢复力的,但它的生物多样性将会减少。霍林声称,决定生态恢复力的三个关键因素是:一个系统在超过不可能完全恢复的阈值之前,能够改变的最大程度;系统进行大改变的难易程度;目前系统离阈值有多远。

改变状态

根据霍林的观点,当生态系统的种群组成不是一成不变时,会增强其恢复力。一个例子是北美东部森林中大部分美洲栗子树消失,在很大程度上,由橡树和山核桃树的扩张来补偿。对霍林来说,这也算是一种恢复力,因为树种的实际组合虽然发生了变化,但阔叶林仍然存在。

生态学家现在明白,生态系统可以有多个稳定的状态。例如,在澳大利亚,以无脉相思树为主的林地,既可以存在于适合养羊的多草的环境中,也可以存在于完全不适合养羊的以灌木为主的环境中。■

卷叶蛾的作用

自18世纪以来,云杉卷叶蛾幼虫已经六次摧毁北美东部的香脂冷杉林。根据霍林的描述,该生态系统经历了两种截然不同的状态:一种是迅速生长的幼树和很少的卷叶蛾;另一种是成熟的树和大量卷叶蛾。

在卷叶蛾暴发期间,幼小香脂冷杉与云杉和白桦树一起生长。最终,冷杉成为优势树种,再加上连续几个非常干旱的年份,刺激卷叶蛾数量大量增长,成熟的冷杉被摧毁,给云杉和白桦树提供了再生的机会。通过控制香脂冷杉,卷叶蛾也维持着云杉和桦树的生长。没有它,冷杉树会挤走其他树种。因此,该生态系统是不稳定的,但同时也是有弹性的。

加拿大魁北克的**云杉卷叶蛾**幼虫在蛹化之前,贪婪地以冷杉和云杉为食。一个月后,它羽化成蛾,准备进行交配。

种群遭受不可预测的影响

生物多样性的中性理论

背景介绍

关键人物

哈尔·卡斯韦尔（1949—）

斯蒂芬·P. 哈贝尔

（Stephen P. Hubbell, 1942—）

此前

1920 年 弗雷德里克·克莱门茨描述植物物种在群落中是如何相互联系的。

1926 年 亨利·艾伦·格里森提出生态群落的构成更为随机。

1967 年 理查德·鲁特引入"生态协会"概念——一群以相似方法开发自然资源的物种。

此后

2018 年 由荷兰生态学家马腾·谢弗（Marten Scheffer）领导的一项研究表明，尽管使用相同资源的物种在竞争中可能具备相同的竞争力，但也可能因为对干旱或疾病等胁迫因素的反应而有所不同。

生物多样性是由新物种出现和其他物种灭绝而在全球范围内形成的。群落生态学传统认为，物种间相互作用在决定这一过程中起着至关重要的作用。例如，如果两个物种争夺相似资源，或者强者将弱者推向灭绝，或者每个物种被迫占据更窄的特定生态位。1976年，美国生态学家哈尔·卡斯韦尔（Hal Caswell）提出生物多样性的中性理论。他认为，在生态上相似的物种在竞争中是平等的，而物种变得普通或稀有出于偶然。

"零假设"模型

21 世纪初，美国生态学家斯蒂芬·P. 哈贝尔提出一个被称为"零"假设的数学模型，发表在《生物多样性与地理学统一理论》（*The Unified Theory of Biodiversity and Geography*，2001）中，对卡斯韦尔理论提供了支持。哈贝尔通过研究真实群落来检验他的模型。

卡斯韦尔大胆尝试建立一种群落结构中性理论。

——斯蒂芬·P. 哈贝尔

近年来，生物多样性的中性理论已经主导了群落生态学。然而，2014年在澳大利亚进行的一项关于珊瑚礁的研究并不支持这一理论，该研究关注因过度捕捞而几乎消失的曾经占主导地位的物种。根据哈贝尔的说法，物种可以互换，其他物种应该增加以取代几乎消失的物种。这种情况实际并没有发生，这表明中性理论有缺陷。究竟是什么维持生物多样性，仍然是一个悬而未决的问题。■

参见： 人类活动与生物多样性 92~95页，岛屿生物地理学 144~149页，顶极群落 172~173页，开放群落理论 174~175页。

要想揭示复杂生态系统的奥秘，研究者需要共同协作

大生态学

背景介绍

关键人物
美国国家科学基金会（1950-）

此前

1926 年 俄罗斯地球化学家和矿物学家弗拉基米尔·沃尔纳德斯基提出了地球上万物赖以生存的生物圈理论。

1935 年 英国先驱生态学家阿瑟·坦斯利将生态系统定义为包含生物与环境之间的所有相互作用。

此后

1992 年 在里约热内卢举行的地球峰会上，关于保护生物圈的重要性达成了国际共识。

1997 年 192 个国家签署了减少温室气体排放的《京都议定书》。

深入了解生态系统需要长期研究。1980 年，美国国家科学基金会（US National Science Foundation）设立了 6 个长期生态研究（LTER）站点来研究长期的、大尺度的生态现象。目前共有 28 个站点，其中 5 个从 1980 年以来一直在运行。生态学家正在收集数据，以便共享新的知识。

森林生态系统

美国俄勒冈州的安德鲁斯森林是最初的 6 个研究站点之一。那里是研究温带雨林的理想之所，冬季温和湿润，夏季凉爽干燥。由于 40% 是老龄的针叶林，那里的森林、河流和草地生态系统的生物多样性程度很高。生态学家记录了数千种昆虫、83 种鸟类、19 种针叶树和 9 种鱼类。该项目旨在观察土地利用（如林业）和自然现象（火灾、洪水、气候）如何影响水文、生物多样性和碳动态——碳和养分

在生态系统中流动的方式。世界上还有许多其他的长期研究站点，研究人员记录着生态系统的数据。由于可以免费获取数据，全球的研究者可以方便地利用这些数据进行研究。■

在美国俄勒冈州安德鲁斯森林的 6 个老龄森林站点，对原木分解正在进行长达 200 年的研究。该项目始于 1985 年。

参见：生态系统 134~137页，生物圈 204~205页，可持续生物圈规划 322~323页，生态系统服务 328~329页。

最好的策略取决于其他成员在做什么

稳定进化状态

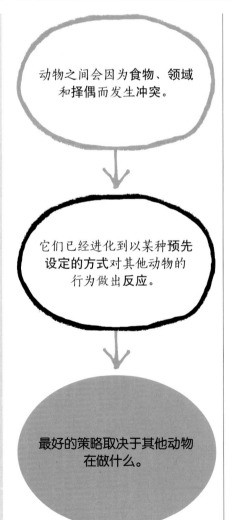

动物之间会因为食物、领域和择偶而发生冲突。

它们已经进化到以某种预先设定的方式对其他动物的行为做出反应。

最好的策略取决于其他动物在做什么。

行为生态学试图解释动物行为——它们吃什么、如何社交等——是如何进化以适应特定生存环境的。生物进化的驱动力是自然选择，因为环境偏爱具有某些基因的个体——有些基因在某些环境条件中"较好"，而在其他环境条件中不好——这些基因被遗传给后代。动物行为受到基因影响，也必然受到自然选择的影响。

适应行为

1972 年，英国进化生物学家约翰·梅纳德·史密斯（John Maynard Smith）提出了一种被称为稳定进化对策（ESS）的理论，该理论有助于解释自然选择如何影响生物的行为策略。正如食物和温度等因素会影响动物行为一样，其他物种的行为也会影响动物行为。史密斯认为，采用稳定进化对策的动物，能适应其他动物的行为，在竞争中不落下风，这些动物因此获得最佳机会传递基因。他认为，只有自然选择才能破坏这种平衡，因此稳定进化对策是"稳定的"，而

参见：自然选择进化论 24~31页，自私的基因 38~39页，捕食者-猎物方程 44~49页，生态位 50~51页，营养级联 140~143页，生物多样性与生态系统功能 156~157页。

动物由于空间和领域引起的冲突行为，可能体现了动物的稳定进化对策。果蝠在树上争先恐后地寻找最佳位置，雄性头领把较弱的果蝠赶到较低的树枝上。

且动物的行为模式是由基因预先设定的。

稳定进化对策源于博弈论——一种在相互博弈中制定最佳策略的数学方法。许多动物的领域行为和等级制度都体现了稳定进化对策。例如，基因预先设定如下"行为模式"："对于自己的领域，战斗和保护"或"进入其他动物领域时，让步和退出"，这将有助于动物保留领域，这使领地行为体现了稳定进化对策。

平衡策略

动物个体通过展示某种特定行为获得的回报（或者可能付出的代价）是可以被量化的，因此生物学家通过使用数学模型，可以计算出哪种策略很可能是最稳定的。如果模型与现实世界中动物的行为不匹配，那么它就表明稳定性还没有形成。

在现实生态系统中，稳定不是单一策略，而是整个系统中两个或多个策略之间的平衡。因此，将系统总体平衡称为稳定进化状态更恰当。当所有个体都具有相同的适合度时，这种平衡就出现了，它们都能以相同的程度将基因传递给后代。即使环境有微小变化，系统仍然保持稳定的状态。■

鹰-鸽博弈

约翰·梅纳德·史密斯利用鹰-鸽博弈来说明动物的稳定进化对策，鹰-鸽博弈是一种假想的动物对于攻击的反应策略。在这种情况下，个体要么采用鹰策略，战斗到严重受伤，要么采用鸽策略，摆出架势来恫吓对方，但随后撤退。鹰比鸽强，但在与另一只鹰的战斗中可能受到严重伤害。鸽通常会逃避伤害，但在装模作样上浪费时间。哪种策略能更好地传递基因呢？梅纳德·史密斯和合作者设计了一个数学模型给出答案。在这个例子中，答案是：当采用鹰策略的个体比采用鸽策略的多时为稳定进化对策，具体的比率是7∶5，这相当于任何个体在7/12的时间里采用鹰策略，在5/12的时间里采用鸽策略。

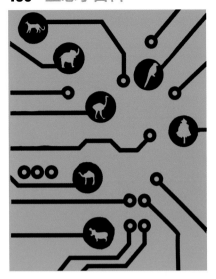

物种多样性维持生态系统的功能和稳定

生物多样性与生态系统功能

背景介绍

关键人物

米歇尔·洛罗（1954—）

此前

1949 年 美国加州理工学院为研究如何控制人工生态系统，建造了第一个人工气候室。

1991 年 英国伦敦帝国理工学院创建了一个生态气候室，它是由计算机控制的实验生态系统。

此后

2014 年 美国著名的生态学家们表示，物种多样性丧失对生态系统的影响，至少与火灾、干旱或其他环境变化驱动因素一样大，甚至更大。

2015 年 《自然》杂志发表的一篇论文提供证据表明，生物多样性增加了受全球气候变化影响的生态系统的恢复力。

当今，人类活动正在迅速使不同栖息地中的生物多样性丧失。生物多样性的丧失如何影响生态系统的功能呢？这一问题受到了生态学家的日益关注。如果物种被完全替换或消失，生态系统还能保持完整吗？或者会损害生态系统的功能吗？

2000 年，在巴黎举行的生物多样性和生态系统功能（BEF）会议上，这些问题成为讨论的焦

1968 年，在美国北卡罗来纳州建造的一个人工气候室，现在包括 60 个生长室、4 个温室和一个用于研究植物病虫害的环境受控设施。

点。60 多位国际著名生态学家，包括法国莫利斯生物多样性理论与建模中心主任米歇尔·洛罗（Michel Loreau），概述了生物多样性研究的现状，一些研究关注物种，另一些研究关注生态系统的作

参见: 互利共生 56~59页,关键种 60~65页,生态系统 134~137页,生物及其环境 166页,物种入侵 270~273页。

生物多样性丧失……很可能会降低生态系统抵御气候变化影响的能力。

——米歇尔·洛罗

用机制。洛罗认为,为应对极端的环境挑战,一个新的统一的生态理论是必要的。他说,这需要将群落生态学(研究物种在生态系统中如何相互作用)与生态系统生态学(研究联系生物及环境的物理、化学和生物过程)结合起来。

复杂循环

这两门学科的科学家都坚信,生物多样性,特别是物种和遗传多样性,是生态系统功能的重要驱动力。生态系统是由能量输入和养分循环驱动的:植物和动物生长、死亡和分解,将养分返回土壤并重新开始循环。这些过程依赖生态系统中的物种,而这些物种在相互作用时又相互依赖,例如捕食者和猎物。许多生态学家认为,为维持生态系统运转并使其具有适应变化的能力,需要大量互补物种。还有人认为,一些关键种可能对阻止生态系统崩溃更为重要。

在研究这些问题时,生态学家倾向于将传统的野外观测和复杂的数学模型结合起来。最近,相关研究已经开始对生态系统以更可控的方式进行,例如在陆地上,或者在一个巨大的类似温室的设施中,如人工气候室这样的密闭系统。这些实验有助于确定哪些因素——如物种数量或物种类型和优势种——长期影响生态系统。他们的发现表明,生物多样性对生态系统功能的影响是复杂的。最多样化的生态系统往往生产力最高,而生产力也取决于气候和土壤肥力。

关于植物多样性如何影响土壤过程、微生物多样性在土壤中的作用是什么,以及共生物种(如有花植物和授粉昆虫)的影响如何,仍然还有不清楚的地方。虽然已经取得了很多成就,但问题仍然存在,洛罗正在寻求的统一理论仍然有待创建。■

生态系统的独特而迷人的特征之一是其非凡的复杂性。

——米歇尔·洛罗

生境破碎

中美洲巴拿马运河中的巴罗科罗拉多岛形成于1914年,当时热带雨林因筑坝工程被淹没,形成了一个被水环绕的孤立森林碎片。自1946年以来,史密森学会(Smithsonian Institution)和其他机构的生物学家对该地区进行了详细研究,以确定这种生境破碎的影响:岛上物种多样性下降,顶端捕食者是最脆弱的物种之一。在美国,对佛罗里达群岛生境破碎及其对多样性影响的研究,促使罗伯特·麦克阿瑟和爱德华·O. 威尔逊完成了开创性著作《岛屿生物地理学理论》(1967)。

从这些环境变化案例中,规划者们吸取了重要教训,知道如何在隔离的生境斑块(有时在城市中心)保护物种,即把它们设为保护区。巴罗科罗拉多岛和类似地方也为研究提供了重要机会,生态学家可以在那里探索物种多样性的变化如何在各个层面上影响生态系统功能。

ORGANISMS IN A CHANGING ENVIRONMENT

变化环境中的生物

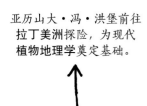

亚历山大·冯·洪堡前往拉丁美洲探险，为现代**植物地理学**奠定基础。

1799年

最早的**生态调查**是由斯蒂芬·A.福布斯做的对**野生鱼类**的研究。

19世纪80年代

安德鲁斯·希姆伯认为，植物**生理**和**外部条件**之间的联系是**植物生态学**的关键。

1898年

弗雷德里克·克莱门茨创造"**顶极群落**"一词，用于描述**生态群落**随时间推移而趋于稳定的过程。

1916年

1845年

皮埃尔-弗朗索瓦·费尔哈斯构建了一个方程，用于**预测种群增长**。

1895年

约翰内斯·尤金尼厄斯·瓦明将**植物学**和**生态学**结合起来，用于展示植物与环境的关系。

1899年

沙丘植被变化激发了亨利·钱德勒·考尔斯的**原生演替**思想。

生物的时空分布是生态学的一个基本问题。19世纪初，普鲁士探险家、生态学奠基人亚历山大·冯·洪堡在拉丁美洲进行了详细的植物地理学方面的研究。菲利普·斯克拉特描述了鸟类的全球分布，阿尔弗雷德·拉塞尔·华莱士对其他脊椎动物也做了同样的研究，提出六个动物地理区域，这些区域的划分大部分至今仍在使用。

群落

早期的野外工作主要关注生物分布和多度。19世纪后期，科学家越来越认识到，调查数据也能揭示物种之间的相互作用。从某种意义上说，这代表生态学的真正诞生。19世纪80年代，美国博物学家斯蒂芬·A.福布斯研究了野生鱼类种群。丹麦植物学家约翰内斯·尤金尼厄斯·瓦明研究了植物与环境之间的相互作用，并引入植物群落思想。

德国植物学家安德鲁斯·希姆伯建立了一个地区的主要植被类型与气候之间的联系，并于1898年据此对全球植被带进行了划分20世纪初，生态学家更加关注生态系统中所有生物之间的相互关系，俄罗斯科学家弗拉基米尔·沃尔纳德斯基的生物圈概念就是一个例证。

19世纪90年代，美国植物学家亨利·钱德勒·考尔斯，在对密歇根湖沿岸沙丘上生长的植被进行研究时，认识到植物物种存在演替，"先锋"物种被其他物种取代，替代先锋物种的其他物种也会被取代。美国同胞弗雷德里克·克莱门茨用"顶极群落"一词来描述这一演替的终点。1916年，他进一步指出，顶级群落应该包括植物"群系"或大型植物群落，以及依赖它们的生物，顶级群落的特征只取决于区域气候。例如，在相对湿润的温暖地区，落叶林可能占主导地位，但在比较干燥和更温暖的地区，草地往往占主导地位。克莱门茨认为，这些顶级群落合在一起，可以看作一个复杂的有机体。

克莱门茨很快受到美国植物学家亨利·艾伦·格里森的挑战，格里森同意植物群落可以划分，但同时认为，由于单个植物物种没有

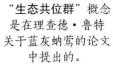

"生态共位群"概念是在理查德·鲁特关于蓝灰蚋莺的论文中提出的。

罗伯特·梅用**混沌理论**预测**动物种群动态**的变化速率。

詹姆斯·H.布朗和罗伯特·莫雷尔提出**宏观生态学**概念，指在较大的空间尺度上生物与环境的相互关系。

马修·莱博尔德的"**集合群落**"概念着眼于单一物种的种群如何**扩散**和相互作用。

1967年　　　**1976**年　　　**1989**年　　　**2004**年

1957年　　　**1975**年　　　**1988**年　　　**1991**年

首颗人造**卫星**进入太空，预示着**野生动物追踪**新技术的出现。

弗雷德·厄克特和诺拉·厄克特能够发现**帝王蝶**在冬天去哪里，归功于公民科学的兴起。

约翰·奥德林-斯密认为"**生态位构建者**"积极地改变其所处环境。

伊尔卡·汉斯基概述了破碎栖息地物种的**集合种群理论**。

共同目的，所以将植物物种整合成群落的想法是无效的。20世纪50年代，罗伯特·惠特克的野外研究和约翰·柯蒂斯的数值模拟研究，对他的这一观点提供了支持。

1967年，美国生态学家理查德·鲁特提出了"生态共位群"概念，即一群关系密切的利用相同资源的生物。后来，生态学家詹姆斯·麦克马洪和查尔斯·霍金斯将生态共位群的定义改进为"利用同一类环境资源"的物种，而不管它们是如何利用的。

新观念

20世纪末21世纪初，许多新思想丰富了生态学研究。集合种群概念是由芬兰人伊尔卡·汉斯基提出的，他认为一个物种的种群是由不同的动态部分组成的。种群的一部分可能灭绝，而另一部分则蓬勃生长。那些蓬勃生长的部分，可能有助于重建已经灭绝的种群。

在这个过程中，英国生态学家约翰·奥德林-斯密认为，所谓"生态位构建者"物种为自己创造了一个更有利的环境——从史前时期改变大气成分的古老的产氧蓝藻，到创造湿地的河狸，无数例子说明了这一点。

现代方法

在传统上，监测环境变化的任务，一直是学者和专业生态学家的责任。但是，得益于"公民科学"的日益兴起，现在数百万对生态研究感兴趣的业余爱好者提供了大量原始数据，从开花日期到蝴蝶数量，从珊瑚礁状态到鸟类繁殖种群。随着计算机逐渐能够高速处理大量数据，以及地球生态变化比以前更快，"公民科学"似乎将成为生态研究非常宝贵的资源。■

对自然的哲学研究将现在和过去联系起来

物种的时空分布

背景介绍

关键人物

亚历山大·冯·洪堡

（1769—1859）

此前

1750 年 卡尔·林奈解释，植物分布是由气候决定的。

此后

1831—1836 年 查尔斯·达尔文在乘坐英国皇家海军舰艇"贝格尔号"航行中，进行了各种各样的观测，证实生活在某些区域的许多动物在其他地方的类似栖息地中是找不到的。

1874 年 英国动物学家菲利普·斯克拉特对世界鸟类的动物地理学（动物地理分布）进行了描述。

1876 年 阿尔弗雷德·拉塞尔·华莱士出版《动物地理分布》。在接下来的80年里，这本书成为最权威的生物地理学著作。

物种分布在世界各地。

→

随着地球和生物栖息地的变化，植物和动物会随时间而移动。

↓

科学家不仅研究物种现在生活在哪里和如何生活，还研究它们以前在哪里生活，以及发生了什么变化。

←

对自然的哲学研究把现在和过去联系起来。

生物群落和物种的分布或范围因许多因素而变化，这些因素包括纬度、气候、海拔、栖息地、隔离和物种特征。对物种分布的研究被称为生物地理学，生物地理学还关注物种分布模式如何并且为何会随时间而改变。

早期的动物学家和植物学家，如卡尔·林奈，都很清楚物种分布的地理变化，但第一个对动物学的这个方面进行详细研究的是普鲁士学者亚历山大·冯·洪堡（Alexander von Humboldt）。1799年，他与法国植物学家艾梅·邦普兰（Aime Bonpland）一起前往拉丁美洲，通过五年的考察研究奠定了植物地理学的基础。洪堡认为实地考察是最重要的，他使用精密仪器对动植物物种进行了细致记录，指出所有可能影响数据的因

参见: 生物多样性的现代观点 90~91 页, 动物生态学 106~113 页, 岛屿生物地理学 144~149 页, 大生态学 153 页, 气候和植被 168~169 页。

> 自然的统一意味着所有自然科学之间存在相互关系。
>
> ——亚历山大·冯·洪堡

素。这种整体分析方法, 在他绘制的厄瓜多尔钦博拉索山精密地图和横截面图中得到了最好的说明。

华莱士的贡献

许多 19 世纪的博物学家对生物地理学做出了贡献, 其中影响最深远的是英国博物学家阿尔弗雷德·拉塞尔·华莱士。在阅读菲利普·斯克拉特 (Philip Sclater) 关于鸟类物种全球分布的描述后, 华莱士开始对其他动物做同样的研究。他研究了当时所有已知的相关因素, 包括陆桥的变化和冰川的影响。他用地图来解释植被如何影响动物的活动范围, 并归纳了所有已知脊椎动物的分布情况。

随后, 华莱士提出了六个动物地理区域, 这些区域划分目前仍在大量使用, 包括新北界 (北美洲)、新热带界 (南美洲)、古北界 (欧洲、撒哈拉沙漠以北的非洲地区、和亚洲大部)、埃塞俄比亚界 (撒哈拉沙漠以南的非洲地区)、东洋界 (南亚和东南亚), 以及澳新界 (澳大利亚、新几内亚和新西兰)。最后两个区域之间的分界线, 贯穿印尼, 现在仍然被称为 "华莱士线"。

板块构造论

华莱士从化石记录中获得了一些惊人的发现。例如, 他发现早期啮齿动物在北半球进化, 通过欧亚大陆进入南美洲。在随后的 1915 年, 德国地质学家阿尔弗雷德·魏格纳提出了一个激进观点, 即南美洲和非洲大陆曾经连接在一起, 这使貘和其他物种得以扩散。

魏格纳认识到物种的分布在一定程度上是地质历史的记录。随着环境变化, 物种会在新地区定居, 随着时间推移, 它们被新的海洋或山脉等屏障隔开。今天, 随着人类对气候和环境所做的改变提速——创造了新的障碍——这一认识具有新的和至关重要的意义。■

貘至少在 5000 万年前是在北美洲进化的, 后来扩散到南美洲、中美洲和东南亚。现在, 它们在北美洲已经灭绝。

亚历山大·冯·洪堡

洪堡被誉为 "植物地理学的奠基人", 对地质学、气象学和动物学也做出了宝贵的贡献。1769 年, 洪堡生于柏林, 幼小时就开始收集植物、贝壳和昆虫。1799—1804 年, 他在拉丁美洲的墨西哥、古巴、委内瑞拉、哥伦比亚和厄瓜多尔进行探险活动。他的团队在钦博拉索火山攀登到海拔 5878 米的高度, 打破了世界登山纪录。洪堡推测火山是由深的地下裂缝引起的, 他发现温度随海拔上升而下降, 还发现地球磁场强度在远离两极的地方减弱。他的长达 23 卷的著作详细描述了他的探险经历, 为科学写作树立了新的标准。

主要作品

1807 年 《植物地理学文集》 (*Essay on the Geography of Plants*)

1805—1829 年 《1799—1804 年新大陆赤道地区之旅的个人叙述》 (*Personal Narrative of Travels to the Equinoctial Regions of the New Continent During Years 1799—1804*)

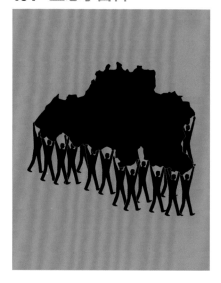

人口实际增长受国家生育率限制

费尔哈斯方程

皮埃尔-弗朗索瓦·费尔哈斯（Pierre-François Verhulst）是一位比利时数学家，他读了托马斯·马尔萨斯（Thomas Malthus）的《人口论》（*An Essay on the Principle of Population*）后，对人口增长产生了浓厚兴趣。1845年，他发表了自己的关于人口动态的数学模型，该模型后来被命名为费尔哈斯方程（即逻辑斯谛方程）。

尽管受到马尔萨斯的影响，费尔哈斯却意识到马尔萨斯的预测模型有一个重大缺陷。马尔萨斯声称，人口呈几何级数增长，在一定的时间间隔内增长一倍。费尔哈斯认为这过于简单化，马尔萨斯模型并没有考虑食物供应对人口的限制。费尔哈斯认为"人口越来越接近一个稳定状态"，在这种状态下，繁殖率与现有人口和可获得食物的数量都成正比。在费尔哈斯的模型中，人口在达到最高增长点（"拐点"）之后，增长速度逐渐变慢，逐渐趋于稳定，达到一个地区的"承载能力"，即其能维持的个体数量。对费尔哈斯的模型进行可视化，会产生一个S形曲线，后来被称为逻辑斯谛曲线。

几何级数增长的假设只能在非常特殊的情况下成立。
——皮埃尔-弗朗索瓦·费尔哈斯

实验证明

费尔哈斯模型被忽视了几十年，部分原因是他自己对这个模型也并不完全相信。1911年，苏格兰陆军医生、流行病学家安德森·格雷·麦肯德里克（Anderson Gray McKendrick）使用逻辑斯谛方程来预测细菌数量的增长。1920年，费尔哈斯方程被美国的雷蒙德·珀尔（Raymond Pearl）采用和推广。

珀尔用果蝇和雌禽做了实验。

参见: 物种的时空分布 162~163页，集合种群 186~187页，集合群落 190~193页，人口过剩 250~251页。

> 现在，即使生物学家冒险去研究人类问题，也绝不可能受到排斥。

——雷蒙德·珀尔

他给装在瓶子里的果蝇供应定量食物。起初，果蝇的生育率提高了。然而，随着种群密度增加，对资源的竞争加剧，最终达到瓶颈。在此之后，果蝇生育率下降；它们的数量继续增加，但速度缓慢，种群水平总体稳定。同样，珀尔发现，当围栏里的雌禽数量增加时，禽就很难找到足够的食物。随着它们之间的距离缩小，雌禽下蛋的数量减少，随着生育率下降，种群增长率也慢慢稳定下来。

可变策略

费尔哈斯方程中的两个重要变量是物种最大繁殖能力（r）和区域的承载能力（K）。生物要么采用 r 策略，要么采用 K 策略。采用 r 策略的生物，如细菌、老鼠和小鸟，繁殖迅速，成熟早，寿命相对较短；而采用 K 策略的生物，如人类、大象和巨大的红杉树，繁殖速度较慢，成熟时间较长，而且往往寿命更长。采用 r 策略的生物，经常出现在不稳定环境中，生态学家对它们进行研究，用于评估高繁殖率的风险；而采用 K 策略的生物，经常出现在更可预测的环境中，对它们进行研究，以确保物种长期生存。■

果蝇是一种常见的小苍蝇，会被成熟的水果和蔬菜吸引。它们在实验室研究中很受欢迎，因为它们繁殖很快，而且容易培育。

托马斯·马尔萨斯

1766 年，马尔萨斯生于英国萨里，是一个富裕家庭的第七个孩子。长大后，他在剑桥大学学习语言和数学，毕业后担任乡村教堂的牧师。1798 年，他出版了《人口论》一书，认为人类人口的增长速度超过了粮食生产的稳定增长，将会导致不可避免的饥荒。接着，马尔萨斯又出版该书后续六版。他还多次访问欧洲去收集人口数据。1805 年，他被任命为位于赫特福德郡的东印度公司书院的历史和政治经济学教授。他越来越多地参与有关经济政策的辩论，并批评《济贫法》（Poor Laws）造成通货膨胀，未能改善穷人的生活。马尔萨斯在 1834 年去世。

主要作品

1798 年 《人口论》

1820 年 《政治经济学原理》
（*Principles of Political Economy*）

1827 年 《政治经济学定义》
（*Definitions in Political Economy*）

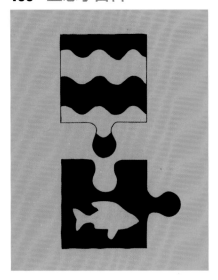

对自然秩序的全面了解是第一位的

生物及其环境

博物学家——研究自然界有机体的人——的概念可以追溯到古希腊。亚里士多德对野生动物进行了大量观察，他的工作为后来的博物学家奠定了基础。然而，直到 19 世纪，人们才真正了解这种调查的潜力。

生态学新研究

随着博物学家长时间进行野外调查，物种的全球分布变得更加明了，生态学作为一门科学的概念受到重视。

最早采用生态学方法的科学家之一是美国生物学家斯蒂芬·A. 福布斯（Stephen A. Forbes）。19 世纪 80 年代，他对威斯康星州的一个湖中的鱼类进行了研究，他意识到，调查数据不仅可以解释它们的多度，而且可以用来解释不同物种之间的相互作用。福布斯扩展了传统调查的范围，将实际野外观测与理论分析和实验相结合。这些全面的生态调查通过揭示动植物生命的相互影响，描绘了一个环境中的自然秩序，而且有助于解释物种分布和随时间发生的变化。■

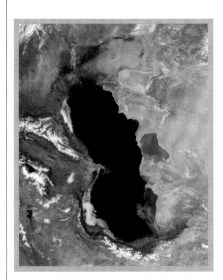

卫星影像使生态学家能够轻易地观测到大规模的变化。里海影像中的绿色区域是藻类生长的证据——富营养化的产物。

参见: 生物分类 82~83 页，动物生态学 106~113 页，生物多样性与生态系统功能 156~157 页。

植物生活在不同时间尺度上

植物生态学基础

植物生态学研究植物之间以及与环境是如何相互作用的。1895 年，丹麦植物学家约翰内斯·尤金尼厄斯·瓦明（Johannes Eugenius Warming）在《植物生态学》（The Ecology of Plants）中，首次将植物学和生态学结合起来。他描述了植物对周围环境的反应，以及它们的生活史和结构与生长地点的关系。这本书介绍了植物群落概念，并概述了一群物种在相同条件下，如何相互作用和进化。

植物和生态系统

多年来，植物生态学和动物生态学的研究是相互独立的，20 世纪初出现了将两者紧密结合起来的观点。关于植物群落和演替的重要理论——一个生态群落随时间变化的过程——在这一时期建立起来。1926 年，俄罗斯地球化学家弗拉基米尔·沃尔纳德斯基提出地球生物圈概念，即地球表面和大气部分，所有生物都在那里生存和相互作用。

植物是环境变化的灵敏晴雨表。从解剖学、生理学、分布和多度等方面研究植物，以及它们与其他生物的相互作用和对环境因素（如土壤条件、水文和污染）的反应，可以获得关于整个生态系统的宝贵信息。■

将土地视为群落，是生态学的基本概念。

——奥尔多·利奥波德
（美国生态学家）

参见：气候和植被 168~169页，生态演替 170~171页，生物圈 204~205页，濒危栖息地 236~239页，砍伐森林 254~259页。

植物间差异的原因

气候和植被

不同植物在不同气候下生长,是自农业出现以来人们的常识,许多地方已经从事植物交易几千年了。直到 1898 年,德国植物学家安德鲁斯·希姆伯(Andreas Schimper)发表了他的植物地理学观点,一个地区主要植被类型和气候之间的联系才被明确说明。

卡尔·林奈和亚历山大·冯·洪堡等植物学家在 18 世纪和 19 世纪初曾写过关于植物分布的文章。去过很多地方的洪堡明白,气候是决定植物在哪里生长的关键因素之一。希姆伯比洪堡更进一步,他认为相似植被类型是在世界不同地区相似的气候条件下形成的。随后,他提出了反映这一观察结果的全球植被带分类法。

希姆伯在 1898 年出版的《植物地理学的生理基础》(*Plant-geography upon a Physiological Basis*)一书长达 870 页,是由一位作者撰写的篇幅最大的生态学专著之一。它是植物地理学和植物生理学(植

"开花石"(生石化属)原产于非洲南部,其厚实多肉的叶子非常适合干燥、多岩石的环境。相关物种也出现在澳大利亚类似的干旱栖息地。

物功能)的结合,成为植物生态学研究的基础。希姆伯解释,植物结构和它们在不同地方面临的外部条件之间的联系是他说的"生态植物地理学"的关键。植被被划分为热带、温带、北极、山地和水生地带不同类型,然后根据占主导地位的气候进一步细分。例如,根据气候是全年湿润、季节性湿润还是大部

参见: 自然选择进化论 24~31页, 生态生理学 72~73页, 生态系统 134~137页, 植物生态学基础 167页, 生物地理学 200~201页, 生物群区 206~209页。

> ……不久的将来, 所有植物种类及其地理分布都将为人熟知。
>
> ——安德鲁斯·希姆伯

分干燥, 热带植被分为稀树草原、荆棘林、疏林、热带雨林或具有明显旱季的疏林。

对极端条件的适应

希姆伯对植物生理学——植物结构以及它们如何适应不同的温度和湿度条件——进行了深入研究。他对生长在极端气候条件下的植物特别感兴趣。例如, 盐分较高的环境, 要求植物能够在土壤和水含盐较多的情况下生存。希姆伯发现, 生长在巴西沿海红树林、加勒比海和斯里兰卡海滩, 以及爪哇喷发硫黄的火山口处的植被, 对盐分有相似的耐受力。

希姆伯还研究了植物如何应对干旱环境的挑战。他发现, 生长在炎热干燥地方的植物已经进化出"各种各样的调控水分通道的方法"。为说明这一点, 他选择了

一种植被, 这种植被叶子硬、节间(茎的节和节之间的部分)短, 叶子的排列与直射光平行或呈一定角度, 生长在世界各地的干旱地带。希姆伯给这些植物起名为硬叶植物, 源于希腊单词"skleros"(硬)和"phullon"(叶), 至今仍在使用。

附生植物也让希姆伯着迷。附生植物是生长在其他植物表面, 从空气或雨水中获取水分和养分的植物, 如生长在美国南部和加勒比群岛的西班牙苔藓, 以及南美、南亚和东南亚的类似物种。希姆伯发现它们与温暖的一年四季湿润的气候有关——他称为热带雨林特征。

希姆伯提出的广泛植被地理分区现在仍然有效, 但除简单气候因素外, 科学家对许多其他因素对植被进化的影响有了更好的了解。例如, 与简单的温度和降雨量指标相比, 湿润指数考虑了水分蒸发、水分过剩和水分不足的情况, 是决定植物分布的更有用的指标。■

和其他附生植物一样, 西班牙苔藓生活在其他物种身上, 但它们从空气而不是寄主那里获取水分和营养。它们生长在热带和亚热带环境中。

我对一粒种子有极大的信心

生态演替

背景介绍

关键人物

亨利·钱德勒·考尔斯
（1869—1939）

此前

1825年 阿道夫·迪罗·德拉马莱在描述森林被砍伐后重新生长时，创造了"演替"这一术语。

1863年 奥地利植物学家安东·科纳（Anton Kerner）发表了一篇关于多瑙河流域植物演替的研究报告。

此后

1916年 弗雷德里克·克莱门茨认为，群落在演替期结束时会进入一个顶极群落或稳定的平衡状态。

1977年 生态学家乔·康奈尔（Joe Connell）和拉尔夫·斯莱特尔（Ralph Slatyer）认为，演替以不同方式发生，重点强调促进（为以后的物种做准备）、容忍（较低资源）和抑制（抵抗竞争对手）三种方式。

美国印第安纳州的沙丘由密歇根湖南岸的一段流沙组成。1896年，美国植物学家亨利·钱德勒·考尔斯（Henry Chandler Cowles）第一次看到了这些沙丘，从此开始了在新兴的生态学领域的研究生涯。沙丘是地球上最不稳定的地貌之一，因为它们的生态变化相对较快。当考尔斯在沙丘间行走时，他注意到，某些植物死亡后，它们的分解物为其他新植物的生长

1.5万年前，密歇根湖岸边只有光秃秃的沙子。植被按自然梯度生长，沙子离水最近，森林最远。

创造了有利条件。同样，这些新植物的死亡，甚至可以使更多植物生长。

考尔斯根据观察发展了生态演替概念，而早期的博物学家已经为这个概念奠定了基础。1860年，亨利·大卫·梭罗在马萨诸塞

参见: 野外实验 54~55页, 生态系统 134~137页, 顶极群落 172~173页, 开放群落理论 174~175页, 生物群区 206~209页, 浪漫主义、自然保护和生态学 298页。

原生演替

　　原生演替过程始于裸岩等贫瘠环境。耐寒物种（通常是地衣）首先出现, 然后经过数百年, 逐渐演替成稳定的顶极群落, 包含更复杂多样的生命形式。

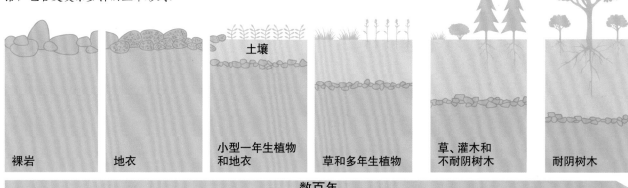

裸岩　地衣　小型一年生植物和地衣　草和多年生植物　草、灌木和不耐阴树木　耐阴树木

土壤

数百年

先锋物种　中间物种　顶极群落

生态系统的生长

州米德尔塞克斯农业协会的一次演讲中说: "虽然我不相信植物会在没有种子的地方发芽, 但我对一粒种子有极大的信心。"

　　当法国地理学家阿道夫·迪罗·德拉马莱（Adolphe Dureau de la Malle）目睹所有树木被从森林中清除后植物群落的逐步发展过程时, 他第一个在生态学中使用术语"演替"（succession）来描述这个过程。考尔斯在1899年出版的《密歇根湖沙丘上植被的生态关系》（*The Ecological Relations of the Vegetation on the Sand Dunes of Lake Michigan*）一书中对他的生态演替理论做了更为正式的阐述。在这部开创性著作中, 他提出了原生演替概念——一个最初基本上没有植物生命的生态系统的逐步发展过程。原生演替阶段是先有先锋植物（通常是地衣和苔藓）, 随后有了草、小灌木和树木。

干扰后的生命

　　洪水或火灾等对生态系统的干扰发生后, 生态系统发生次生演替。植物重新建立并发展成一个类似干扰前存在的生态系统。次生演替阶段与原生演替阶段相似, 但生态系统可能从次生演替的不同阶段开始, 这取决于干扰对生态系统造成的损害程度。

　　次生演替的一个常见例子发生在橡树和山核桃林的野火之后。来自燃烧的植物和动物的营养物质为一年生植物的生长提供了合适的条件。那里很快就长出了先锋草。几年后, 至少部分由于先锋物种引起的环境和土壤变化, 灌木、橡树、松树、山核桃树将开始生长。随着树木越来越高, 遮蔽了更多的灌木丛, 草被能够在低日照下生存的植物取代, 大约150年后, 森林再次变得像火灾前的群落。■

我……发现了无可争辩的证据: （a）草原演替成了森林；（b）森林演替成了草原。

——亨利·艾伦·格里森
（美国生态学家）

群落出现、成长、成熟和消亡

顶极群落

背景介绍

关键人物

弗雷德里克·克莱门茨

（1874—1945）

此前

1872 年 德国植物学家奥古斯特·格里泽巴赫根据气候对世界植被类型进行了分类。

1874 年 英国哲学家赫伯特·斯宾塞（Herbert Spencer）认为，人类可以被看作一个巨大的有机体。

1899 年 在美国，亨利·钱德勒·考尔斯提出，植物群落是分阶段形成的，这一过程称为演替。

此后

1926 年 美国生态学家亨利·艾伦·格里森认为，顶极群落是一群个体随机生长形成的集合体。

1939 年 英国植物学家阿瑟·坦斯利认为，顶极群落并非只有一个，有对各种因素做出反应的"多顶级群落"。

在每个地区，植物都通过一系列演替生长和发育。

↓

在每个阶段，它们变得更大、更复杂，相互联系。

↓

最终，植被呈现出气候允许的最复杂的相互联系形式。

↓

一个群落一旦达到这个"顶极"，植被就停止变化。

1916年，美国植物学家弗雷德里克·克莱门茨（Frederic Clements）首次使用"顶极群落"（climax community）这个术语，描述一个已经达到稳定状态的持久的生态群落，比如一个没有经历或遭受伐木等任何非自然变化的原始森林，自然演替成稳定的生物群落。

区域性植物群落

19 世纪，德国植物学家奥古斯特·格里泽巴赫（August Grisebach）和奥斯卡·德鲁德（Oscar Drude）等人认识到，气候变化等因素影响了世界各地的植被分布格局。例如，很明显，潮湿的热带气候中的典型植被，与干燥的温带气候中的植被差异较大。1899年，美国植物学家亨利·钱德勒·考尔斯出版了一篇具有里程碑意义的论文，描述植物是如何分阶段拓殖到密歇根湖周围沙丘上的，即"演替"，而随着演替进行，植物数量和复杂性日益增加。

1916年，弗雷德里克·克莱

参见: 生态系统 134~137页, 物种的时空分布 162~163页, 生态演替 170~171页, 开放群落理论 174~175页, 生态共位群 176~177页, 生物群区 206~209页。

索诺拉沙漠经常被视为一个顶极群落的例子。那里冬天和夏天都下雨,独特的植物,包括高大的仙人柱,异常茂盛。

门茨出版了一部颇具影响力的著作《植物演替》(*Plant Succession*),书中发展了考尔斯的思想,并将其与两位德国植物学家的生物地理学思想结合起来,提出了自然群落演替理论。

克莱门茨提出,理解世界各地植被的分布格局要从"群系"的角度去思考。群系是一个大型的自然植物群落,由一系列反映区域气候的生活型组成。在每个区域,植物都经历演替过程,直到植物群落达到最复杂、最成熟的状态。植物群落一旦达到这个状态,就会稳定下来,也就是后来所说的"稳定状态",并停止变化。

克莱门茨接着提出,顶极群落是结合在一起的。虽然一个植物群落是由许多处于不同生长阶段的植物组成的,但可以将它看作一个复杂有机体。一个植物群落向顶级群落演替的过程,就像一个植物个体要经历不同的生长阶段一样。克莱门茨扩展了这一概念,把所有生物都纳入一个"生物群区"中,这个"生物群区"包含"某个特定栖息地的所有动植物物种"。随后,生态系统作为一种"超级有机体"的概念发展起来。

一个波动过程

克莱门茨的观点从一出现就受到了挑战,尽管在20世纪60年代之前,"稳定状态"被证明是对生态系统有影响力和占主导地位的思想。然而,科学家们意识到,群落会随环境变化而不断变化,几乎不可能观察到一个真正的顶极群落。20世纪50年代,美国植物学家弗兰克·埃格勒(Frank Egler)曾经悬赏1万美元,奖励顶级群落的发现者,但从未有人领奖。尽管有这些困难,生态学家仍然继续使用"顶极群落"理论来应对入侵物种对原生群落的威胁。近几十年来,克莱门茨的观点重获支持。

演替现在仍然是生态学的核心原则。一般来说,演替的早期阶段,群落由快速生长和广泛分布的物种组成,这些物种后来被更具竞争力的物种取代。生态学家们起初认为,生态演替在他们描述的生态系统达到稳定平衡的顶级阶段结束。人们现在普遍认为,生态演替是一个不断变化的动态过程。■

> 对克莱门茨来说,气候就像基因组,而植物群落就像一个由基因组决定特征的生物。
>
> ——克里斯托弗·艾略特
> (科学哲学家)

植物群丛不是一个有机体，而是植物个体随机生长形成的

开放群落理论

背景介绍

关键人物

亨利·艾伦·格里森

（1882—1975）

此前

1793年 亚历山大·冯·洪堡用"群丛"（association）一词概括特定生境的一系列植物类型。

1899年 在美国，亨利·考尔斯指出，植被发育是分阶段进行的，这一过程称为演替。

1916年 弗雷德里克·克莱门茨提出，将顶极群落看成一个有机体。

此后

1935年 阿瑟·坦斯利创造了"生态系统"这个术语。

1947年 罗伯特·惠特克开始进行野外观察，其结果并不支持克莱门茨关于植物群落的整体论思想。

1959年 约翰·柯蒂斯通过对草原植物群落的数量研究提升了亨利·艾伦·格里森的声誉。

植物根据自身需要生长。

↓

没有证据表明植物是作为整体一起生长的。

↓

群落中的植物随机生长，只受环境条件影响。

←

生态群落不是一个有机体。

1916年，美国植物生态学家弗雷德里克·克莱门茨提出"顶极群落"概念。他把群落设想成一个超级有机体，其中所有动植物相互作用，使群落得以发育。一年后，美国植物生态学家亨利·艾伦·格里森（Henry Allan Gleason）否定了这个想法，他认为，植物物种没有共同目标，只是追求并满足自己的个体需求。格里森的假说被称为"开放群落"（open community）理论。这场争论引发了一场至今生态学界仍在进行的激烈辩论。

格里森承认，可以划分植物群落，并且可以找到它们之间的相互作用，但否认克莱门茨提出的所有植物是一个整体的观点。相反，他认为，植物个体和物种受当地环境条件的影响而随机生长。

植物个体需求

格里森认为，在植物群落演替过程中，群落的组成发生变化，并不像一个生物不同阶段的发育一样。相反，群落演替是每个物种为满足自己的需求而做出的不同响应。格里森说："每种植物都有自己的法则。"格里森还否认存在任何终点或顶极群落，他认为群落总参见: 生态系统 134~137页, 物种的时空分布 162~163页, 生态演替 170~171页, 顶极群落 172~173页, 生态共位群 176~177页, 生物群区 206~209页。

美国栗树枯萎病这样的**疾病**挑战顶极群落的概念, 因为优势树种的丧失会导致整个生态系统崩溃。

丧, 以至于放弃了生态学研究。

尽管如此, 随着继续研究, 生态学家发现克莱门茨理论的缺陷越来越多。20 世纪 50 年代, 美国植物生态学家罗伯特·惠特克和约翰·柯蒂斯 (John Curtis) 的研究表明, 将群落作为一个整体是非常不可能的, 现实世界更加微妙和复杂。在野外研究生态系统时, 格里森的观点似乎更加适合。

在接下来的几十年里, 当环保主义者继续倡导整体观念时, 生态学家也越来越多地将格里森的理念融入他们的工作中。格里森现在被认为是 20 世纪生态学领域最重要的人物之一。■

是在变化的。

群落在不断改变的观点

　　格里森与克莱门茨的争论在当时引起了很大轰动。克莱门茨的观点可以概括为, 植被的自然模式是由明确的规则决定的, 就像牛顿理论认为行星运动由无可争辩的定律决定一样。克莱门茨及其支持者能够看到更大的图景, 而格里森则被视为一个还原论者, 目光短浅, 专注细节, 挑战生态学作为一门受规律控制的科学的理念。

　　格里森似乎在说自然界没有模式, 完全是随机的。更糟的是, 他被指责为开发性农业辩护, 因为他的观点似乎暗示, 人类不必太担心破坏自然平衡, 因为没有平衡。因此, 在把生态学作为一门科

学来发展的热情中, 格里森的思想被遗忘了。20 世纪 30 年代, 随着整体观逐渐受到相互作用的 "生态系统" 理念的支持, 他变得非常沮

亨利·艾伦·格里森

　　格里森生于 1882 年, 在伊利诺伊大学学习生物学。他担任教职, 并在伊利诺伊州的沙岭州立森林进行了早期生态研究。20 世纪 20 年代, 格里森的植物群落个体论没有被生态学家接受。受到排斥导致格里森在 30 年代放弃了生态学研究。他长期在纽约植物园任职, 并因在植物分类方面的工作而闻名。他与植物学家阿瑟·克朗奎斯特 (Arthur Cronquist)

合著了关于美国东北部植物的权威指南。他在 1975 年去世。

主要作品

1922 年 《论物种与区域的关系》(*On the Relation between Species and Area*)

1926 年 《植物群丛中的个人主义概念》(*The Individualistic Concept of the Plant Association*)

以类似方式利用环境的一群物种

生态共位群

背景介绍

关键人物

理查德·B. 鲁特（1936—2013）

此前

1793 年 亚历山大·冯·洪堡用"群丛"一词来概括特定生境的一系列植物类型。

1917 年 在美国，约瑟夫·格林内尔创造了"生态位"一词来描述一个物种如何适应环境。

1935 年 英国植物学家阿瑟·坦斯利将生态系统——完整的生物群落——确定为生态学基本单元。

此后

1989 年 在美国，詹姆斯·麦克马洪认为，生态共位群成员如何使用资源并不重要。

2001 年 阿根廷生态学家桑德拉·迪亚兹（Sandra Diaz）和马塞洛·卡比多（Marcelo Cabido）提出将对环境有类似影响的物种分组。

长期以来，生态学家一直试图理解群落中的物种如何联系以开发资源。解释这种相互作用的一个关键概念是生态共位群，最早由美国生物学家和生态学家理查德·B. 鲁特（Richard B. Root）在1967 年提出。

鲁特在博士论文中研究了蓝灰蚋莺利用生态位的方式。生态位概念可以追溯到1917 年，当时美国生物学家约瑟夫·格林内尔用这个词来描述一种叫加州弯嘴嘲鸫的鸟如何适应干燥、茂密的灌木丛环境。嘲鸫的"生态位"描述了它适应的栖息地的各个方面。

鲁特观察到蓝灰蚋莺以生活在橡树叶上的昆虫为食。通过仔细分析鸟胃里的内容物，他发现其他几种鸟类也吃橡树叶昆虫，并提议

蓝灰蚋莺是一个小型鸟类生态共位群的成员，它们以橡树上的昆虫为食。这个生态共位群的其他成员包括霍氏莺雀和橡树山雀。

参见: 自然选择进化论 24~31页, 捕食者-猎物方程 44~49页, 最优觅食理论 66~67页, 动物生态学 106~113页, 开放群落理论 174~175页, 生态位构建 188~189页, 集合群落 190~193页。

将这些在橡树叶上取食的鸟类归类为一个"生态共位群", 因为它们利用了相同的资源。

共享资源

鲁特将生态共位群定义为"以类似方式开发同一类环境资源的一群物种"。共位群中的物种是否有亲缘关系并不重要, 重要的是它们如何使用环境。它们甚至不必占据相同的生态位, 只需要使用相同的资源。

生态共位群通常由生物共有的食物资源来确定, 尽管它们共享的可能是任何其他资源。共享同一资源意味着属于同一共位群的成员之间经常互相竞争, 但它们并不一定处于持续的竞争中。例如, 虽然它们可能争夺相同的食物, 但在其他情况下, 可能合作对付捕食者。

生态共位群的概念考虑了生态系统中生物之间的联系, 在当时是一个重大突破。该理论暗示, 一

……一个特定昆虫物种是被**丝质蜘蛛网**捕获的, 而不是被鸟喙捕获的, 这有关系吗?

——查尔斯·霍金斯和詹姆斯·麦克马洪

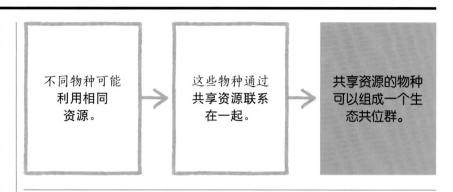

| 不同物种可能利用相同资源。 | 这些物种通过共享资源联系在一起。 | 共享资源的物种可以组成一个生态共位群。 |

个生态系统的全部功能可以通过找到其中的所有生态共位群来理解。尽管这可能是一项艰巨的任务, 生态学家现在已经成功发现了更多的生态共位群, 证实了生物物种之间的联系。例如, 北美的鸟类可以分为捡食者、掘食者、掠食者、空中追捕者和食腐者等共位群。

广泛联系

在确定各种生物生态共位群的热潮中, 人们对这个词的含义有些困惑。20世纪80年代, 美国生态学家查尔斯·霍金斯(Charles Hawkins)和詹姆斯·麦克马洪(James MacMahon)觉得有必要重新定义这个词。他们认为, "以类似方式"这句话应该从鲁特的原始定义中删除。他们主张, 不管一个生物为筑巢还是为觅食而摘除树叶, 这都无关紧要。重要的是树叶资源, 而不是如何利用资源。不管怎样, 利用叶子的生物属于同一共位群, 因为它们开发利用相同的资源。■

理查德·B. 鲁特

1936年, 鲁特出生于美国密歇根州迪尔伯恩。他在一个农场长大, 喜欢探索大自然, 渴望了解"森林如何运作"。在密歇根大学取得博士学位时, 鲁特已经是一位知识渊博的生态学家了。1967年, 他在关于蓝灰蚋莺的论文中介绍了生态共位群的关键概念, 树立了声誉。鲁特被邀请到康奈尔大学任教, 在那里教授生物学和生态学。在那里, 他研究了节肢动物(许多无脊椎动物, 包括昆虫和蛛形纲动物)和一枝黄花之间的关系。鲁特在职业生涯中获得了许多奖项, 包括2003年的美国生态学会杰出生态学家奖和2004年的奥德姆奖。

主要作品

1967年 《蓝灰蚋莺的生态位利用模式》(*The Niche Exploitation Pattern of the Blue-Gray Gnatcatcher*)

"公民科学"依靠大批业余科学爱好者

公民科学

在墨西哥的山坡上，成千上万的红蝴蝶铺满大地。
——弗雷德·厄克特

北美迁徙路径

图例
- 太平洋迁徙路径
- 中部迁徙路径
- 密西西比迁徙路径
- 大西洋迁徙路径

北美候鸟使用的路径可以分为四个纵贯南北的区域，称为候鸟迁徙路径——太平洋、中部、密西西比和大西洋。公民科学家可以提供重要数据，包括迁徙鸟类在春季北上和秋季南下途中何时停下来觅食或休息。

"公民科学"是指由非专业的个人、团队或志愿者网络进行的研究和观察，通常与专业科学家合作。这是基于一种认识，即科学界应当对社会整体的环境问题做出响应，公民能够提供可靠的科学证据，从而获得更多的科学认知。普通人的参与使研究机构能够完成那些需要花费太多资金或耗时很长的项目。

早期爱好者

"公民科学"（citizen science）这一术语相对较新，可追溯到 20 世纪 80 年代，但利用公众观察自然界和记录数据的观念和实践由来已久。19 世纪 70 年代，德国和苏格兰的一些鸟类学家开始收集鸟类秋季迁徙的数据，苏格兰的鸟类爱好者利用海岸周围的灯塔作为观察哨。19 世纪 80 年代早期，集体观察观念被美国鸟类学家威尔斯·库克（Wells Cooke）扩展到全国范围，他开展了一项研究北美候鸟到达日期和迁徙路径的项目，一直持续到第二次世界大战，收集了超过 800 种鸟类的 600 万张数据卡，在高峰期征集了 3000 名志愿者。2009 年，北美鸟类物候学计划将卡片上的数据数字化，这些数据为全球气候变化导致鸟类迁徙日期和路线改变提供了有价值的证据。

世界上持续时间最长的公民科学调查，是每年在美国进行的圣诞鸟类调查（CBC）。19 世纪，在美国的许多乡村地区，圣诞节猎鸟是一种流行的消遣方式，不管这些鸟类是否适合食用。1900 年，以美国鸟类学家和画家约翰·詹姆斯·奥杜邦（John James Audubon）的名字命名的奥杜邦学会的官员弗兰克·查普曼（Frank Chapman）提议人们数鸟，而不是射杀它

参见：自然生物识别系统 86~87页，大生态学 153页，物种的时空分布 162~163页。

们。他鼓励27名观鸟者参加第一次活动，观鸟者数量之后逐年增加。2016—2017年，73153名观察者提交了来自北美洲、拉丁美洲、太平洋和加勒比地区2536个不同地点的统计数据。关于鸟类分布和数量的数据为生态学家提供了一个巨大的数据集，使他们可以研究鸟类分布及其数量随时间和栖息地的不同发生的变化。

寻找帝王蝶

也许公民科学中最著名的行动，就是去解开迁徙的帝王蝶在冬天去了哪里的谜团。加拿大动物学家弗雷德·厄克特和诺拉·厄克特夫妇，长期以来一直对帝王蝶着迷。1952年，他们制订了一个给帝王蝶贴标签的计划，试图找到在秋天从加拿大南部和美国北部各州出发后的帝王蝶的目的地。他们在一些"公民科学家"的帮助下，给帝王蝶翅膀贴上标签，记录贴标签帝王蝶的出现地点。他们的昆虫迁徙协会从十几名帮手发展到数百名志愿者。他们坚持多年，给成千上万的帝王蝶贴上了"请告知多伦多大学动物系"的标签。

厄克特夫妇尽了最大努力，但帝王蝶的踪迹还是在得克萨斯州消失了。最终，1975年1月2日，业余博物学家肯·布鲁格（Ken Brugger）和卡塔利娜·阿瓜多（Catalina Aguado），在墨西哥城北部的山地森林中发现了帝王蝶的越冬地点。然而，带标记的帝王蝶并没有被发现，直到次年1月，厄克特夫妇才发现了一只——由明尼苏达州的两名男学生前一年8月标

"公民科学家"在公园和花园里**观察鸟类**的记录，可以为生态学家提供许多物种的重要数据，如欧洲金翅雀。

弗雷德和诺拉·厄克特

弗雷德·厄克特（Fred Urquhart）出生于1911年，在加拿大多伦多边缘的一条铁路线附近长大，他对在铁轨附近产卵的帝王蝶具有浓厚兴趣。1937年，从多伦多大学获得生物学硕士学位后，厄克特开始研究帝王蝶。在第二次世界大战期间，他曾教飞行员气象学，之后回到大学讲授动物学。他与另一位多伦多大学的毕业生诺拉·罗登·帕特森（Norah Roden Patterson）结婚，而她也加入了寻找帝王蝶冬季居所的队伍。弗雷德·厄克特还在皇家安大略博物馆担任昆虫馆馆长，以及动物学和古生物学部主任。1998年，厄克特夫妇被授予国家最高公民奖——加拿大勋章。

主要作品

1960年 《帝王蝶》
（*The Monarch Butterfly*）

1987年 《帝王蝶：国际旅行者》
（*The Monarch Butterfly: International Traveller*）

帝王蝶在迁徙过程中聚集在一起取暖。志愿者的标签揭示了帝王蝶的迁徙路线，每年的"帝王蝶观察"仍然在继续。

科学应该由业余人士，而不是偏重金钱的技术官僚主导。

——埃尔文·查戈夫
（奥匈帝国生化学家）

记的。公民科学为蝴蝶从北美迁徙到墨西哥，提供了确凿的证据。科学家现在已经知道数百万只帝王蝶在哪里过冬，研究重点已经转移到每年春天和秋天跟踪它们的动向。在墨西哥、美国和加拿大，数千人正在帮助描绘一幅更清晰的图像，了解帝王蝶遵循什么路线以及如何应对不断变化的气候。

公民科学的兴起

20世纪60年代和70年代，更多以志愿者为基础的项目启动了，包括北美鸟类繁殖调查、英国鸟巢记录卡项目和日本一项对海龟产卵的调查。1979年，英国皇家鸟类保护协会（RSPB）在英国发起了"大花园观鸟"活动，它甚至不要求人们离开自己的家，只是记录各自在花园、后院或街道看到的东西。到2018年，有超过50万人参与，记录了700万只鸟的活动。从1979年开始，每年收集的大量数据都可以进行比较研究。没有公众

帮助，这是不可能的。

1989年，"公民科学"一词首次出现在《美国鸟类》（*American Birds*）杂志上。它被用来描述一个由奥杜邦学会赞助的志愿者项目，该项目对雨水进行取样，以分析其酸度。该项目的目的是提高人们对河流和湖泊酸化的认识，这种酸化正在杀死鱼类和无脊椎动物，也间接杀死了捕食它们的鸟类。它还旨在向美国政府施加压力。不久，美国政府在1990年颁布了《清洁空气法》。

公民科学也证明了它在保护海洋中的价值。在巴哈马，2012年一份关于大海螺女王凤凰螺数量下降的报告催生了"海螺保护"活动，这项活动鼓励当地人对海螺进行标记。2010年，另一个项目在美国佐治亚大学开展，使用一个名为"海洋垃圾跟踪器"的应用程序记录海洋中的垃圾情况。了解世界海洋中垃圾的堆积模式有助于科学家追踪它们如何被洋流输送，以及在何处集中力量清除垃圾，能够取

得最好的效果。

新技术的出现使公民科学项目激增。在线记录系统意味着人们可以记录鹿角虫、野花或候鸟等任何东西。例如，在英国，国家生物多样性网络创建的大伦敦绿地信息（GiGL）网站，允许人们在线或通过电话提交记录，将其添加到致力于保护生物物种和栖息地的科学家使用的数据库中。

局限性和潜力

一些生态学研究项目超出了未受过训练的业余爱好者的能力范围，因为技术水平要求高，或者技术太复杂、太昂贵。不熟悉科学方法的人们也可能将主观偏见带到记录中，例如遗漏无法识别的物种。

然而，大多数简单的公民科学任务不需要培训，有些较复杂的过程，可以通过对志愿者进行基本的培训解决。人们常常被公民科学吸引，正是因为在这个过程中获得了新的技能。地球自然环境和资

美国蒙大拿州**西耶通道处的年轻志愿者**在冰川国家公园，为国家公民科学计划记录他们看到的山羊。

源承受的压力越来越大，对记录物种、栖息地和更广泛的生态系统的存在、消失和变化的数据的需求越来越大。世界上最大的公民科学平台 Zooniverse 等项目帮助满足了这一需求，从全球约 170 万名志愿者那里积累数据。未来岁月里，这些项目将成为保护组织、研究机构、非政府机构和政府机构的宝贵资源。■

画出完整图画

现在，公民科学家已成为全球最大的生物出现的数据的提供者。数据比以往任何时候都更容易提交，人工智能（AI）可以在几分钟内处理数据，而以前可能需要几周时间。例如，如果一个人记录了鸟儿飞到花园喂食器的情景，并通过手机向康奈尔大学的 eBird 网站发送一份报告，该信息将与之前关于种群数量和迁徙路线等因素的数据进行比较。超过 39 万人从世界各地近 500 万个地点向 eBird 提交了数百万份鸟类目击记录。这些数据被输入全球生物多样性信息服务网络平台（GBIF，在丹麦进行整合），该平台收集有关植物、动物、真菌和细菌的信息。GBIF 现在已经收集了超过 10 亿的观测数据，而且这个数字每天都在增长。

科学研究往往依赖**大量数据**。

数据越多，结果越具有现实代表性。

大批志愿者能够**收集大量数据**，通常来自**广大的地区**。

公民科学依靠大批业余科学爱好者。

当繁殖率飙升时，种群动态就变得混沌

种群变化的混沌现象

背景介绍

关键人物
罗伯特·梅（1936—）

此前

1798年 托马斯·马尔萨斯认为，人口快速增长，将不可避免地造成灾难。

1845年 比利时人口学家皮埃尔-弗朗索瓦·费尔哈斯认为，对人口增长的抑制将与人口增长本身同步。

此后

1987年 美国纽约一个由佩尔·巴克（Per Bak）、汤超（Chao Tang）和库尔特·威森菲尔德（Kurt Wiesenfeld）组成的研究小组，描述了"自组织临界"理论——系统中的元素自发相互作用而向自组织临界态变化。

2014年 日本生态学家杉原乔治使用一种名为经验动态模型的混沌理论方法，对加拿大弗雷泽河的鲑鱼数量做出了更加准确的估计。

20世纪60年代，混沌理论开始出现。该理论认为，对系统的预测受时间和系统非线性性质限制。1961年，美国气象学家爱德华·洛伦兹（Edward Lorenz）观察到天气预报中的混沌现象。从那以后，这一理论被应用于许多学科的研究，包括种群动态。

种群的混沌现象

20世纪70年代，澳大利亚科学家罗伯特·梅（Robert May）对动物种群动态产生了兴趣，并想构建一个模型来预测种群动态随时间发生的变化。他想到了由比利时数学家皮埃尔-弗朗索瓦·费尔哈斯提出的逻辑斯谛方程。逻辑斯谛方程在几何形式上，是一条S形曲线。它表明种群先缓慢增长，后迅速增长，再逐渐减慢而进入平衡状态。

梅尝试用费尔哈斯的公式建立"逻辑斯谛映射"，并在图上显

> 混沌：现在决定未来，但近似的现在不能近似地决定未来。

——爱德华·洛伦兹

示种群的变化趋势，在种群增长率最低时可以预测种群的动态变化。但是，梅发现，当增长率等于或高于3.9时，逻辑斯谛方程会产生不稳定的结果，绘制出来的图形看起来完全是随机轨迹，而不是固定模式。梅的研究表明，一个简单方程是如何产生混沌现象的。现在，他的逻辑斯谛映射被人口统计学家用来跟踪和预测人口增长。 ■

参见: 捕食者-猎物方程 44~49页，捕食者对猎物的非消费性效应 76~77页，费尔哈斯方程 164~165页，集合种群 186~187页。

目光远大，才能构想出大图景

宏观生态学

背景介绍

关键人物
詹姆斯·H. 布朗（1942—）

此前

1920 年 瑞典生态学家奥洛夫·阿伦尼乌斯（Olof Arrhenius）提出物种多样性和栖息地面积之间关系的数学公式。

1964 年 英国昆虫学家 C. B. 威廉斯（C. B. Williams）在《自然平衡中的模式》（*Patterns in the Balance of Nature*）一书中，记录了物种多度、分布和多样性的格局。

此后

2002 年 英国生态学家蒂姆·布莱克本（Tim Blackburn）和凯文·加斯顿（Kevin Gaston）认为，宏观生态学应该被视为一门不同于生物地理学的学科。

2018 年 科学家使用实用的宏观生态学方法表明，生活在岛屿上的鸟类大脑，比在大陆上的亲戚的更大。

科学家寻求用更快捷的方法，分析和抵抗植物和动物种群面临的许多威胁，他们越来越多地转向宏观生态学寻求帮助。"宏观生态学"（macroecology）这个术语，是由美国生态学家詹姆斯·H. 布朗（James H. Brown）和布莱恩·莫雷尔（Brain Maurer）在 1989 年创造的，用来描述在大的空间尺度上，对生物与环境之间关系的研究，以解释物种多度、多样性、分布和变化的模式。

20 世纪 70 年代，布朗在研究全球变暖对美国加利福尼亚州和犹他州大盆地 19 个孤立的山脊上凉爽、潮湿的森林和草地栖息地物种的潜在影响时，尝试并检验了这种方法。他认识到，收集足够的数据需要多年野外工作。相反，他利用现有的发现得出了新的结论。首先，他预测在气温升高的情况下，山脊顶部栖息地面积会缩小多少。利用支持每种小型哺乳动物种群所需最小面积的已知数据，布朗计算出气温升高时每个山脊栖息地的灭绝风险，并提出了保护重点。

加强野外工作

宏观生态学经常作为野外考察的补充，并能够带来意外发现。在马达加斯加，卫星数据被用来建立变色龙物种模型，用其对已知范围外的地区进行预测。结果，科学家发现了几个新的姊妹物种。■

通过对在世界各地沙漠进行的**群落研究结果**进行比较，宏观生态学家可以确定沙漠物种（如这种旗尾更格卢鼠）面临的最大威胁。

参见: 野外实验 54~55页, 动物生态学 106~113页, 岛屿生物地理学 144~149页, 大生态学 153页, 濒危栖息地 236~239页。

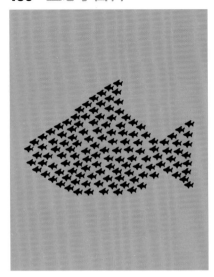

种群的种群

集合种群

背景介绍

关键人物
伊尔卡·汉斯基（1953—2016）

此前

1931年 美国遗传学家休厄尔·赖特（Sewall Wright）探索遗传因素对物种种群的影响。

1933年 澳大利亚生态学家亚历山大·尼克尔森（Alexander Nicholson）和物理学家维克多·贝利（Victor Bailey）利用种群动态模型描述宿主与寄生虫的关系。

1954年 在《动物的分布和多度》（*The Distribution and Abundance of Animals*）一书中，赫伯特·安德鲁瓦萨（Herbert Andrewartha）和查尔斯·伯奇（Charles Birch）对物种种群仅由密度控制的观点提出挑战。

此后

2007年 美国生态学家詹姆斯·佩特兰卡（James Petranka）将集合种群理论与两栖动物的变态期联系起来。

物种在一个栖息地斑块灭绝。

物种拓殖空下来的栖息地斑块。

灭绝和迁移是动态过程。

在局部地区灭绝并不意味着该物种灭绝。

集合种群（metapopulation）是同一物种的各个局域种群的组合。这一术语是美国生态学家理查德·莱文斯（Richard Levins）在1969年创造的，用来描述农田里害虫种群的消长。从那以后，它的使用范围已经扩大到包含任何在陆地和海洋栖息地斑块中的局域种群。

例如，一种特定鸟类可能在低地森林、山地林地和其他地方的种群中被发现。这个物种就像一个家庭，其成员已经搬到不同城市，但仍然有亲缘关系。许多种群的共同作用可能促进该物种长期生存。

分开，但在一起

集合种群理论的一个重要方面是各个局域种群之间相互作用的程度。如果相互作用程度高，则不能看作集合种群。在集合种群中，各个局域种群之间的接触是有限的，它们在各自的栖息地"斑块"中仍然部分处于隔绝状态。但是，

参见: 动物生态学　106~113页, 窝卵数控制　114~115页, 岛屿生物地理学　144~149页, 集合群落　190~193页。

它们至少要有一些相互作用, 可能只是一个勇敢的或被遗弃的群体成员, 进入另一片土地, 并与那里的局域种群的成员交配。太长时间的隔离会使局域种群分开, 使其不能再彼此交配, 最终会成为独立物种或亚种。

20世纪90年代, 芬兰生态学家伊尔卡·汉斯基 (Ilkka Hanski) 指出, 集合种群理论的核心是局域种群不稳定的概念。集合种群作为整体可能是稳定的, 而局域种群可能受内部和外部因素影响而在各自的斑块中波动。有些斑块的成员可能迁移到数量锐减的濒临灭绝的种群中去, 使其恢复活力——一种被称为"拯救效应"的集合种群特征。其他种群可能完全消失, 留下一个空下来的斑块让另一个种群重新拓殖。汉斯基认为, 在"死亡" (局地灭绝) 和"出生" (在空下来的斑块建立新种群) 之间存在持久的平衡。他将这种平衡比喻成疾病传播, 易感染者和被感染者依次代表由携带疾病的寄生虫空下来的和占据的"斑块"。

生态学家认为, 在理解物种, 尤其是在栖息地受人类影响如何生存时, 集合种群的概念越来越重要。该理论有助于他们分析种群的动态变化, 使用数学模型来模拟相互作用, 并能够预测一个物种在灭绝前所能承受的栖息地的斑块化程度。◼

芬兰奥兰群岛的斑块化栖息地上的**格兰维尔豹纹蝶**的集合种群, 为伊尔卡·汉斯基的物种斑块研究提供了理想对象。

伊尔卡·汉斯基

汉斯基被认为是集合种群理论之父, 在1953年生于芬兰莱姆帕拉。小时候, 他就收集各种蝴蝶。在发现一种稀有物种后, 他把一生都献给了生态学。他曾在赫尔辛基大学和牛津大学学习。当时的生态学家很少关注局域物种种群分布, 而汉斯基意识到这一点很重要。他花费大量时间, 通过标记和记录格兰维尔豹纹蝶在奥兰群岛上的4000多个栖息地斑块的种群动态, 来检验集合种群理论。这项工作为汉斯基在全球赢得声誉, 并使他得以在赫尔辛基建立集合种群研究中心, 成为世界领先的生态研究中心之一。汉斯基在2016年5月死于癌症。

主要作品

1991年 《集合种群动态》
(*Metapopulation Dynamics*)
1999年 《集合种群生态学》
(*Metapopulation Ecology*)
2016年 《来自岛屿的信息》
(*Messages from Islands*)

生物改造和构建生活的栖息地

生态位构建

所有生物都会改变环境以满足自己的需要。动物通过挖洞、筑巢以及遮阳和避风,给自己提供一个更安全的环境,而植物改变土壤的化学性质并使养分循环。"生态位构建"(niche construction)就是生物改变自己和其他生物在环境中所处的位置,这一术语是由英国进化生物学家F. 约翰·奥德林-斯密(F. John Odling-Smee)在1988年创造的。

美国进化生物学家理查德·列万廷(Richard Lewontin)此前

> 当猞猁构建栖息地时,野兔不会无所事事地坐着!
>
> ——理查德·列万廷

曾经提出,动物不是自然选择的被动受害者。他认为,动物会主动构建和改造自己所处的环境,并在这个过程中影响自己的进化。例如,猞猁和野兔通过努力超越对方来塑造各自的进化和共享的环境。奥德林-斯密同样认为,生态位构建和"生态继承"(ecological inheritance)——当继承的资源和条件(如土壤化学成分改变)传递给后代时——应该被视为进化过程。

构建水平

生态位构建的一些常见例子显而易见,有些则是在微观尺度上进行的。河狸在河流上建造令人印象深刻的水坝,创造出湖泊并改变了河道。这改变了流向下游的水和物质的组成,为其他生物创造了新的栖息地,也改变了河流的植物和动物群落的组成。英国生物学家凯文·拉兰德(Kevin Laland)认为,虽然河狸的水坝在进化和生态方面具有重要意义,但其粪便的影响也可能很大。

蚯蚓是非常高效的生态位构

参见: 生态位 50~51页, 生态系统 134~137页, 生物及其环境 166页, 生态共位群 176~177页。

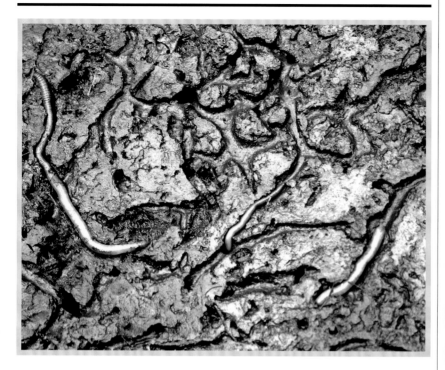

蚯蚓粪便是宝贵的天然肥料。蚯蚓不仅为自己改造土壤, 而且有助于植物生长。

建者, 不断地改变它们生活的土壤。它们将植物和矿物质分解成足够小的颗粒, 供植物吸收。蚯蚓的粪便中可用氮含量、磷酸盐含量、钾含量分别是周围土壤的5倍、7倍、11倍。

同样, 生活在海底沉积物中的微小硅藻能够分泌化学物质来结合和稳定沙子。例如, 在加拿大的芬迪湾, 硅藻会改变海床物理状态, 使其他生物, 如泥虾, 可以在此定居。

英国生物学家南希·哈里森（Nancy Harrison）和迈克尔·怀特豪斯（Michael Whitehouse）也提出, 当鸟类形成混合群时——就像许多鸟类在繁殖季节之外做的那样——它们改变了与竞争对手的关系, 以寻找更多的食物资源, 并获得更多保护。它们创造的复杂社会环境改变了它们的生态和行为。

在奥德林-斯密对生态位构建的解释中, 提到了古代的蓝细菌, 它们在20多亿年前产生氧气作为光合作用的副产品。这是大氧化事件中的一个关键因素, 它改变了地球大气和海洋的组成, 极大改变了我们所在的星球的环境。氧气增加为包括人类在内的更复杂生命形式的进化创造了条件。■

生态系统工程师

生态位建造者被称为"生态系统工程师", 这一术语是由科学家克莱夫·琼斯（Clive Jones）、约翰·劳顿（John Lawton）和莫什·沙查克（Moshe Shachak）在1994年创造的。他们概述了两种生态系统工程师。第一种是异源型生态系统工程师, 它们改变物理材料。例如, 河狸建水坝、啄木鸟凿树洞、人类开采砾石, 这些活动改变了其他物种对资源的利用情况。当啄木鸟放弃树洞时, 小鸟和其他动物就会进来。如果水淹没了一个砾石坑, 鸭子和蜻蜓就可以在那里定居。

另一种生态系统工程师是自源型的, 这意味着生物仅仅通过生长, 就为其他植物和动物提供了新的栖息地。例如, 一棵成熟的橡树比一棵橡树苗更适合昆虫、鸟类和小型哺乳动物生存。同样, 随着珊瑚礁变大, 它们为更多的鱼类和甲壳类动物提供了家园。

在美国亚利桑那州, 一只普通**棕鸟**利用一个吉拉啄木鸟遗弃的洞筑巢。

局域群落
互换迁移者

集合群落

背景介绍

关键人物

马修·莱博尔德（1956—）

此前

1917年 阿瑟·坦斯利观察到两种拉拉藤属植物在不同的土壤斑块中生长不同。

1934年 格奥尔基·高斯提出了竞争排斥原理，指出竞争同一关键资源的两个物种不能长期共存。

2001年 斯蒂芬·P.哈贝尔提出"中性理论"，认为生物多样性是随机产生的。

此后

2006年 马修·莱博尔德和美国生态学家马塞尔·霍利约克（Marcel Holyoak）共同完善和发展了集合群落理论。

传统群落生态学的局限性之一是，它倾向于单纯从局部看待群落，很少考虑在不同尺度或不同地点发生的事情。因此，在过去几十年里，生态学家一直在发展"集合"群落理论，这个概念是在2004年美国生态学家马修·莱博尔德（Mathew Leibold）发表的一篇重要论文中提出来的。

集合群落的概念与集合种群的概念有关。集合种群研究考察共存的同一物种种群的不同斑块，而在集合群落理论中，不同斑块是由包括许多相互作用的物种的整个群

参见： 竞争排斥原理 52~53页，生态系统 134~137页，生物多样性的中性理论 152页，集合种群 186~187页。

美国科罗拉多州的**山羊**生活在落基山脉物种的集合群落中，但单座山峰上的山羊是一个种群。

落组成的。

什么是集合群落

集合群落本质上是一群或一组群落。构成一个集合群落的群落在空间上是分开的，但并不是完全孤立和独立的。当不同物种在它们之间移动时，它们相互作用。例如，一个集合群落可能由一组分散在一个区域内的独立森林群落组成。在森林栖息地的每个斑块中的各种物种作为一个独立群落相互作用。然而，某些物种，包括鹿或兔子，可能迁移或扩散到集合群落中的另一个群落，迁移到另一片森林，以寻找更好的觅食、得到庇护或繁殖的机会。不同类型的栖息地将会影响相互关联和独立发展之间的这种平衡。集合群落理论为研究变异如何和为何发展，以及对生物多样性和种群波动的影响提供了一个框架。

局域和区域

以集合群落方式看群落的一个主要优势是，它可能有助于解释一些看似矛盾的观察结果。例如，一位生态学家的研究可能着眼于物种在一个小的局域群落中生活和相互作用的方式。研究发现，物种之间对资源的竞争是群落运转的一个关键因素。另一项研究可能着眼于一个较大的群落。研究发现，竞争几乎没有任何作用。那么，哪个结果是正确的呢？两者可能都是正确的，差异仅仅取决于研究的空间尺度不同。集合群落理论的好处是允许生态学家调和这些差异，使其能

野生动物通道

许多不同物种在分离的栖息地斑块之间自然移动。这种移动可能是季节性的，如每年的迁移，或由自然灾害（如火灾或洪水）引起的，或可能持续很长一段时间。这种移动对物种和群落的兴旺和生存至关重要，可以在关键时刻提供恢复力或新资源。然而，越来越多的人为障碍，如为农业、公路、铁路和城市扩张而做的清除障碍的行为，正在破坏从一个栖息地到另一个栖息地的自然交流。为野生动物提供通道的想法并不新鲜。例如，为鱼类绕过水坝的鱼道可以追溯到几个世纪以前。野生动物通道——从加拿大熊使用的桥梁到加利福尼亚沙漠龟使用的隧道——正在成为建筑工程中越来越普遍的特征。为保护栖息地，以及避免动物和车辆发生致命碰撞，人们已经修建了数千个通道，其中包括桥梁、高架桥和地下通道——上面通常会种上植物。

够在局域和区域范围内寻找解释。

一个集合群落可能由一个公园里的六棵落叶树组成，每棵树都是一个独立群落。然而，它也可能包括全世界温带地区所有的落叶林。集合群落理论允许生态学家在任何尺度上进行研究，至少在理论上是这样。

伞形框架

根据马修·莱博尔德的观点，集合群落研究集合了许多看似不相干的生态学分支和相互矛盾的理论。例如，它可能使人们更容易解决群落生态学的"确定论"与"随机论"之间持续百年的争论——"确定论"基于以生态位为基础的群落生态学，认为物种多样性是由物种的生态位决定的，而"随机论"则强调随机拓殖机会和生态漂变（种群规模的随机波动）的重要性。

集合群落理论为研究确定的和随机的过程如何相互作用以形成自然群落，提供了一个伞形框架。根据集合群落理论，生态学家指出，生物多样性的格局既取决于局域的与生物过程相关的特征，如海边岩石间的潮水潭中的辐射平衡或溪流中水质的变化，也取决于区域随机过程，如因反常风暴导致的物种扩散或因流行病造成的物种灭绝。同时，生态学家认为区域变化可能是由局域变化的综合影响造成的。

寻找集合群落

莱博尔德理论存在一个问题，在实践中识别一个集合群落的独立组成部分并不是那么简单。例如，对于一个湖区内不同湖泊中的鱼类和其他水生生物来说，每个湖泊都可能是一个独特群落。然而，对于那些能够几分钟内在湖泊之间飞行的鸟类来说，不同湖泊都是同一群落的一部分。这也许可以解释为什么许多关于集合群落的持续研究都是理论性和抽象的，而不是扎根于野外观察。有些集合群落很容易识别，例如岛群中的岛屿，或在退潮分开但在涨潮时连在一起的潮水

集合群落

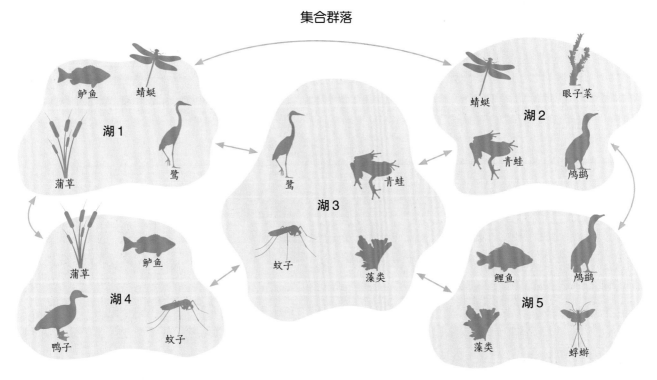

在这个集合群落的例子中，箭头显示物种如何在湖泊之间移动以觅食或繁殖。种子和藻类的孢子通过风传播。

在法罗群岛的埃斯图罗伊岛上，由于海浪侵蚀而形成的潮水潭形成一个集合群落。潮水潭在退潮时是分开的，涨潮时就会连在一起。

潭。2004 年，莱博尔德和同事在论文中承认，局域群落或斑块并不总是有清晰的界限，使它们看起来是分开的；此外，不同物种可能在不同尺度上的响应也不同。他们识别了三种集合群落：明显分开的斑块、在栖息地中时常以不同大小出现的短暂而不同的斑块，以及边界模糊的永久性斑块。

清晰的斑块

最明显的分开的斑块是海洋中的岛屿。岛屿是比较方便的研究课题，而且关于岛屿生物地理学有大量文献，可以追溯到查尔斯·达尔文对太平洋加拉帕戈斯群岛雀类变异的著名研究。当然，整齐分开的斑块是很好的研究对象，所以它们一直受到群落生态学家的欢迎。但是，鸟类和许多其他生物被风吹或被海水冲，使岛屿群落也不会永远完全隔离。因此，一些集合群落研究关注的是不同群落空间（即使斑块清晰，如池塘和湖泊），并分析物种如何在它们之间移动。

短暂而清晰的斑块可能更加难以识别，这是因为它们的短暂性。尽管如此，生态学家还是对风暴过后一段时间充满水的树洞、仅活几天或几周的真菌子实体，甚至露水或雨后为细菌和昆虫提供短暂水生家园的猪笼草进行了集合群落研究。

边界模糊的群落

2004 年，莱博尔德在论文中承认，边界模糊的集合群落可能是最难界定的。例如，珊瑚礁看起来可能是整齐分开的，但生活在其中的许多物种可以自由游动，并对大量不断变化的外部影响做出反应，如洋流变化。

由于世界上大部分生命都存在于这些模糊界定的斑块中，所以理论家试图进一步澄清。莱博尔德和同事提出了两种不同的方法来识别集合群落：嵌入一个"基质"栖息地中的不同群落，如在资源丰富的森林中的空地，以及在一个连续栖息地中的任意取样斑块，如森林中的随机树木样圆。

有关集合群落的研究仍然处于初始阶段。现在，世界正面临生物多样性危机，无数物种和群落似乎正在受到人类活动的威胁。集合群落理论可能适合为人们提供自然群落将如何响应，以及栖息地的局部变化如何影响整个区域的更好认知，无论负面还是正面。■

THE LIVING EARTH

生生不息的地球

路易斯·阿加西的研究表明，瑞士曾经被一片冰原覆盖，这表明在最近的地质历史上曾经有过冰期。

1840年

斯凡特·阿伦尼乌斯首次提出二氧化碳排放会导致全球变暖。

1896年

弗拉基米尔·沃尔纳德斯基的《生物圈》解释生物过程如何产生大气中的气体。

1926年

1869年

生物地理学之父阿尔弗雷德·拉塞尔·华莱士报道邻近岛屿上的动物种群间存在明显的进化分界线。

1912年

阿尔弗雷德·魏格纳提出大陆漂移学说，即地球曾经是一个泛大陆，而后分裂并漂移。

1935年

亚瑟·坦斯利创造"生态系统"这一术语，用来描述一个由生物和非生物组成的相互依存的群落。

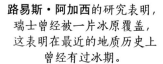个世纪以来，西方科学家一直试图将地质学家和化石勘探者的发现，与《圣经》中创世和大洪水的故事统一起来。例如，大主教厄谢尔（Ussher）在1654年将地球的诞生日期追溯到公元前4004年10月22日。一系列发现挑战这种说法，关于地球生命动态历史的新观点被提出。

岩石中的证据

苏格兰地质学家詹姆斯·赫顿和查尔斯·莱尔增加了我们对地球年龄的了解。赫顿在《地球论》（1759）一书中认为，形成数千米岩层所需的反复沉积和侵蚀循环，在一定程度上反映了地球真正的起源。19世纪30年代，莱尔进一步发展了这一观点。不久之后，瑞士裔美国地质学家路易斯·阿加西提出，一些地区的地形是由冰川作用形成的。赫顿和莱尔还指出，某些动植物化石会从地质记录中消失。莱尔认为这是物种灭绝的证据，挑战人们普遍认为的物种不可能改变的主流观点。

化石也为地球大陆的运动提供了线索。德国气象学家阿尔弗雷德·魏格纳指出，虽然南大西洋两岸相距数千英里，但可以在两岸发现类似的化石。1912年，魏格纳提出大陆漂移理论，将这一现象作为大陆曾经连接并在后来分开的证据。直到20世纪60年代，科学家终于发现了解释这种运动的可能机制。地球物理学家发现，沿大洋中呈带状对称分布的磁性异常模式，证明了海底扩张的过程：从海洋地壳裂缝中上涌的炽热岩浆，在冷却和移动过程中形成了新的洋壳，这个渐进过程使大陆移动和变形。

生物地理学的诞生

从16世纪的探险时代开始，科学家开始研究动植物的地理分布。19世纪60年代，阿尔弗雷德·拉塞尔·华莱士把这些明显受到山脉和海洋等物理屏障影响的动植物的地理分布，视为支持进化论的关键证据。例如，华莱士指出大海峡成为大洋洲和东南亚动植物间

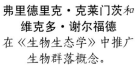 **弗里德里克·克莱门茨和维克多·谢尔福德**在《生物生态学》中推广生物群落概念。

尤金·奥德姆和霍华德·奥德姆将地球这颗具有生命的行星描述为一个环环相扣的全球系统的集合。

詹姆斯·洛夫洛克的盖娅假说认为，地球是一个独特的自我调节的系统。

 1939年

1953年

1974年

1947年

1970年

1980年

莱斯利·霍尔德里奇的生物地理分类图绘制了38个由雨热条件决定的植被生活区。

人类庆祝第一个地球日，从整体上看待地球的观点越来越被大众接受。

路易斯·阿尔瓦雷茨和沃尔特·阿尔瓦雷茨认为，恐龙大规模灭绝是由小行星撞击地球造成的。

鲜明的分界线。

随着人们对地球生物地理构造的深入了解，20世纪的生态学家将地球划分为由动植物组成的生物群落，它们在不同的栖息地中相互作用，如热带雨林、沙漠或苔原。植物学家莱斯利·霍尔德里奇在1947年提出生态区分类法，根据气温和降水量这两个对植被有重要影响的因素来绘制生态区域图。

整体地球方法

"生物圈"一词是由奥地利地质学家爱德华·修斯在1875年使用的，是指地球表面或附近，所有有机生物存在的区域。1926年，俄罗斯地球化学家弗拉基米尔·沃尔纳德斯基解释了生物圈与行星岩石（岩石圈）、水（水圈）和空气（大气圈）之间的密切相互作用。这促使美国生物学家尤金·奥德姆提出了整体生态学方法。奥德姆认为，如果不研究物种生活的整体生态系统，就不可能理解个体或一组生物体的全部行为，他将上述观点定义为"新生态学"。

1974年，英国科学家詹姆斯·洛夫洛克提出盖娅假说，即生物圈中生命和非生命元素的相互作用表明地球是一个复杂的自我调节系统，维持生命存在必需的条件。大约两个世纪以前，赫顿曾经提出过一个类似观点，即生物和地质作用的过程相互关联，地球可以被视为一个超级有机体。用赫顿的话来说，地球不仅是一台机器，而且是一个有组织的生命体，因为它具有再生能力。

走向灭绝？

尽管经历了五次大规模物种灭绝，地球上的生命仍然存活了数十亿年。然而，环保人士现在质疑地球能否从新的灾难中幸存下来。事实上，有人认为，由于人类活动，第六次生物大规模灭绝已经开始了。然而，如果洛夫洛克的盖娅理论是正确的，即使人类和许多其他当前的生命形式消失了，地球也会继续存在下去。■

冰川是上帝的鬼斧神工

古冰期

背景介绍

关键人物

路易斯·阿加西（1807—1873）

此前

1795 年 苏格兰地质学家詹姆斯·赫顿认为，阿尔卑斯山脉中不规则的岩石（与下伏地层不同的岩石碎片）是由移动的冰川搬运的。

1818 年 在瑞典，博物学家戈兰·瓦伦伯格发表了冰曾经覆盖斯堪的纳维亚半岛的理论。

1824 年 丹麦-挪威矿物学家延斯·埃斯马克提出新理论，认为冰川曾经更大、更深厚，覆盖挪威大部分地区和邻近海床。

此后

1938 年 塞尔维亚数学家米卢汀·米兰科维奇（Milutin Milanković）提出一个理论，根据地球环绕太阳轨道的变化解释冰川时代的发生。

在19世纪初期，人们对地球地貌、植物和动物的发展存在相互矛盾的解释。灾变论的支持者认为，一系列毁灭性的灾难，如《圣经》中描述的大洪水，已经多次重塑了地球表面，包括对现存山脉、湖泊和河流的重塑，同时消灭了许多动植物物种。相比之下，均变论的追随者认为，地球的地貌特征是连续而均匀的侵蚀、沉积（流体携带的颗粒沉积）和火山作用的自然过程相互作用的结果。深入的地质研究表明，这两个观点都不正确。科学家证实地球的历史是一个缓慢变化的过程，其间不时发生灾难性事件。对冰川及其形成的地貌

研究为这些观点提供了依据。在对瑞士阿尔卑斯山岩石上的平行的擦痕进行观察后，德国-瑞士地质学家让·德查彭蒂尔 [Jean de Charpentier，或称约翰·冯·查彭蒂尔（Johann von Charpentier）] 提出猜想，认为阿尔卑斯山上的冰川曾经更加广阔，当其移动或沉积物削切岩石时，造成擦痕。地质学家延斯·埃斯马克（Jens Esmark）在挪威也得出了相似结论。

冰川运动

瑞士动物学家路易斯·阿加西（Louis Agassiz）进一步发展了德查彭蒂尔和埃斯马克的思想。1837 年，他提出了从北极到地中海和里海沿岸，北半球的大部分地区曾经被大片冰层覆盖的观点。阿加西还对瑞士的冰川运动进行了详细研究，在 1840 年发表了《冰川研究》（*Études sur les glaciers*）。

动物进入《圣经》描述的大洪水发生时的**挪亚方舟**。灾变论者认为，大洪水是形成地球地质的冲击之一。

参见：自然选择进化论 24~31页，全球变暖 202~203页，基林曲线 240~241页，臭氧耗竭 260~261页，春季螨变 274~279页。

冰川汇聚在瑞士阿尔卑斯山脉的皮兹阿尔根特山上。与阿尔卑斯山脉的其他冰川一样，该冰川曾经比现在广阔得多，现阶段仍然在继续缩小。

同年，他拜访了苏格兰地质学家威廉·巴克兰（William Buckland），并对该地区的冰川特征进行了调查，这促使苏格兰冰川学家詹姆斯·福布斯（James Forbes）开始对法国的阿尔卑斯山进行类似研究。

一些宗教，如天主教会，仍然认为冰川擦痕是由大洪水造成的，或者由洪水冲走的冰山搬运了大量泥沙和岩石沉积物形成的。然而，自从19世纪60年代以来，阿加西的冰期理论得到了广泛认可，该理论认为瑞士阿尔卑斯山和挪威的冰川曾经延伸得更远。人们承认，曾经有一片冰原横跨欧洲，并从北极向南穿过北美大部分地区，对动植物造成了灾难性影响。

19世纪末和20世纪初，随着对格陵兰岛和南极探险活动的增加，人们发现这两个地区仍然被冰层覆盖。20世纪20年代和30年代的航空勘测结果证实了巨大的冰原和冰帽范围，冰原即现在定义的超过5万平方千米的冰川地区；冰帽面积小一些，如冰岛的瓦特纳冰川。

进一步研究的证据表明，在地球漫长的历史中，出现过不止一次冰期，至少有五个主要冰期。最近一次是第四纪冰期，始于258万年前，直到现在仍然在继续。在过去的75万年里，曾经有过8次冰川推进（冰川期）和消退（间冰期）。在末次冰期，也就是10000~15000年前结束的冰期，冰盖厚达4千米，海平面低120米。■

冰川消融和鸟类迁徙

当末次冰期结束时，即大约26500年前，地球比现在冷得多。北美和欧亚大陆北部大部分地区都被冰原覆盖，环境非常恶劣。大多数鸟类飞往亚热带和热带地区生活，因为这些地区有更多的食物。随着气温逐渐上升，冰原开始收缩，产生了全新的景观。无冰的地面和短暂湿润的夏季使北方成为昆虫的理想栖息地，鸟类被食物吸引，也开始迁入。当秋天白天变短时，一些鸟留下来过冬，另一些鸟则返回南方。随着冰原进一步后退，鸟类飞回家园的距离越来越长，最终演变成为在热带和北纬地区之间长距离春季和秋季迁徙。常见迁徙鸟类有燕子、莺和杜鹃。

在哥斯达黎加，栖息于树蕨上的雄性巴尔的摩金莺。该物种在3月飞往北方繁殖，8月或9月返回热带地区。

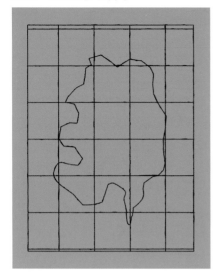

地图上没有标明的边界线

生物地理学

动物和植物生活的地方经常随着纬度、海拔和栖息地类型的变化而有规律地变化，对这种规律的研究被称为生物地理学。其中一个分支（植物地理学）研究植物的分布，另一个分支（动物地理学）分析动物的分布。英国自然学家、生物学家阿尔弗雷德·拉塞尔·华莱士（Alfred Russel Wallace）是被广泛认可的生物地理学之父。18世纪，随着探险家记录自己观察到的动植物，一幅地理变化图景开始浮现。通过随"小猎犬号"在1831—1836年远征，查尔斯·达尔文在马尔维纳斯群岛（福克兰群岛）上发现了一些南美洲大陆没有的鸟类、加拉帕戈斯群岛特有的巨龟，以及澳大利亚袋鼠等有袋类动物。生物地理拼图的新碎片就在那时形成。

世界动物地理分区

华莱士在 1859 年提出的划分东南亚和澳大拉西亚动物地理区的分界线，标志着六个动物地理分区的诞生。

参见: 自然选择进化论 24~31页, 岛屿生物地理学 144~149页, 物种的时空分布 162~163页, 生物群区 206~229页。

阿尔弗雷德·拉塞尔·华莱士

华莱士14岁离开学校, 在做教师前, 在伦敦接受测量师培训。在见到英国昆虫学家亨利·贝茨 (Henry Bates) 后, 他对昆虫产生了浓厚兴趣。1848年, 两人冒险前往亚马孙盆地进行了为期四年的探险活动, 随后前往奥里诺科河和马来群岛。华莱士与达尔文在基于自然选择的物种起源上得出了相同结论, 在1858年共同发表论文。华莱士是世界动物分布领域的权威, 使公众提高了对人类活动造成的环境问题的认识。

主要作品

1869年 《马来群岛》 (*The Malay Archipelago*)

1870年 《对自然选择理论的贡献》 (*Contributions to the Theory of Natural Selection*)

1876年 《动物地理分布》 (*The Geographical Distribution of Animals*)

1878年 《热带自然及其他》 (*Tropical Nature, and Other Essays*)

1880年 《岛上生活》 (*Island Life*)

从1848年开始, 华莱士在南美洲和东南亚进行了多年的调查工作。他研究了数千种动物的取食、繁殖行为和迁徙习性, 还特别关注动物的分布情况, 并将其与岛屿之间是否存在海洋等地理屏障进行比较。他的结论是, 一个群落中生物的数量取决于该特定栖息地中可获得的食物。

华莱士线

在1854—1862年对马来群岛的考察中, 华莱士收集了惊人的12.6万份标本, 许多标本是此前不为西方科学界所知的物种, 其中包括世界上2%的鸟类物种。他认为生物地理学能够对自然选择进化论予以支持。华莱士的一个重要发现是, 在后来被称为华莱士线两侧的鸟类物种之间存在显著差异。华莱士线沿着望加锡海峡 (婆罗洲和苏拉威西岛之间) 和龙目海峡 (巴厘岛和龙目岛之间) 延伸, 将亚洲动物区系与澳大拉西亚动物区系区分开

西伯利亚全部在古北界, 图中描绘的西伯利亚白桦树属东西伯利亚泰加林区。

来。他发现, 体型较大的哺乳动物和大多数鸟类都没有越界。例如, 老虎和犀牛只生活在亚洲一侧; 而野猪、有袋动物和葵花鹦鹉在另一边。他还强调了北美和南美动物之间的巨大差异。

1876年, 华莱士提出了六个独立的动物地理区域: 新北界 (北美洲)、新热带界 (南美洲)、古北界 (欧洲、撒哈拉沙漠以北的非洲地区、中亚、北亚和东亚)、埃塞俄比亚界 (撒哈拉沙漠以南的非洲地区)、东洋界 (南亚和东南亚), 以及澳新界 (澳大利亚、新几内亚和新西兰)。华莱士分区, 加上大洋洲界 (太平洋诸岛) 和南极界被统称为现代生物地理区域。■

全球变暖
正在发生

全球变暖

1896 年，瑞典化学家斯凡特·阿伦尼乌斯（Svante Arrhenius）首次提出人类排放二氧化碳会导致全球变暖。他认为，地球的平均温度可能受到二氧化碳和其他已知温室气体的影响，二氧化碳浓度增加会使地球温度升高。他进一步预测，如果二氧化碳浓度增加 2.5~3 倍，北极地区的气温将上升 8~9°C。

阿伦尼乌斯的理论是建立在 19 世纪早期科学家约瑟夫·傅里叶（Joseph Fourier）和约翰·廷德尔（John Tyndall）研究基础上的。

温室效应

地球大气层中的水汽、二氧化碳和甲烷等其他气体，会吸收来自太阳的热量和地球的红外辐射，从而使地球温度升高。

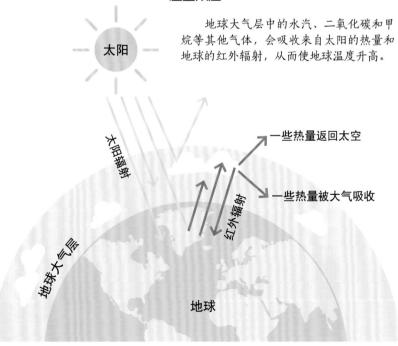

参见： 环境反馈环 224~225页，可再生能源 300~305页，绿色运动 308~309页，阻止气候变化 316~321页。

傅里叶感到惊奇的是，既然太阳离地球太远，以至于无法将其加热到目前地球的温度，为什么地球不是一片冰冷的荒原。他认为地球表面受热后会释放热能，这些热能通过辐射返回太空，并导致地球温度降低。他猜测一定有什么东西在调节着温度。于是，傅里叶提出了一个理论：地球大气层是由各种各样的气体组成的，就像一个装着空气的玻璃盒子，为地球保暖。傅里叶的假设过于简单，却引出了地球热调节的温室效应理论。

约翰·廷德尔首先证明了傅里叶的温室效应假说。他的实验证明，当地球在夜间释放白天吸收的太阳热量来降温时，大气中的气体，尤其是水汽，会吸收热量（辐射），从而产生温室效应。这使地球平均温度保持在15℃，而近几十年来人类活动释放的温室气体已经将这一温度提高了。1998年以来，地球经历了有记录以来最热的10年。

> "
> 如果地球是一个病人，我们早就应该给她治疗了。
> ——查尔斯王子
> "

> "
> 大气的作用就像温室的玻璃一样，使地球表面的平均温度升高。
> ——尼尔斯·埃克赫姆
> （瑞典气象学家）
> "

加剧全球变暖

1904年，阿伦尼乌斯开始关注人类主要通过燃烧煤和石油等化石燃料造成二氧化碳浓度急剧增加的问题。他还准确预测了二氧化碳排放对全球气温的影响，最终得出结论，全球气温上升可能对植物生长和粮食生产产生有利影响。事实上，化石燃料燃烧增加空气中二氧化碳含量的速度，比阿伦尼乌斯预期的要快，尽管地球变暖的速度比他预测的要慢。科学家现在明白，全球变暖正在对人类和环境产生破坏性影响，而且只要排放量继续增加，这种影响就会持续下去。■

全球变暖的影响

自19世纪末以来，大气中的二氧化碳增加了约25%，全球平均气温上升了约0.5℃。科学研究证明，这些变化导致冰川和海冰融化，以及珊瑚礁受损。随之而来的是海平面上升，自1880年以来上升约20厘米。其他现象还包括，更长的火灾季节、更极端的天气，以及动物和植物生存范围的变化，导致疾病、物种灭绝和食物短缺。全球气温升高的程度将取决于二氧化碳排放是否（以及以多快的速度）减少。科学家预测，按照目前的速度，到2100年，气温升幅将达到0.3~4.6℃，其中升温最快的地区可能是北极。

巴塔哥尼亚佩里托莫雷诺冰川是少数仍在增长的冰川之一。大部分冰川正在慢慢融化，导致全球海平面上升。

生物是最强大的地质营力

生物圈

背景介绍

关键人物

弗拉基米尔·沃尔纳德斯基

（1863—1945）

此前

1785 年 苏格兰地质学家詹姆斯·赫顿提出，为认识地球，应该研究其所有相互作用。

1875 年 奥地利地质学家爱德华·修斯首次使用"生物圈"一词来描述地球表面生命生存的地方。

此后

1928 年 在《系统学方法论》（*Methodology of Systematics*）中，俄罗斯动物学家弗拉基米尔·贝克莱米什（Vladimir Beklemishe）警告，人类未来与生物圈的保护有着不可分割的联系。

1974 年 英国科学家詹姆斯·洛夫洛克和美国生物学家林恩·马古利斯首次发表盖娅假说，认为地球是一个有生命的实体。

地球有四个相互作用的子系统：岩石圈，地球坚硬的岩石外壳；水圈，包括地球表面的所有水；大气圈，由周围的气体层组成；生物圈，从深海到最高的山顶，任何存在生命的地方。

生物圈的起源很古老：42.8 亿年前的单细胞微生物化石表明，它几乎和地球本身一样古老。生物圈延伸到每块陆地和水域，抵达极端的栖息地，例如热液喷口周围富

含矿物质的高温水域。生物圈通常分为沙漠、草原、海洋、苔原和热带雨林等有共同栖息地的生物群落。

超级有机体

关于生物圈的想法始于 18 世纪，当时苏格兰地质学家詹姆斯·赫顿将地球描述为一个超级有机体，即一个单一的生命实体。一个世纪后，爱德华·修斯在《地球的面貌》（*The Face of the Earth*）一书中提出了生物圈概念。修斯解释说，生命局限于地球表面的一个区域，而植物是生物圈与其他圈层相互作用的一个很好例子：它们生长在岩石圈的土壤中，叶子却在大气圈中呼吸。在 1926 年出版的《生物圈》（*The Biosphere*）一书中，1911 年与修斯相识的俄罗斯地球化学家弗拉基米尔·沃尔纳德斯基（Vladimir Vernadsky）对这一概念进行了更为详尽的阐述，提出生命是一种主要地质营力的观点。沃尔纳德斯基是最早认识到大气中的氧、氮和二氧化碳是由生物

人类正在成为一种越来越强大的地质营力，而人类在这个星球上的位置变化与这一过程吻合。

——弗拉基米尔·沃尔纳德斯基

参见：生态系统 134~137页，生物多样性与生态系统功能 156~157页，地球整体观 210~211页，盖娅假说 214~217页。

在澳大利亚西部鲨鱼湾哈梅林池，经过数十亿年，蓝细菌层已经变成了化石，形成叠层石，即沉积岩堆。

过程（如植物和动物的呼吸）产生的科学家之一。他认为生命体必定会像潮汐、风雨等物理力量一样重塑地球。他还介绍了地球发展的三个阶段：第一阶段，地球诞生，此时地球上只有无生命岩石圈；其次是生物圈，有生命开始出现；最后是人类活动永远改变地球的新时代——人类圈。

圈层相互作用

科学家认为生物圈一直在变化。至少在27亿年前，随着蓝细菌的繁殖，大气中的氧气含量开始上升。随着氧气含量增加，更复杂的生命形式不断进化，它们以不同方式塑造地球，侵蚀和重塑地球表面，并改变其中的化学成分。

生物圈的元素渐渐成为岩石圈的一部分。数千年来，死去的珊瑚在热带浅海中形成了珊瑚礁。数以万亿计的海洋生物的分解骨架落入海底，变成化石，形成石灰岩。■

我满心欢喜地期待着，我们生活在向人类圈过渡的时代。
——弗拉基米尔·沃尔纳德斯基

弗拉基米尔·沃尔纳德斯基

弗拉基米尔·沃尔纳德斯基出生于1863年，22岁时毕业于圣彼得堡国立大学，在意大利和德国读研究生，研究晶体光学、弹性、磁性、热学和电学性质。1917年2月，在俄国革命后，沃尔纳德斯基担任临时政府教育部部长助理。次年，他在基辅成立乌克兰科学院。他的《生物圈》一书很长时间没有得到西方科学家的重视，而这部著作后来成为盖娅理论的奠基文献之一。20世纪30年代，沃尔纳德斯基提倡使用核能，他在苏联原子弹发展计划中担任顾问。他在1945年去世。

主要作品

1924年《地球化学》（Geochemistry）

1926年《生物圈》

1943年《生物圈和人类圈》（The Biosphere and the Noosphere）

1944年《生物地球化学问题》（Problems of Biochemistry）

自然系统

生物群区

背景介绍

关键人物
弗雷德里克·克莱门茨
（1874—1945）

维克多·谢尔福德（1877—1968）

此前
1793 年 亚历山大·冯·洪堡创造
"群丛"一词，用来概括某一特定
生境的植物种类。

1866 年 恩斯特·海克尔提出生态
单元概念，即一系列动植物的生活
空间。

此后
1966 年 莱斯利·霍尔德里奇在气
温和降水量变化的生物效应基础
上，提出了生命地带概念。

1973 年 德国-俄罗斯植物学家海
因里希·沃尔特（Heinrich Walter）
创建了考虑季节变化因素的生物群
区系统。

世界上不同地区有不同的动植物生活模式，但在一定范围内通常存在一些相似之处，这种生活模式相似的生物种群的集合被称为生物群区。每个生物群区都是一个大的地理区域，有自己独特的动植物群落和生态系统。美国植物生态学家弗雷德里克·克莱门茨（Frederic Clements）和动物学家维克多·谢尔福德（Victor Shelford）在其重要著作《生物生态学》（*Bioecology*，1939）中首次普及了生物群区概念，而它的起源可以追溯得更早。

随着植物演替和群落生态学思想

参见：物种的时空分布 162~163页，顶级群落 172~173页，开放群落理论 174~175页，生物地理学 200~201页。

的发展，生物群区的概念逐渐形成。克莱门茨确定"群系"，即大型植物群落，这使他在1916年提出了"顶级群落"概念。同年，克莱门茨用"生物群区"（biome）一词描述生物群落，即在特定生境内所有相互作用的有机体的集合。

志同道合的思想家

克莱门茨并不是唯一研究生物群区的人。动物学家维克多·谢尔福德也在使用同样的思路进行研究。在接下来的20年里，他们在独立研究的同时开始进行交流，思考如何将植物和动物世界结合起来。克莱门茨和妻子，著名的植物学家伊迪斯·克莱门茨（Edith Clements）研究了美国科罗拉多州的植物群区。与此同时，谢尔福德出版了《美洲博物学家指南》

蒙古大草原与北美大草原属于同一草原生物群区。两者位于不同的大陆，但各自的气候、动物和植物把它们联系在一起。

植物地理分布主要由气候决定。

↓

每个气候区都有不同的繁盛的植物。

↓

每个地区的主要植物类型都与降水和温度模式密切相关。

↓

根据主要植被类型，可以把世界划分成与气候相关的几个自然大区，即生物群区。

濒危的珊瑚礁生物群区

珊瑚礁是资源丰富的栖息地，经常被视为海洋中的热带雨林，养育着四分之一的海洋物种，并为5亿人提供生计。然而，珊瑚礁现在正在面临灾难，有一半在过去30年里消失，一些专家估计90%的珊瑚礁将在未来30年内消失。这主要是由于受到海水酸化和全球气候变暖的威胁。随着海水变暖，珊瑚会排除共生在它们身上的藻类。于是，珊瑚停止生长并失去颜色，经常死于所谓的珊瑚白化事件。此类事件正在变得越来越频繁。同时，珊瑚也面临来自人类的威胁，包括餐饮业和观赏业的过度捕捞行为。更有甚者，为捕获观赏所需的鱼类，人们经常将氰化钠喷射到水中来毒晕鱼类，而这会杀死珊瑚。更残忍的是，经常有人使用炸药捕鱼，在杀死鱼的同时，也会炸毁珊瑚礁。

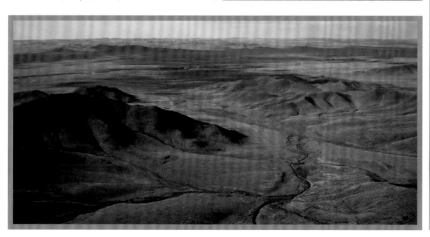

（*Naturalist's Guide to the Americas*，1926），第一次对美洲野生动物的主要地理概况进行了描述，其中还谈到了生物群，该书为后来生物群区的理论发现奠定了基础。

英国植物学家阿瑟·坦斯利在1935年提出了生态系统这个术语，此后观察生态群落相互作用的方法向前迈出了一大步。克莱门茨和谢尔福德在1939年发表合作成果，但并没有取得重大突破，只是对长期以来形成的观点进行整合。

植物学和动物学相互结合是至关重要的，只有通过观察自然界的整体及其动态的相互作用，科学家才能够得到一个完整的图景。因此，克莱门茨将生物群区描述为一个包含特定栖息地所有动植物物种的有机单元。尽管如此，生物群区还是主要由植被类型来定义。

生物群区最重要的特征是将世界各地的植被和植物群落联系在一起。例如，每个洲都有热带森林，但大多数树种只会出现在一个洲。因此，亚马孙森林与印尼森林中的树木完全不同，而两个地区都是热带雨林，因为两地的树木有共同特征。

自从《生物生态学》出版，科学家已经进行了无数尝试来定义生物群区，并采用了许多不同的分类方法。生物群区提供了一种理解全球植被模式的简单方法，仔细思考，会发现它们提供的是一种对生态系统进行分类的粗略方法。虽然并没有形成公认的分类系统，但人们似乎都同意对陆生生物群区和水生生物群区的划分。在大多数分类系统中存在许多相同的生物群区，如极地、苔原、雨林、草原和沙漠。但是，这些生物群区没有一致的定义，并存在明显差异。

气候因素

尽管很可能有其他非生物因素发挥作用，但在所有生物群区分类中，有一个共同因素是气候，气候决定某个地区最适宜生长的植物形态。同样，某种形态的植物只能生长在特定气候条件下。例如，落叶树的叶子宽大，利于吸收阳光，却不耐干燥和霜冻。反过来，针叶树的叶子很细，能经受严冬的考验。而沙漠里的灌木通常有非常瘦的叶子，甚至根本没有叶子，以抵抗干旱。在谈到热带雨林和温带草原时，生物地理学家一致承认气候

世界陆地生物群区

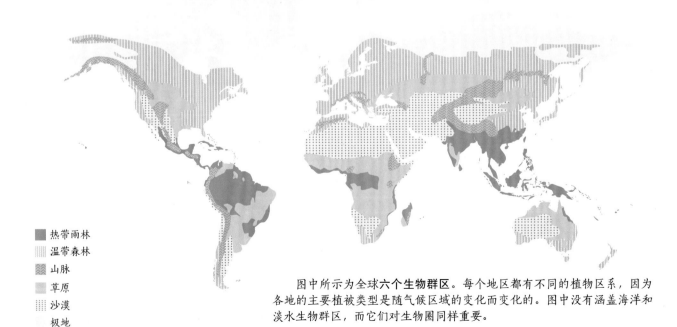

■ 热带雨林
▦ 温带森林
▨ 山脉
▧ 草原
▥ 沙漠
　 极地

图中所示为全球**六个生物群区**。每个地区都有不同的植物区系，因为各地的主要植被类型是随气候区域的变化而变化的。图中没有涵盖海洋和淡水生物群区，而它们对生物圈同样重要。

热带雨林是最热和最潮湿的生物群区，覆盖了地球表面积的7%。作为最古老的生物群区之一，它包含的动植物物种比其他生物群区多得多。

因素的关键作用。

很少有物种有相同的气候需求，即使在同一植物的变种之间，也存在差异。例如，北美东部的糖枫比近亲银枫更加耐寒。两种树的生长区域存在重叠，而糖枫在加拿大边境以北比较普遍，银枫则多生长在美国得克萨斯州南部。因为生物群区只能大致描述动植物分布，所以生态学家开始不断设计新的分类系统。

降水、温度和进化

被广泛接受的分类系统之一是由美国植物学家莱斯利·霍尔德里奇（Leslie Holdridge）在1947年提出的生命地带分类系统，1967年进行了更新。他的系统基于降水和温度是决定一个地区植被类型的两个主要因素这一假设，对每个地区的植被类型进行分类。他绘制了一幅包含38个生命地带的金字塔图。金字塔的三面代表三个轴：降水、温度和蒸散（取决于降水和温度）。利用这些坐标轴，他可以绘制能反映湿度、纬度和海拔的六边形区域。

美国植物生态学家罗伯特·惠特克设计了一个更简单的图，一个轴是平均气温，另一个轴是年降水量。根据这两个变量之间的相互关系，划分出9个生物群区，从热带雨林（最热、最潮湿）到苔原（最冷、最干燥）。

所有分类系统的基础均是趋同进化理论，该理论认为，物种在适应相似环境时，会发展出相似的特征。昆虫、鸟类、蝙蝠和翼龙都能长出翅膀来占据空间。因此，不同的生物群区被认为是根据相似环境发展出来的相应生活型。然而，近几十年来，人们已经注意到，物种在同一生物群区中可以以不同方式进化，而且不同的稳定生物群区可以在相同的气候中形成。虽然生物群区对理解生命至关重要，但它仍然是一个复杂而令人难以捉摸的概念。■

生态带

生物群区可以按照生物对特定地区的气候、土壤和地貌等条件的反映来进行分类。当然，还有其他方法，可以从生态角度对世界进行划分。1973年，匈牙利生物学家米克洛斯·乌德沃尔迪（Miklos Udvardy）提出了生物地理区域概念。这个分类系统后来在世界自然基金会的一项计划中得到进一步发展。英国广播公司后来用生态带代替生物地理区域这个术语。根据动植物的进化史，将地球划分为不同生物地理区域。大陆分裂和漂移方式意味着物种在世界不同的地方有不同的进化方式。因此，生态带要以识别这种多样性为基础。例如，大洋洲是一个单独的生态带，因为有袋动物可以在那里独立于世界上其他哺乳动物而进化。

短吻针鼹是澳大利亚生态带中分布最广的哺乳动物之一。它们生活在沙漠和热带雨林等生活环境中。

我们认为大自然的给予理所当然, 因为我们不需要买单

地球整体观

背景介绍

关键人物

尤金·奥德姆(1913—2002)

此前

1905 年 美国植物学家弗雷德里克·克莱门茨在《生态学研究方法》(*Research Methods in Ecology*)一书中说到植物群落及其如何随时间而变化。

1935 年 英国植物学家阿瑟·坦斯利提出"生态系统"一词来描述由植物、动物、土壤矿物、水和空气组成的群落。

此后

1954 年 尤金·奥德姆和霍华德·奥德姆在对太平洋上的恩威托克珊瑚环礁的研究中应用了整体生态学概念。

1974 年 英国环境学家詹姆斯·洛夫洛克和美国生物学家林恩·马古利斯首次发表盖娅假说。它指出地球是一个自我调节系统,维持着地球上生命必需的条件。

美国生态学家尤金·奥德姆(Eugene Odum)并不是第一个阐述生态学的科学家,但他在20世纪50年代提出生态学本身就应该是一门学科。在此之前,生态学被认为是生物学中相对微不足道的一个分支,与生物学、动物学和植物学的联系也较小。然而,奥德姆坚信,孤立研究植物和动物物种永远不可能全面了解生物世界。他认为研究物种在其群落中所处的位置和所起的作用要比简单了解它们是什么更为重要。在1953年出版的《生态学基础》(*The Fundamentals of Ecology*)一书中,

北威尔士波思马多格附近的**盐沼**形成了独立的生态系统,海水及其中的养分为野生动物提供了独特的栖息地。

参见: 生态系统 134~137页, 宏观生态学 185页, 人与自然和平共处 297页, 绿色运动 308~309页。

奥德姆首次提出研究这一学科的新方法, 这一研究方法彻底改变了生态学的研究目标及影响。

新生态学

地球的整体观是指将地球作为一个整体的有机体系统来研究。正如奥德姆所指出的, 无论生物个体还是生物群落, 如果不研究其所处的生态系统, 就不可能完全了解它。整体研究方法考察生态系统中每个成员扮演的所有角色, 以及该系统如何与其他系统相互作用。气候、地质、水和矿物质的输入, 以及人类活动都会影响并受到生物群落的影响。

奥德姆在20世纪50年代和60年代著书里说, 阐述他的观点, 那时人们越来越意识到人类活动对环境造成的破坏。他认为, 人的作用是"系统生态学"的关键部分。奥德姆希望人类成为自然界的盟友, 是自然界的合作者, 而不是操纵者。他的整体生态系统观促使1970年"地球日"的建立。

奥德姆新生态学的整体概念是将地球作为一个整体, 把物理学、化学、植物学、动物学、地质学和气象学结合在一起。生态学的基本假设是: 生态系统是自然的基本单位, 生物多样性增强了生态系统的生存能力, 并且整体大于部分之和。自然界中的系统, 无论是动物体内的细胞群, 还是整个动物, 或动物生活的生态系统, 都能够自我调节, 以维持稳定。

> 对生态学的描述不当, 而且生态学被分成了太多不相容的子领域。
>
> ——尤金·奥德姆

综合调查

对湖泊生态系统的整体研究会涉及对湖泊及其湖岸带等的所有输入和输出, 包括能源、水、矿物质和营养物质。另外, 还需要考虑各种人为输入。这项研究要考察植物和藻类等生产者, 以及食草动物和食肉动物等消费者在整体生态系统中扮演的角色。整体方法要考虑生态系统随时间发生的变化, 其中包括短期内有利于某些生物的条件可能导致未来失去生物多样性。例如, 鳟鱼在温暖、碱性的水域中生长良好, 如果这些水域变得过于温暖或呈现酸性, 它们将无法繁殖。

奥德姆的整体研究方法留下的遗产是, 比一系列单个物种研究方法更详细地解释了生态系统中正在发生的现象。■

世界地球日

在目睹1969年美国加利福尼亚州圣巴巴拉市发生的一起可怕的石油泄漏事件后, 参议员盖洛德·纳尔逊(Gaylord Nelson)决定在一次全国环境演讲会上集中讨论日益加剧的环境污染问题。他没想到自己发起的运动影响非常大。1970年4月22日, 2000万美国人参加了第一个地球日活动, 在全国各地举行集会、游行和演讲。由于这些活动的影响, 当年晚些时候, 《清洁空气法》《清洁水法》和《濒危物种法》立法。同年12月, 美国政府成立环境保护署。地球日成为一个全球性活动, 1990年有2亿人参加了141个国家举办的活动, 为1992年在巴西里约热内卢举行的联合国地球峰会奠定了基础。地球日的庆祝活动在每年4月举行, 每次都有不同的主题, 2018年的主题是终结塑料污染。

1970年4月22日, 美国宾夕法尼亚州费城市民与美国各地民众一起庆祝第一个地球日, 抗议环境污染和使用杀虫剂。

板块运动并不全是浩劫和破坏

大陆漂移与演化

背景介绍

关键人物

阿尔弗雷德·魏格纳

（1880－1930）

此前

1596 年 荷兰地理学家亚伯拉罕·奥特利乌斯观察到大西洋两岸似乎相互契合。

此后

1929 年 英国地质学家阿瑟·霍姆斯（Arthur Holmes）提出，地幔的对流是大陆漂移的原因。

1943 年 乔治·盖洛德·辛普森驳斥大陆漂移的化石证据，主张大陆是稳定的。

1962 年 美国地质学家哈里·赫斯（Harry Hess）解释海底如何通过上升的熔融岩浆向外扩散。

2015 年 澳大利亚科学家提出，海洋的快速进化时期是由板块构造之间的碰撞触发的。

地球表面一直在不停移动，速度非常缓慢，而且已经移动了 30 多亿年。岩石圈（地壳和上地幔）分为七大板块和许多小板块，统称为构造板块。在板块相遇的地方，运动类型决定了边界的性质。板块相互挤压，形成新的山脉。如果板块分开，新的地壳就会在海底形成。

16 世纪晚期，人们第一次略知大陆可能并非一直处于现在的位置。前往美洲的欧洲探险家从他们新绘制的地图上看到大西洋两岸的海岸线相互对应。后来，地质学家发现，北欧的加里东期形成的山脉和北美的阿巴拉契亚山脉之间存在明显的结构和地质相似性。

相似化石

横跨不同大陆却发现同样化石的例子有很多，这只能用大陆漂移来解释，因为相关的动物或植物无法跨越海洋。这其中包括 2 亿多年前生活在非洲南部和南美洲东部的一些类似哺乳动物的爬行动物犬颌兽。舌羊齿是木本植物的一

已经灭绝的爬行动物犬颌兽的头部化石是在非洲南部发现的。同样的化石也出现在南美洲——这是两块大陆曾经是一块大陆的证据。

个属，大约在 3 亿年前生长在南美洲、非洲南部、澳大利亚、印度和南极洲，而在其他地方没有发现。

德国地球物理学家阿尔弗雷德·魏格纳（Alfred Wegener）认为，这种化石模式表明这些大陆曾经是连接在一起的。1915 年，他发表这一观点，即所有大陆曾经是一个整体的陆块——泛大陆，后来才分裂并漂移开来。人们起初并不太接受魏格纳的理论。1943 年，美国最具影响力的古生物学家之一乔治·盖洛德·辛普森（George Gaylord Simpson）还曾对这一理论提出批评。他认为，化

参见： 岛屿生物地理学 144~149页，物种的时空分布 162~163页，宏观生态学 185页，集合种群 186~187页，生物地理学 200~201页。

板块边界三种类型

构造板块 可以以三种不同方式运动，从而形成不同类型的边界。当板块分裂时，会形成新的海洋地壳。当它们会聚时，会形成新的山脉。当板块相互滑动时，会形成具有转换断层的裂谷。

离散型　　汇聚型　　转换型

石记录可以解释为周期性洪水造成静止大陆之间连接与否。

证据和演化

尽管早期存在质疑，但板块构造理论的证据越来越多。一系列发现证实海底正在扩张，新的海洋地壳正在不断形成。我们现在知道，地壳板块的运动是由地下对流驱动的，对流将热量从地球深处带到地表。

魏格纳的理论一旦被接受，化石证据就变得更有意义了。大陆漂移对物种进化产生了深远影响。例如，如果一个大陆分裂，一个物种的两个分离种群将开始向完全不同的方向进化。反过来，如果两个大陆相撞，或在它们之间形成一座陆桥，不同物种开始混合和竞争，可能导致一些物种灭绝。■

> 使大陆产生位移的力量与产生巨大褶皱山脉的力量同样大。
>
> ——阿尔弗雷德·魏格纳

有袋类 被认为与大洋洲有紧密联系，但它们是在美洲进化的，至今仍然生活在那里。

美洲和大洋洲的有袋类

有袋类是一类非胎盘哺乳动物，它们的幼崽依靠母亲腹部的育儿袋里的乳头完成妊娠期的进食。现在的有袋类只分布在美洲（主要是南美洲和中美洲）和大洋洲，它们被认为是1亿年前在北美进化而来的。它们散布到南美洲，并多样化成许多不同的种。

后来，几支有袋类进入现在的南极，并继续向大洋洲南部进发。现在人们认为它们是通过横跨这三个地区的植被带蔓延的，这三个地区曾经都是被称为冈瓦纳古陆的南方大陆的一部分。

到5500万年前，大陆已经分开，有袋类开始以不同方式进化。科学家在西摩岛上发现了迄今为止已知的唯一南极有袋类化石，这些化石是在4000万年前的岩石中发现的，其与同期的南美有袋类相似，但不同于大洋洲的有袋类。

生物改变地球
以维护自身生存

盖娅假说

背景介绍

关键人物

詹姆斯·洛夫洛克（1919—）

此前

1935年 英国植物学家阿瑟·坦斯利用生态系统来描述一个相互依存的由生物和非生物构成的群落。

1953年 美国生态学家尤金·奥德姆在《生态学基础》一书中把地球描述为一个环环相扣的生态系统集合。

此后

1985年 美国举行关于盖娅假说的第一次会议，会议题目是"地球是一个有生命的有机体吗"。

2004年 詹姆斯·洛夫洛克表达了他对核能胜过可再生能源观点的支持。

19 79年，英国科学家詹姆斯·洛夫洛克（James Lovelock）在《盖娅：地球生命的新视野》（*Gaia: A New Look at Life on Earth*）一书中向广大读者介绍了盖娅假说。从本质上说，洛夫洛克认为地球是一个统一的自我调节的系统。在这个系统中，有生命的要素和无生命的要素共同作用，以使生命继续生存。这本书很快成为畅销书，并激发了人们对持续升温的绿色运动的兴趣，为环保主义提供了一个新的思路。

洛夫洛克的想法并非没有先例，早在20世纪20年代，俄罗斯科学家弗拉基米尔·沃尔纳德斯基

参见: 生态系统 134~137页, 稳定进化状态 154~155页, 生物圈 204~205页,
地球整体观 210~211页。

> 进化是需要生命和物质环境这两个舞伴密切配合的一支舞蹈。舞蹈的灵魂就是盖娅有机体。
>
> ——詹姆斯·洛夫洛克

提出了生物圈概念, 即地球上容纳所有生物的区域。他认为, 生物圈可以被视为有机和无机要素相互作用的单一实体。随后, 英国植物学家阿瑟·坦斯利在20世纪30年代, 进一步提出生态系统概念, 生态系统可以将自身调节到一种平衡状态。

坦斯利的理论是洛夫洛克假说的核心: 所有生物体及其所处环境构成了一个复杂的超级生态系统, 它调节和平衡着地球上维持生命的条件。盖娅假说最早是由洛夫洛克在20世纪60年代末提出的, 但直到他与美国微生物学家林恩·马古利斯 (Lynn Margulis) 讨论后才得到进一步发展。他们在1974年发表的一篇论文中阐述

希腊大地女神盖娅的石刻浮雕。洛夫洛克为他的假说选择了非科学的名字在最初阻碍了许多科学家接受这一假说。

了这一假说, 在作家威廉·戈尔丁 (William Golding) 的建议下, 以古希腊大地女神盖娅 (Gaia) 的名字命名。洛夫洛克和马古利斯把地球描绘成一个由生物圈 (有生命的有机体)、岩石圈 (地球的表层)、水圈 (地球表面的水体) 和大气圈 (地球周围的气体) 组成的有生命的有机体。这些圈层及其复杂的相互作用维持了地球的 "内稳态" (homeostasis)。这一概念是从生理学中借用的, 生理学中的 "内稳态" 是指机体为保持自身最佳功能而能够维持内部条件和温度、化学成分等稳定。内稳态是由自我调节机制控制的, 这些机制会对这些条件的变化做出反应。洛夫洛克对 "内稳态" 这一术语的使用强化了地球或盖娅是一个有生命实体的概念。

詹姆斯·洛夫洛克

洛夫洛克生于1919年, 受儒勒·凡尔纳和H. G. 威尔斯等作家的启发, 从小就对科学和发明着迷。1941年, 他从曼彻斯特大学化学专业毕业。在第二次世界大战期间, 他出于良心拒服兵役, 在伦敦国家医学研究所工作。1948年, 他获得医学博士学位, 随后获得洛克菲勒奖学金赴美国。1955年回英国后, 他将注意力转向一些发明, 尤其是电子捕获探测器, 可以探测气体样本中的微量原子。20世纪六七十年代, 他分别在得克萨斯州休斯敦和英格兰雷丁担任客座教授, 在此期间提出盖娅假说。2003年, 英国女王伊丽莎白二世授予洛夫洛克荣誉勋章。

主要作品

1988年 《盖娅时代》 (*The Ages of Gaia*)

1991年 《为盖娅疗伤: 行星地球的实用医学》 (*Gaia: The Practical Science of Planetary Medicine*)

2009年 《正在消失的盖娅: 最后的警告》 (*The Vanishing Face of Gaia: A Final Warning*)

雏菊世界模型

最初，科学家们对盖娅假说提出批评，因为该假说认为生物圈中的生态系统可以共同影响地球环境。于是，为增强盖娅假说的可信度，詹姆斯·洛夫洛克和英国同事安德鲁·沃森在 1983 年提出了一个简单的解释模型——雏菊世界模型。

雏菊世界是一个绕恒星公转的贫瘠行星。随着光强增加，黑色雏菊开始生长。它们吸收热量，使行星表面变暖，这时白色雏菊能够繁盛。反过来，白色雏菊反射恒星能量，从而使行星表面降温。这两种雏菊达到一个平衡点，通过这个平衡点调节行星温度。当恒星光强进一步增加时，能够反射光并保持凉爽的白色雏菊，取代了黑色雏菊。最后，恒星辐射增加到连白色雏菊都因反射降温而无法存活的程度。

协调平衡

盖娅理论中暗示的神秘主义与当时的新时代思想一致，这有助于普及这一观点，同时招来科学界权威的批驳。然而，在地球"女神"隐喻的背后是一个严肃和基于科学的假设，即生物及其物理环境（包括氧、碳、氮和硫的循环）的相互作用形成一个稳定环境的动态系统。

根据洛夫洛克的观点，盖娅是由反馈环控制的，反馈环是对系

在**盖娅假说**中，地球是唯一已知的有生命存在的行星，它本身就是一个超级有机体，海洋、陆地和大气共同维持着适宜的生存条件。

统中的干扰进行补偿，使系统恢复平衡的制衡机制。地球上的生命要依赖环境中的水、温度、氧气、酸度和盐度等变量的某种特定平衡才能更好地生存。当这些因素趋于恒定时，地球会处在一个比较稳定的状态，即"内稳态"。但是，如果这种平衡被打破，地球会促进那些能够恢复这种平衡的生物生长，而抑制那些破坏这种平衡的生物。地球系统的有机组成部分不仅会对环境变化做出反应，而且还会对其进行控制和调节。

这些反馈机制在一个复杂的相互联系的自然循环的全球网络中运行，以使其中的生物体保持最佳状态。它们可以抵抗一定程度上的

变化，但足够大的干扰可以把系统推到一个临界点。在那里，随着组成部分的平衡改变，系统可能进入一个完全不同的平衡状态。洛夫洛克认为，这样的转折点大约发生在 25 亿年前的太古宙末期，地球上开始出现氧气。那时，地球是一个炎热的呈酸性的地方，产甲烷菌是

假如发生核战争，人类会被消灭，地球可能会松一口气。

——詹姆斯·洛夫洛克

唯一能够生存的生命。能够进行光合作用的细菌随后发生进化，从而创造了有利于更复杂生命形式的大气。最终，今天地球上存在的平衡条件得以建立起来。

拯救地球

随着洛夫洛克对盖娅假说的阐述，科学家们逐渐开始接受这一假说。20 世纪 80 年代，一系列盖娅会议吸引了来自不同学科的许多科学家，一起探索调节地球环境以实现"内稳态"的机制。后来，人们更多关注这一假说对气候变化的影响。事实已经证明，人类活动会干扰盖娅系统，但现在的问题是它的调节机制能否承受进一步的压力，还是地球正面临另一个不可逆转的临界点。

环保主义者是最早接受盖娅假说的人，他们担心人类可能导致地球平衡发生灾难性变化。因此，环保人士的口号变成了"拯救地球"，但这不符合盖娅的基本理念。尽管自然栖息地被破坏、化石燃料过度燃烧、生物多样性枯竭和其他人为威胁可能对包括人类在内的许多物种产生严重后果，但根据盖娅假说，地球将会生存下来，并找到新的平衡。■

核电站虽然可以产生大量清洁能源，但也会产生有毒废料。詹姆斯·洛夫洛克认为，地球能够吸收并克服这些废料的放射性影响。

藻类反馈环

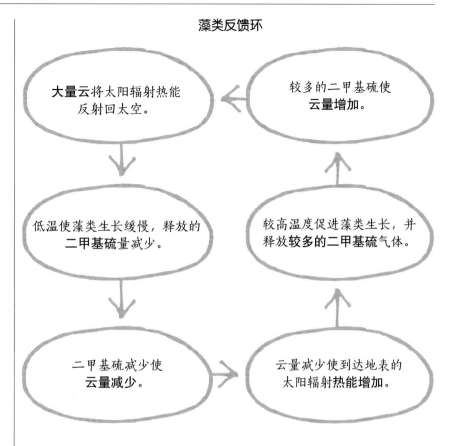

在**盖娅假说**中，反馈机制使地球保持平衡。一个例子是一种被称为颗石藻的海藻对控制地球气候的影响。当藻类死亡时，会释放出利于云形成的气体，二甲基硫化物（DMS）。

6500万年前，地球上一半的生物消失

物种大灭绝

背景介绍

关键人物

路易斯·阿尔瓦雷茨

（1911—1988）

此前

1953 年 美国地质学家艾伦·O. 凯利（Allan O. Kelly）和弗兰克·达希尔（Frank Dachille）在《目标：地球》（*Target: Earth*）一书中提出小行星撞击可能导致恐龙灭绝。

此后

1991 年 位于墨西哥东南部尤卡坦半岛北部的希克苏鲁伯陨石坑被认为是白垩纪末期一颗巨大的彗星或小行星撞击的地点。

2010 年 一个国际科学家小组认为希克苏鲁伯撞击导致了大约 6500 万年前白垩纪-古近纪物种大灭绝的观点。

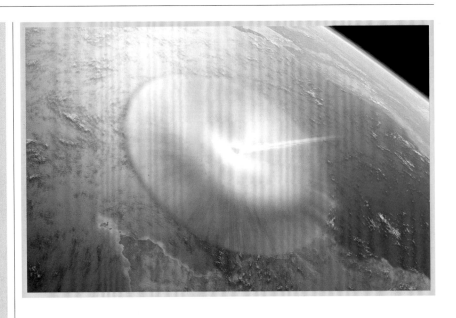

在地球的历史上曾有过五个时期，大量的多细胞生物在相对较短的时间内异常死亡。这种大灭绝是指多细胞动植物的消失，因为多细胞动植物的化石比单细胞生物的更容易发现。

正常灭绝率（背景灭绝率）是每年消失 1~5 个物种。例如，化石记录显示，每 100 万年就有 2~5 科海洋动物灭绝。大灭绝时期的

白垩纪末期撞击地球的小行星以 64000 千米/小时的速度移动。它的威力是广岛原子弹的 10 亿倍。

灭绝率远超正常值，而且物种大灭绝总是标志着两个地质时期的分界线。科学家们在一些因素上达成了一致，但并不了解造成这些事件的所有因素。火山活动增加、大气和海洋成分变化、气候变化、海平面

从 4.99 亿年前至今的物种大灭绝事件

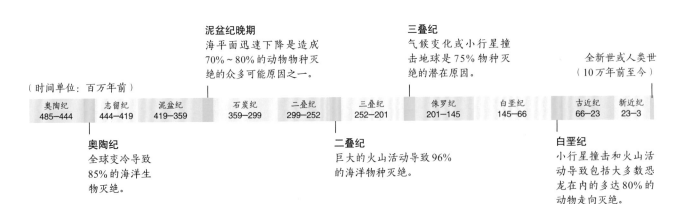

泥盆纪晚期
海平面迅速下降是造成 70%~80% 的动物物种灭绝的众多可能原因之一。

三叠纪
气候变化或小行星撞击地球是 75% 物种灭绝的潜在原因。

全新世或人类世
（10 万年前至今）

（时间单位：百万年前）

| 奥陶纪 485–444 | 志留纪 444–419 | 泥盆纪 419–359 | 石炭纪 359–299 | 二叠纪 299–252 | 三叠纪 252–201 | 侏罗纪 201–145 | 白垩纪 145–66 | 古近纪 66–23 | 新近纪 23–3 |

奥陶纪
全球变冷导致 85% 的海洋生物灭绝。

二叠纪
巨大的火山活动导致 96% 的海洋物种灭绝。

白垩纪
小行星撞击和火山活动导致包括大多数恐龙在内的多达 80% 的动物走向灭绝。

参见: 古冰期 198~199页, 大陆漂移与演化 212~213页, 盖娅假说 214~217页, 海洋酸化 281页。

> 所有地质历史都充满物种从开始到结束的过程——它们的第一天和最后一天。
>
> ——休·米勒
> （苏格兰地质学家）

上升和下降、大陆构造运动和小行星撞击都可能导致物种大灭绝事件发生。一些科学家认为，我们现在已经进入了第六次物种大灭绝时期，这一次是人类活动的结果。

恐龙末日

科学家最了解的物种大灭绝也是最近一次，大约发生在6600万年前。地质学家将其称为K-Pg灭绝事件，它发生在白垩纪末期和古近纪初期。20世纪50年代，科学家第一次提出大灭绝可能源于外来星体，但直到欧洲和北美的两项发现才引起了人们的重视。

1980年，包括物理学家路易斯·阿尔瓦雷茨（Luis Alvarez）和他的儿子地质学家沃尔特·阿尔瓦雷茨（Walter Alvarez）在内的一组科学家在意大利发现了白垩纪和古近纪沉积之间的黏土层。对黏土的研究表明，黏土中含有铱，这种矿物质在地球上很少见，但在小

行星上很常见。这一发现引出了阿尔瓦雷茨假说，认为白垩纪末期的物种灭绝是由灾难性的小行星撞击造成的。这次撞击的地点仍然是个谜，直到11年后，人们才在墨西哥的尤卡坦半岛上发现了一个直径170千米的巨大陨石坑，这个陨石坑的年代可以追溯到恐龙灭绝时期。

科学家的共识是，有一颗巨大的彗星或小行星撞击地球，产生了强烈辐射，造成超过100米高的毁灭性的特大海啸。辐射会杀死附近动物，而大海啸会摧毁墨西哥湾沿岸地区。然而，主要的灾害将是渐进发生的。大量烟灰和灰尘散布到大气中，遮蔽阳光达数年之久。植物和珊瑚礁中的藻类因为不能进行光合作用而死亡，从而破坏了全球的食物链。撞击还会向大气中释放硫酸，从而产生酸雨，使海洋酸化，杀死海洋生物。大约在同一时

> 我们有非常有力的物理和化学证据证明物种灭绝与这次撞击相吻合，精确度达到1厘米甚至更高。
>
> ——沃尔特·阿尔瓦雷茨

路易斯·阿尔瓦雷茨

路易斯·阿尔瓦雷茨是20世纪最伟大的物理学家之一，1911年生于旧金山。他在1936年毕业于芝加哥大学，后在加州大学伯克利分校的辐射实验室工作。他协助开发了核反应堆，并在"二战"期间帮助开发了核武器。

第二次世界大战后，阿尔瓦雷茨开发了液氢气泡室，用来发现新的亚原子粒子，为此在1968年被授予诺贝尔物理学奖。后来，他提供计算结果，以支持阿尔瓦雷茨小行星撞击造成物种大灭绝的假说。他在1988年去世。

主要作品

1980年《白垩纪第三纪灭绝的外星原因》（*Extraterrestrial Cause for the Cretaceous-Tertiary Extinction*）

1985年《氢气泡室和奇怪共振》（*The Hydrogen Bubble Chamber and the Strange Resonances*）

1987年《阿尔瓦雷茨：物理学家的冒险》（*Alvarez: Adventures of a Physicist*）

虽然许多**会飞的恐龙**在白垩纪末期的 K-Pg 大灭绝中幸存下来，但所有翼龙都灭绝了，结束了它们在地球上长达 1.62 亿年的生存。

间，大量火山喷出的熔岩淹没了印度南部 50 万平方千米的土地，形成了德干高原，进一步改变了大气和气候。

K-Pg 事件最出名的是所有非飞行恐龙的灭绝。它还导致几乎所有体重超过 25 千克的四足动物死亡。唯一的例外是鳄鱼，它们存活下来可能是因为它们是冷血动物，能够在没有食物的情况下存活很长时间。恐龙是恒温动物，新陈代谢快，需要规律饮食。许多植物物种因为不能进行光合作用而死亡，使食草恐龙几乎没有植被可吃，而捕食性物种则因为缺乏猎物而挨饿。相反，不依赖光合作用的真菌则大量繁殖。

在海洋中，作为主要食物来源的浮游植物也因为依赖光合作用而灭绝。以浮游植物为食的生物随后也面临灭绝。灭绝的动物包括箭石和菊石等头足类动物，以及被称为沧龙和鳍龙类的海洋爬行动物。

海洋毁灭

最早的物种大灭绝，也是第二大灾难性灭绝发生在大约 4.44 亿年前地球温度急剧下降的奥陶纪末期。那时，地球上大多数生物生活在海洋里。当超大陆冈瓦纳古陆慢慢漂移到南极时，一个巨大的冰帽形成了，降低了全球温度。地球上的大部分水变成冰，降低了海平面，减少了被海洋覆盖的地表面积。

因此，生活在大陆架浅水域的海洋生物的灭绝率特别高。在至少两个相隔几十万年的灭绝高峰期，近 85% 的海洋物种灭绝，包括腕足动物、苔藓动物、三叶虫、笔石和棘皮动物。

缓慢灭绝

到大约 3.59 亿年前的泥盆纪晚期，大陆已经成为植物和昆虫的栖息地，大量生物礁在海洋中繁盛。欧美大陆和冈瓦纳古陆正在合并成泛大陆，这是最后一块超级大陆。在这一时期，一系列的物种灭绝事件可能多达 7 次，时间跨度比任何其他大规模灭绝事件都要长，可能长达 2500 万年。

物种灭绝可能有很多原因，包括海洋中的氧气减少、海平面下

目前的物种灭绝有独特原因：不是小行星（撞击）或大规模火山喷发，而是"某个杂草物种所致"。
——伊丽莎白·科尔伯特
（美国广播记者）

降、大气变化、植物蔓延造成的水流失，以及小行星撞击地球。大多数生物生活在海洋中，浅海受到的影响最严重，许多造礁生物、腕足动物、三叶虫，以及最后一种笔石相继死亡。大约75%的海洋物种已经灭绝，而珊瑚大规模自我恢复需要1亿年时间。

大灭绝

有史以来最严重的物种大灭绝发生在2.52亿年前的二叠纪末期。这场大灭绝导致96%的海洋物种和70%的陆生脊椎动物灭绝。昆虫经历了其历史上唯一的大规模灭绝事件，而最后灭绝的物种是三叶虫，几百万年来其数量一直在减少，最终从化石记录中完全消失。

造成物种大规模灭绝的潜在原因包括小行星撞击和海洋缺氧。这次灭绝同时也是地球历史上最大的火山活动时期之一。火山喷发持续了近100万年，玄武岩熔岩淹没了200多万平方千米的古西伯利亚。由此产生的温室气体改变了地

> 模拟的未来物种灭绝速率预计应是地球历史地质背景速率的1万倍。
>
> ——罗恩·瓦格勒
> （美国学者）

球大气层，可能导致全球严重变暖，并致使物种灭绝。

阶段性灭绝

今天所有的生命都是三叠纪初期留下来的少数物种的后代。在三叠纪末期，距今约2.1亿年前的持续1800万年间，至少有已知生活在当时的一半的动物物种遭遇了两三个灭绝阶段。主要原因可能是更多的玄武岩喷发和小行星撞击造

成的气候变化。海洋中的许多爬行动物、头足类动物、软体动物和造礁生物，陆地上大多数爬行类初龙和许多大型两栖动物都在这一时期灭绝了。特别是初龙消失，开辟了恐龙可以填补的生态位。■

第六次灭绝

一些生态学家估计，目前动植物灭绝速度是自然背景灭绝速度的100~1000倍，其中大部分增速是直接或间接由人类活动造成的。他们认为，如果以目前的地质时代命名，这应该是世界已经处于全新世灭绝中的证据。自18世纪工业革命以来，许多动植物物种已经消失。这些损失是由栖息地变化、气候变化、过度捕捞、过度狩猎、海洋酸化、空气污染，以及引入破坏食物链的动物造成的。美国生态学家，"生物多样性之父"威尔逊认为，如果物种继续以目前的速度灭绝，到2100年将有一半高等生命形式灭绝。英裔美国生物学家、现代物种灭绝研究专家斯图尔特·皮姆（Stuart Pimm）则更为谨慎，他声称我们正处于物种灭绝事件发生的边缘，仍然可以采取行动阻止其发生。

苏丹最后一只雄性北方白犀牛在2018年死亡（仅余两只雌性）。偷猎活动已使该物种濒临灭绝。

燃烧所有燃料将引发失控的温室效应

环境反馈环

背景介绍

关键人物

詹姆斯·汉森（1941－）

此前

1875 年 苏格兰科学家詹姆斯·克罗尔（James Croll）在《气候与变化》（*Climate and Change*）一书中描述冰川融化对气候变暖的反馈效应。

1965 年 加拿大生物学家查尔斯·克雷布斯（Charles Krebs）发现"栅栏效应"，表明田鼠种群受到保护而免于狐狸攻击后，先是快速增长，然后崩溃。

1969 年 美国行星科学家安德鲁·英格索尔（Andrew Ingersoll）强调失控的温室效应导致金星升温。

此后

2018 年 阿拉斯加的生态学家预测，以前冻结的湖泊加速释放甲烷将加剧全球变暖。

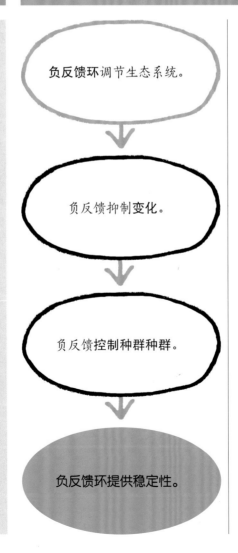

负反馈环调节生态系统。

↓

负反馈抑制**变化**。

↓

负反馈**控制种群种群**。

↓

负反馈环提供稳定性。

生态系统的各个部分都是相互依存的。任何物种或栖息地发生变化都会反馈到系统中，并影响整个系统。换句话说，反馈会在一个环中传递。

在某些情况下，这种变化是由循环来控制的。例如，如果蚜虫突然大量繁殖，它们会为瓢虫提供更多食物，导致瓢虫数量增加。但是，随着更多的瓢虫捕食蚜虫，蚜虫的数量再次下降。这是负反馈，有助于维持循环现状。

在另一种情况下，反馈可以加速系统变化。例如，灌木可能开始取代新拓殖土地上的草，因灌木遮光，减缓草的生长。这样灌木就得到更多的水和营养，因此它们的繁荣是以牺牲草为代价的。这是一种正反馈，在本质上是不稳定的。

关于反馈环的想法最早是在 20 世纪初发展起来的，反馈环是基于美国的阿尔弗雷德·J. 洛特卡和意大利的维多·沃尔泰拉两位数学家各自设计的捕食者与猎物之间相互作用的方程。他们的方程表明，当捕食者数量减少时，猎物数

参见: 捕食者-猎物方程 44~49页, 竞争排斥原理 52~53页, 全球变暖 202~203页, 阻止气候变化 316~321页。

量会迅速增加; 而当猎物数量减少时, 捕食者会因饥饿而数量减少。结果就会使捕食者和猎物数量不断下降和上升, 形成一个循环。

平衡系统

由洛特卡和沃尔泰拉确定的捕食者-猎物循环主要研究了在单一物种捕食者和猎物之间的相互作用。自从他们的研究开始以来, 反馈环理论已经发展成能够涵盖整个生态系统的理论。生态学家现在认为, 负反馈环对所有生态系统的功能至关重要, 它使生态系统的每一部分都自然地保持在可持续性范围内。种群永远不可能长时间增长, 超出支持它们的系统其他部分的承载力。因此, 负反馈会调节生态系统并使其保持稳定。

正反馈会干扰平衡的生态系统。如果资源过剩, 或者缺乏捕食者, 种群就可以自由增长。种群越大, 出生率越高, 种群增长

在一个健康的生态系统中, 猎物 (如兔子) 和捕食者 (如狐狸) 之间数量的反复波动是负反馈环平衡系统的一个例子。

就越快。

同样, 正反馈可以导致种群加速收缩。举例来说, 如果潟湖的鱼类数量下降, 当地人可能求助于进口罐装食品。倾倒这些易拉罐的垃圾场产生的污染物会渗入潟湖, 杀死鱼类, 并使当地人进口更多的造成污染的罐装食品。然而, 正反馈有时也会引发一系列事件, 形成良性循环。例如, 如果灌木被种植在不稳定的土壤中, 其根可以稳定土壤, 让灌木和土壤二者能够良性发展。■

反馈环和气候变化

近年来, 气候变暖加速或减速的趋势使反馈环概念在气候科学中崭露头角。1988年, 气候学家詹姆斯·汉森 (James Hansen) 在美国国会听证会上就人类活动导致全球气温上升做了演讲。他在2009年出版的《儿孙们的风暴》 (*Storms of My Grandchildren*) 一书中描述了失控的温室效应, 认为继续使用化石燃料可能会对地球气候产生一系列灾难性的正反馈作用。

极地冰帽融化, 使新暴露出的土地和水吸收曾经反射回大气的热量, 从而形成一个变暖的反馈循环。西伯利亚永久冻土融化是另一个变暖循环。随着温度升高, 永久冻土融化, 大量温室气体甲烷被释放到大气中, 加速全球变暖进程。

1980年以来, 格陵兰等北极地区的夏季冰量减少了72%。大气变暖和海平面上升是正反馈环的部分原因。

THE HUMAN
FACTOR

人为因素

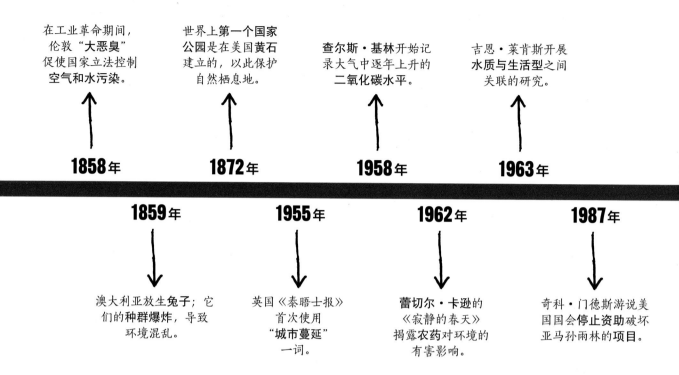

在工业革命期间，伦敦"大恶臭"促使国家立法控制空气和水污染。

1858年

世界上第一个国家公园是在美国黄石建立的，以此保护自然栖息地。

1872年

查尔斯·基林开始记录大气中逐年上升的二氧化碳水平。

1958年

吉恩·莱肯斯开展水质与生活型之间关联的研究。

1963年

1859年

澳大利亚放生兔子；它们的种群爆炸，导致环境混乱。

1955年

英国《泰晤士报》首次使用"城市蔓延"一词。

1962年

蕾切尔·卡逊的《寂静的春天》揭露农药对环境的有害影响。

1987年

奇科·门德斯游说美国国会停止资助破坏亚马孙雨林的项目。

数百万伦敦居民产生的污水未经处理倾倒入泰晤士河中长达几十年，直到1858年污水的恶臭气味变得异常严重，引发民众要求采取行动。当新的污水收集系统、泵站和污水处理厂彻底改变城市卫生条件时，霍乱和其他细菌感染引起的死亡和疾病数量急剧下降，河流变得干净多了。

人类活动一直在改变环境，18世纪中叶，随着工业革命从英国蔓延到欧洲、北美洲和其他地区，其影响急剧增加。它的负面影响可大致分为污染和对资源与栖息地的破坏。

苏格兰裔美国环保主义者约翰·缪尔是最早将生物栖息地退化和破坏确定为问题的人之一。1890年，他为加利福尼亚州约塞米蒂山谷争取得到保护。受保护的自然环境不断增加，但在20世纪，人类发展导致的破坏性压力却变得越来越大。

树木与气候变化

森林遭受的毁坏尤其严重，主要是由于建设和燃料所需对木材的双重需求，以及为农业和发展而开垦土地。据估计，每年有14万平方千米热带雨林被开垦，而热带雨林中生物多样性最为丰富。科学家永远不会知道有多少栖息于森林的物种在被"发现"前就已经灭绝了。

砍伐森林也会导致全球气候变化。树木在进行光合作用时，吸收二氧化碳，并释放氧气。森林减少意味着更多的二氧化碳留在大气中，加剧温室效应和全球变暖。

碳和其他温室气体是由燃烧化石燃料的汽车和工厂排放的。自1958年以来，美国科学家查尔斯·基林对大气中的二氧化碳的测量表明，二氧化碳排放量正在以前所未有的速度增长。虽然少数科学家坚持认为人类活动不是气候变暖的原因，但气候变化确实使大陆变暖了。春天树木提前萌芽和开花，这样的结果可能对一些生物有益，但对其他生物可能是灾难性的。

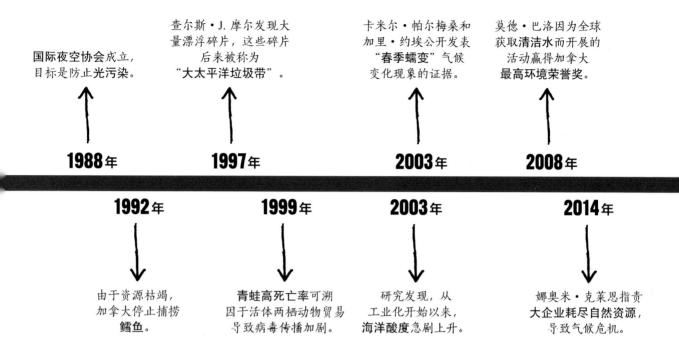

国际夜空协会成立，目标是防止光污染。

1988年

查尔斯·J.摩尔发现大量漂浮碎片，这些碎片后来被称为"大太平洋垃圾带"。

1997年

卡米尔·帕尔梅桑和加里·约埃公开发表"春季蠕变"气候变化现象的证据。

2003年

莫德·巴洛因为全球获取清洁水而开展的活动赢得加拿大最高环境荣誉奖。

2008年

1992年

由于资源枯竭，加拿大停止捕捞**鳕鱼**。

1999年

青蛙高死亡率可溯因于活体两栖动物贸易导致病毒传播加剧。

2003年

研究发现，从工业化开始以来，**海洋酸度**急剧上升。

2014年

娜奥米·克莱恩指责**大企业耗尽自然资源**，导致气候危机。

对有毒物质的控制

事实证明，为提高作物产量而使用DDT等杀虫剂引发了环境灾难：它们在消灭有害的无脊椎动物的同时也消灭了有益的生物，导致人类患上癌症，并使猛禽不育。蕾切尔·卡逊在1962年出版的《寂静的春天》一书中强调了许多这类问题，引发人们对使用农药的反思。其他一些生态学家的工作已经促使各国立法来控制对农药的使用，以减少对环境的影响。

当吉恩·莱肯斯和他的团队调查为什么以前鱼类丰富的湖泊会"死亡"时，发现罪魁祸首是由工厂烟囱排放的二氧化硫和氮氧化物而形成的酸雨。因此，美国和欧洲通过了控制排放法案。美国化学家弗兰克·罗兰和马里奥·莫利纳证明氯氟烃（CFCs）能够破坏大气臭氧层，1989年全世界禁止使用氯氟烃。

光污染会影响海滩筑巢的海龟、蝙蝠和候鸟，事实证明，光污染更加难以控制。国际夜空协会站在环保照明运动的前列。

资源减少

1968年，美国生态学家加勒特·哈丁曾经警告世人——人口过剩将会引发危险。当时全球人口为36亿人。2018年，全球人口增长到76亿人，虽然增长率已经大幅放缓，但对自然资源依然不断增长的消耗，导致木材、化石燃料、矿物甚至某些鱼类资源枯竭。1992年，纽芬兰附近曾经繁荣的鳕鱼捕捞业崩溃，凸显我们的食物链在过度捕捞下的脆弱性。于是，加拿大政府无限期暂停在大浅滩捕鱼。

清洁水是社会最基本的需求之一，但差不多10亿人没有清洁水源。在一些发展中地区，气候变化和人口增长的致命组合可能会使这一数字不断增长。■

环境污染是
不治之症

污染

背景介绍

关键人物
艾玛·约翰斯顿（1973—）

此前

1272年 英国国王爱德华一世禁止在伦敦燃烧煤，因为会产生烟雾。

19世纪 英国工业革命期间的燃煤阻碍儿童生长发育，提高了呼吸系统疾病的死亡率。

此后

1956年 英国通过《清洁空气法》，终结了困扰英国各大城市的浓重烟雾。

1963年 美国通过《清洁空气法》。

1972年 《清洁水法》在美国得到完全批准。

1984年 位于印度博帕尔的联合碳化物公司工厂发生有毒气体泄漏，导致数千人死亡，受伤的人更多。

污染对健康的影响

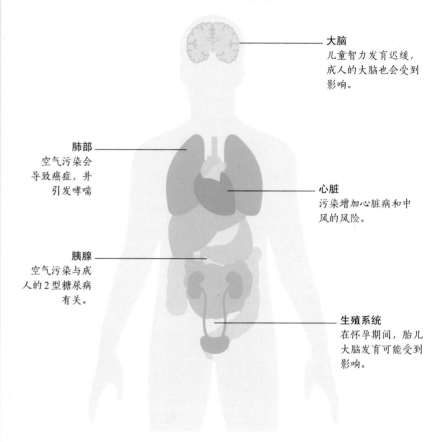

大脑
儿童智力发育迟缓，成人的大脑也会受到影响。

肺部
空气污染会导致癌症，并引发哮喘

心脏
污染增加心脏病和中风的风险。

胰腺
空气污染与成人的2型糖尿病有关。

生殖系统
在怀孕期间，胎儿大脑发育可能受到影响。

污染的空气和水导致每年数百万人死亡，此图描述了污染的空气和水对人体不同器官造成的具体损害。

污染有多种形式，从空气中的毒素到海底垃圾。任何破坏大气、海洋、水或土壤质量的物质或能量形式都是污染物。它们可能是化学物质或生物污染物（包括人类排泄物）、工业产品（如塑料）或噪声、光或热。污染对各种生命的影响是深远的，可能扩散到千里之外。污染可以通过食物链扩散，并通过空气和水传送，影响所有生命体。澳大利亚海洋生物学家艾玛·约翰斯顿（Emma Johnston）

发现，塑料等污染物可能促进外来物种入侵。污染对人类健康也有直接影响，据估计，2015年，被污染的空气、水和土壤导致900万人非自然死亡，占死亡人数的六分之一。

历代污染

人为污染有漫长的历史。追溯到几千年前，洞穴壁上的烟尘是最早的污染，这表明早期人类使用的火产生了空气污染。对格陵兰

岛有2500年历史的冰芯的分析表明，数千英里外的罗马帝国中心的铜冶炼造成了空气污染。然而，这种影响是小规模的。随着欧洲工业革命的开始，空气和水污染变得严重。工厂烟囱将烟雾排放到空气中，有毒化学物质被倾倒进河流中。城市迅速扩张，却缺乏卫生设施。伦敦泰晤士河既是生活用水的水源，也是未经处理的人类污水的出口。伦敦疾病蔓延，河鱼死亡，空气的气味有时令人难以忍受。

参见: 农药残留 242~247页, 酸雨 248~249页, 光污染 252~253页, 塑料荒地 84~285页, 淡水危机 286~291页, 废物处理 330~331页。

> 空气污染控制系统仍然落后于经济发展。
>
> ——鲍勃·奥基夫

其他中心城市的情况也好不到哪里去。例如, 柏林在1870年也记录了类似的不卫生情况。

1881年, 美国芝加哥和辛辛

在世界空气污染最严重的20个城市中, 印度占14个。2017年11月的德里, 浓雾使空气质量下降到相当于每天吸50支香烟的水平。

那提两个城市最早制定法律, 以保护清洁空气。北美城市的300多万匹拉车马产生的粪便渗入水源, 致病的苍蝇导致瘟疫。随着马匹逐渐被内燃机取代, 轿车和卡车产生的烟雾成为主要问题。1952年的伦敦大烟雾, 因其污浊的颜色被称为黄色浓雾, 造成4000多人死亡。

空气污染

有害物质, 如气体或称为气溶胶的微小颗粒, 被释放到大气中, 导致空气污染。空气污染有自然来源, 如火山或野火, 但主要是由人类活动造成的。主要的空气污染物来源有燃烧化石燃料的发电站、工厂、机动车尾气, 取暖和烹饪燃烧的木头和粪便, 以及牛、垃圾填埋场和农田肥料产生的甲烷。空气质量下降会危害人类健康和农作物的生长, 一些化石燃料排放导

大恶臭

19世纪初, 伦敦泰晤士河是世界上污染最严重的河流。工业污染和人类污水从数以千计的排水沟汇入其中。人们充满抱怨, 政府却无所作为。1855年, 科学家迈克尔·法拉第 (Michael Faraday) 猛烈抨击政客不作为, 但无济于事。三年后, 1858年炎热的夏天导致"大恶臭", 毗邻泰晤士河的议会大厦受到严重影响。于是, 在短短18天内, 议会就颁布了相关法案。

土木工程师约瑟夫·巴瑟杰特 (Joseph Bazalgette) 受委托设计新的污水处理系统。六个污水截流管共160千米长, 将污水导入新的污水处理厂。伦敦大部分地区在十年内都连接到新的污水处理系统中。150多年后的今天, 大部分污水处理系统仍在运行。

这幅漫画在1858年7月发表在《笨拙》(*Punch*) 杂志上, 题为《寂静的河道人》。当时人们把霍乱的传播归因于河水的臭味。

> 污染是全球面临的最大问题之一，未来会给社会带来沉重的代价。
> ——玛丽亚·内拉
> （世界卫生组织）

致酸雨，酸雨毁坏森林并导致湖泊中的鱼类大量死亡。

世界卫生组织（WHO）估计，全世界每十个人中就有九个人呼吸受污染的空气，引发疾病并导致过敏。此外，有些气溶胶，依据

虎鲸可能因为 PCB（多氯联苯）污染物而灭绝。这种化合物在食物链顶端更为富集，而虎鲸正是顶级捕食者。

粒子的组成和颜色不同，会在一定程度上阻碍太阳辐射到达地球表面，从而对地球产生降温效果。因此，减少空气污染可能使全球变暖更为严重。

河流，湖泊和海洋

地表水、地下水和海洋都受到工业有毒化学物质、农田化学径流、塑料类等常规垃圾和人类排泄物的污染。

有些河流和湖泊受到严重污染，无法维持生命生存，群落中的净水和食物也随之消失，并有水传播疾病的风险，包括脊髓灰质炎、霍乱、痢疾和伤寒。据世界卫生组织估计，全世界有20亿人饮用被人类排泄物污染的水，每年导致50万人死亡。

在海洋中，最具破坏性的污染来自油轮和石油码头的事故。1989年，"埃克森·瓦尔迪兹号"（Exxon Valdez）超级油轮在阿拉斯加海岸附近触礁，5000万

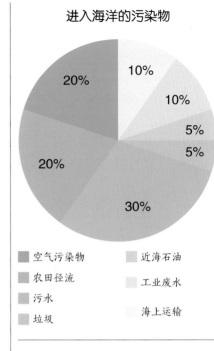

进入海洋的污染物

- 空气污染物
- 农田径流
- 污水
- 垃圾
- 近海石油
- 工业废水
- 海上运输

升原油泄漏进北太平洋。大约25万只海鸟、2800只海獭、300只海豹、250只秃鹰和22只虎鲸因原油窒息或中毒。数十亿鲑鱼和鲱鱼卵也因此死亡。在1991年海湾战争期间，伊拉克军队打开了一个近海

艾玛·约翰斯顿

出生于1973年的澳大利亚海洋生物学家艾玛·约翰斯顿从小就对海洋具有浓厚兴趣。她在2002年获得海洋生物学博士学位，在2017年成为新南威尔士大学理学院院长，并担任新南威尔士大学应用海洋和河口生态实验室负责人。该实验室研究人类对海洋生态系统的影响。约翰斯顿发现外来物种如何通过附着在海洋上漂浮的塑料污染物，入侵沿海地区的航道。她还研究了南极海洋群落，开发了新的生物监测技术，并就河口生物多样性的管理为相关机构提供建议。

主要作品

2009年 《污染降低海洋群落的丰富度和均匀度》（*Contaminants Reduce the Richness and Evenness of Marine Communities*）

2017年 《打造"蓝色"：海滨开发的生态工程框架》（*Building "blue": An Eco-Engineering Framework for Foreshore Developments*）

石油码头的阀门，将至少17亿升原油排放到波斯湾中，对环境造成灾难性破坏。这类灾难的长期影响仍在显现，而人类尚未完全了解。

许多不可降解的工业产品最终会进入海洋。自20世纪50年代以来，全世界大约生产了83亿吨塑料，其中只有五分之一被回收或焚烧。每年有惊人的800万吨塑料流入海洋，并导致大量海洋动物死亡。

无形污染物

能源形式的污染，无论光污染、噪声污染还是热污染，都像物理废弃物或化学排放物一样具有侵入性。20世纪20年代，在纽约，首次有科学家提出建筑物、路灯、车辆和广告招牌造成的光污染问题。它可能给夜间活动的野生动物带来麻烦，例如，捕食者与猎物的关系被破坏。在城市、飞行航线、工厂和道路附近，过度的噪声可能对生物造成严重干扰。而噪声也以更微妙的方式影响着野生动物。有证据表明，有些鸟开始在晚上鸣叫，因为晚上鸟鸣声可以听得更清晰。

废热也是有害的。当工厂或发电站用河流或海洋的水进行冷却时，返回的热水是热污染的一种。它可能导致鱼类死亡，改变食物链结构，减少生物多样性。

核能有时被视为是比化石燃料"更清洁"的能源，因为不会产生温室气体，但它会产生数千年或数百万年仍然具有放射性的废物。该行业还时刻承受着可能发生意外事故的风险。1986年，乌克兰切尔诺贝利核电站发生爆炸，造成很多人死亡，核辐射扩散到整个西欧。其污染对生态系统和人类健康的影响虽然在缓慢减少，但预计将持续一个世纪。

减少污染的措施

解决污染问题是一项巨大的挑战，既要清理现有的污染，又要降低人类污染的速度。其中的关键包括用可持续性能源取代化石燃料、加强资源回收和再利用，以及使用可降解物质取代不可降解物质。这需要花费一定时间，并最终要求我们的消费文化发生根本性转变。■

2015年污染造成的死亡人数是艾滋病、结核病和疟疾所致死亡人数总和的三倍。

——菲利普·兰德里根

上帝也无法拯救愚者手中的树

濒危栖息地

背景介绍

关键人物
约翰·缪尔（1838—1914）

此前
1872年 美国宣布位于怀俄明州、蒙大拿州和爱达荷州的黄石公园为国家公园，这是世界上第一个国家公园。

此后
1948年 国际自然保护联盟（IUCN）成立，这是各国政府和民间社会组织之间的合作。

1961年 世界自然基金会（WWF）成立，最初被称为世界野生生物基金会，旨在保护濒危物种和濒危栖息地。

1971年 联合国创建人与生物圈计划，旨在促进可持续发展，其拥有由多个生物圈保护区组成的全球网络。

人们通常将保护自然栖息地运动的起源归功于苏格兰裔美国博物学家约翰·缪尔（John Muir），他被称为"国家公园之父"。他是第一批意识到为了生存，荒野需要法律保护的人之一。在地球上有许多类型的自然栖息地，有些更为脆弱，许多是极危的。每个栖息地都面临不同威胁，有些是人为的，有些是自然原因，或者两者兼而有之。

当然，栖息地总是受到自然灾害影响。每年，雷电会引发大面积草原和森林大火。飓风和洪水会

参见: 人类活动与生物多样性 92~95页, 生物多样性热点地区 96~97页, 生物群区 206~209页, 砍伐森林 254~259页, 环境伦理学 306~307页。

约翰·缪尔

　　1938年, 缪尔生于苏格兰。他从小对大自然充满热情, 11岁时随家人搬到美国威斯康星州。1867年, 他因为事故暂时失明, 此后"以一种新眼光看待世界"。作为一位成就卓著的植物学家、地质学家和冰川学家, 缪尔在1868年访问了加利福尼亚州的约塞米蒂山谷, 决定使其免受家养绵羊(他称为"带蹄的蝗虫")的危害。1903年, 缪尔陪同西奥多·罗斯福总统参观约塞米蒂山谷, 为期三天的旅行促使罗斯福创建了美国林务局(USFS), 并在1916年成立国家保护委员会。缪尔在1914年去世, 他的一生都在倡导保护土地, 例如瑞尼尔山, 该山在1899年被立为国家公园。

主要作品

1874年 《内华达山脉研究》
(*Studies in the Sierra*)

1901年 《我们的国家公园》
(*Our National Parks*)

1911年 《夏日走过山间》
(*My First Summer in the Sierra*)

　　造成严重破坏。风暴潮可能造成海水泛滥, 使淡水湿地变得盐碱化。大约6600万年前, 墨西哥的希克苏鲁博被小行星撞击产生了巨大的尘埃云, 阻止太阳光到达地球表面。植物很难进行光合作用, 许多动物, 包括恐龙, 灭绝了。

　　人类的影响也不是最近才出现的问题。纵观历史, 人们一直在改变自己所处的环境。例如, 砍伐森林并不是一个新问题。几千年前, 欧洲人为农业和建筑需求而清除森林, 北美也出现类似趋势。

　　然而, 现代人类对环境的影响程度是前所未有的。在过去200年里, 人口呈爆炸式增长。这推动了城市快速增长, 促进以开采化石燃料和原材料为基础的大规模工业的发展, 农业需求不断增长, 冲突和战争增多。以上这些因素都给自然界带来了伤害。

　　由于约翰·缪尔的努力, 1890年建立的**约塞米蒂国家公园**。该公园以冰川、瀑布和花岗岩岩层(如埃尔卡皮坦巨石)而闻名于世。

脆弱生态区

　　人们常用生态区概念来判定地球上主要栖息地的类型。生态区的范畴比生物群区要小, 具有更详细的生物多样性衡量标准。生态区的定义是指拥有多个物种、多组自然群落和不同环境条件的土地或水域的大单元。例如, 沙漠、热带雨林、温带针叶林、湖泊、红树林沼泽和珊瑚礁, 其中珊瑚礁和热带雨林面临的人类威胁尤为严重。

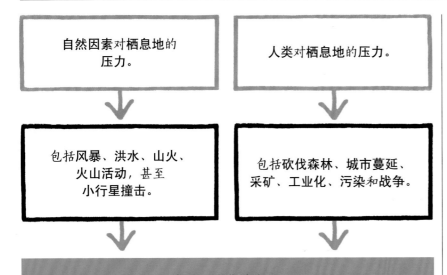

自然因素对栖息地的压力。	人类对栖息地的压力。
↓	↓
包括风暴、洪水、山火、火山活动，甚至小行星撞击。	包括砍伐森林、城市蔓延、采矿、工业化、污染和战争。

栖息地濒临消失。

滥伐雨林

热带雨林只覆盖地球陆地表面的6%，却含有陆地生态区中最大的生物量，是大约80%陆地物种的栖息地。每年大约有14万平方千米的热带雨林被砍伐，相当于每秒钟就有一个足球场大小的热带雨林消失。人们为获取木柴和建筑材料而伐木，建设道路、居住区和农业的需求也对其有驱动。

位于西非、中美洲和东南亚的热带雨林受到的威胁最为严重。婆罗洲现在幸存的低地雨林只有大约30%。世界上近三分之一的热带雨林在亚马孙流域，农牧业发展——尤其是牧场，成为雨林被砍伐的罪魁祸首。

人类一旦开始砍伐森林，问题就会迅速恶化。当雨水落在森林覆盖的坡地上时，大部分雨水被植被吸收。当坡地被清理干净后，雨水会侵蚀土壤，使其对农业无用，甚至也不可能再种植。降雨产生的淤泥进入河流和湖泊，导致鱼类死亡，并增加发生洪水的风险。破坏任何森林都会导致其吸收温室气体——二氧化碳——的能力降低，从而加速气候变化。

珊瑚礁减少

珊瑚礁是重要生态区，如今濒危。珊瑚礁养育着地球上约25%的海洋物种，它也是数十亿鱼类生命的摇篮。世界上近三分之二的珊瑚礁面临威胁，大约四分之一的珊瑚礁可能已经损坏到不能修复的程度。海洋吸收大气中的大量二氧化碳而引起海水酸度增加，是对珊瑚礁最大的威胁，导致许多海洋生物形成贝壳的能力下降，导致珊瑚白化——这是珊瑚礁走向死亡的过程。此外，珊瑚礁正因过度捕捞、使用氰化物和炸药捕鱼，以及海底拖网捕捞等有害作业而毁掉。沿海开发产生的沉积物遮挡了珊瑚礁所需的阳光。化学污染、珊瑚开采和人类自私的旅游业都给这种高度敏感的生物栖息地增添了负担。

影响广泛

在全世界范围，各种各样的自然栖息地都因人类活动而受到严重威胁。热带干旱落叶林比热带雨林更容易被破坏。在马达加斯加岛，曾经广泛分布的干旱落叶林，现在仅存不足8%。曾几何时，遍布美国中西部的高草草原，现存只有3%，其余都被改造成了农田。部分湿地因农业或城市发展而被抽干，有的湿地因污染而受到不可逆转的破坏。农业化肥中的养分流失破坏了许多湖泊和河流。许多国家建设的港口破坏了潮间带。沿海开

印尼和马来西亚正在大规模种植油棕榈，这是砍伐森林的主要原因之一。由此失去栖息地的猩猩属于濒危物种。

湿地和潮间带是海洋无脊椎动物和候鸟的重要栖息地。在许多地方，它们被排干用于建设工业设施和港口。

发造成 35% 的红树沼泽消失。在热带和亚热带，山羊等家畜的过度放牧使大约 900 万平方千米的季节性干旱草原和灌木丛变成了沙漠。

减缓衰退

栖息地被破坏不仅是自然景观和生物多样性的损失，同时也给人类带来了严重的问题。例如，水质变差，鱼类资源减少，传粉者种群数量骤减，雨水径流增加导致洪水泛滥，以及温室气体快速积累。现在的首要任务是保护栖息地，生态学家需要重新找到保护环境的最佳方法。

根据不同情况采取相关措施，建立保护区或"廊道"，将已经变得支离破碎的地区连接起来，规划重建栖息地。对于那些原本依赖森林木材的人来说，可持续的燃料和木材也很重要。与此同时，应该禁止雨林硬木贸易。

栖息地破坏会带来全球性的影响，签署国际协议、各国之间进行合作因此变得至关重要。■

与自然同行，你的收获远超想象。

——约翰·缪尔

保护区

国家公园、荒野保护区、自然保护区和具有特殊科学价值的地点都是受保护的栖息地。在这些区域内，对自然环境的干扰都受到法律禁止或限制。保护区需要包含特定的陆地或海洋，但其大小及保护级别有很大差异。有 10% 以上的陆地受到保护，即使海洋保护区十分重要，也仅有 1.7% 的海洋受到保护。海洋保护区需要不同地方和国家就关键问题（如捕捞权等）达成一致。

马里埃莫纳是地球上最大的保护区，覆盖太平洋库克群岛周围 200 万平方千米。这里是海龟、至少 136 种珊瑚及 21 种鲸鱼和海豚的家园。最大的陆地保护区是东北格陵兰国家公园，覆盖近 100 万平方千米的冰原和冻原。

麝香牛是居住在北极的群居动物，19 世纪因人类狩猎而数量急剧下降。它们如今生活在阿拉斯加、西伯利亚和挪威的保护区。

我们见证地球开始快速变化

基林曲线

背景介绍

关键人物
查尔斯·基林（1928－2005）

此前
1896 年 瑞典化学家斯凡特·阿列纽斯最早估算大气中二氧化碳对地球温度升高的影响程度。

1938 年 通过比较历史温度数据和二氧化碳测量数据，英国工程师和科学家盖依·斯图尔特·卡伦德（Guy Stewart Callendar）得出结论，导致气候变暖的主要原因是大气中二氧化碳浓度的增加。

此后
2002 年 欧洲航天局的 ENVISAT 卫星开始持续对温室气体含量进行观测，每天高达 5000 次。

2014 年 美国航空航天局轨道碳观测站每天进行高达 10 万次的高精度观测。

以美国科学家查尔斯·基林（Charles Keeling）命名的"基林曲线"从 1958 年连续记录了大气中二氧化碳的逐日含量（ppmv）。基林曲线阐述两点：大气二氧化碳浓度的季节变化和逐年升高。大气中的二氧化碳之所以意义重大，是因为二氧化碳是最重要的温室气体，它能将热量阻隔在大气层中。越来越多的二氧化碳和其他温室气体引发更多的热量无法扩散，导致总体温度上升和全球气候变化。

我们第一次见证大自然在夏季从空气中吸收二氧化碳，以促进植物生长，并在冬季将其归还。
——查尔斯·基林

测量二氧化碳浓度

自 18 世纪末工业革命以来，人类活动导致二氧化碳的排放量越来越高。主要原因是对化石燃料的使用，同时因农业和人类发展而砍伐森林，导致通过光合作用吸收二氧化碳的植被越来越少。许多科学家曾经相信海洋会吸收过量的二氧化碳，有的科学家则不同意，但双方都没有确凿证据。

查尔斯·基林并不是第一个提出大气变暖与二氧化碳排放之间存在联系的人。其他人也测量了二氧化碳浓度，但只记录了短时间内的二氧化碳浓度变化，而不是收集长期数据。基林知道，要想证明这种联系需要长期进行研究。1956 年，他在美国加利福尼亚州圣地亚哥的斯克里普斯海洋学研究所任职，并获得资助，在偏远的夏威夷莫纳罗亚山海拔 3000 米的高地和南极建立了二氧化碳监测站。1960 年，基林确信其大量的记录可以证实大气中二氧化碳含量逐年上升。

参见: 物种灭绝和变异 22页, 地质均变论 23页, 自然选择进化论 24~31页, 遗传法则 32~33页。

夏威夷莫纳罗亚山是理想的大气研究点。高海拔火山和偏远的位置确保空气在很大程度上不受人类或植被影响。

季节性变化

1964年, 对南极监测站的资助终止, 而夏威夷莫纳罗亚监测站从1958年就开始获得数据。绘制在图表上的测量结果被称为"基林曲线"。它是一系列二氧化碳浓度年度曲线, 反映了季节性变化。在北半球的春季和夏季, 随着新叶子从大气中吸收更多的二氧化碳, 全球二氧化碳气体浓度下降, 在9月达到最低点。随着树叶脱落和光合作用下降, 二氧化碳浓度在北半球进入秋天的时候再次增加, 而同期南半球植物的生长并不能阻止全球范围内二氧化碳浓度增加, 因为地球大部分植被在北半球。

从极地冰芯中捕获的古老气泡表明, 在过去1.1万年中, 平均二氧化碳浓度为275~285 ppmv, 从19世纪中叶开始急剧上升。1958年, 二氧化碳浓度水平为316 ppmv。直到20世纪70年代中期, 它一直以每年1.3~1.4 ppmv的速度稳定上升, 之后每年大约增加2 ppmv。2018年春季, 它已达到411 ppmv, 几乎是工业化前二氧化碳浓度的1.5倍。■

莫纳罗亚二氧化碳观测资料
(1958—2015)

二氧化碳浓度不断上升的**基林曲线**是根据夏威夷莫纳罗亚监测站对大气二氧化碳浓度的连续监测得出的。

分析冰盖中的二氧化碳

科学家可以通过分析从南极和格陵兰冰盖中捕获的气泡来测量过去的二氧化碳浓度。这一证据表明, 过去40万年间存在多次周期变化。二氧化碳浓度从最严重的冰期(冰川形成)时较低, 到较温暖的间冰期时的较高。自工业革命以来, 二氧化碳增长与全球平均气温升高同步。自1880年以来, 每十年上升0.07℃; 自1970年以来, 每十年上升0.17℃。

政府间气候变化专门委员会(IPCC)警告, 除非世界各国政府大幅减少温室气体排放, 否则到2100年, 平均气温可能比工业革命之前高出4.3℃左右。这样将导致海平面显著上升和更多极端天气现象的出现, 这将导致人类不得不彻底放弃一些地区。

冰芯中的气泡提供了几个世纪前的大气样本。科学家测量了气泡中的二氧化碳浓度。

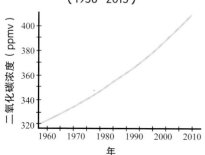

化学物质如炮火般轰击生命结构

农药残留

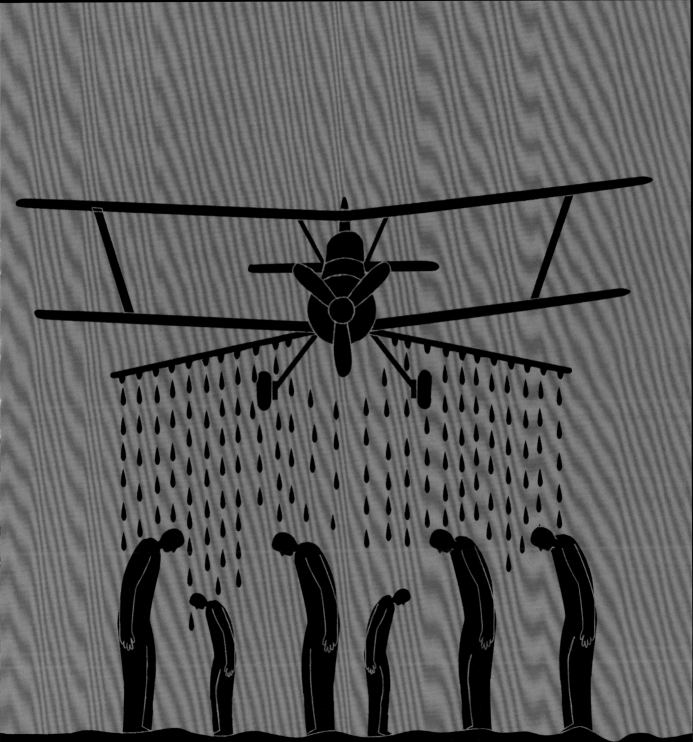

背景介绍

关键人物
蕾切尔·卡逊（1907—1964）

此前
1854年 亨利·大卫·梭罗的《瓦尔登湖》描述了一个社会实验，人过着与自然和谐的简单生活。这本书被视为环保运动的圭臬。

1949年 奥尔多·利奥波德的《沙乡年鉴》提出深层生态学，一种人类与土地和谐相处的哲学。

此后
1970年 美国成立环境保护署。

1989年 比尔·麦克基本著《自然的终结》（The End of Nature）强调全球变暖的危险。

2006年 纪录片《难以忽视的真相》（An Inconvenient Truth）记录了美国前副总统阿尔·戈尔对公众进行气候变化教育的努力。

《寂静的春天》（Silent Spring）可以说是迄今为止以环境主义为主题的最受尊敬和最有影响力的作品，在1962年一出版便获得巨大的影响。它激发了自然保护运动，促使政府修改法律，更为重要的是支持公众质疑当权者并追究他们的责任。

然而，这部开创性作品的作者与典型的"生态战士"形象大相径庭。"生态战士"这种称呼在本书第一次出版时前所未闻。蕾切尔·卡逊（Rachel Carson）是一位文静、博学的女性，拥有动物学硕士学位，在美国做了20年的水生生物学家。最重要的是，她同时是一位杰出的作家，能够将科学事实与引人入胜的叙事融合在一起。

野生动物消亡

像其他许多具有影响力的伟大作品一样，《寂静的春天》的创作初衷颇具个人色彩。1958年1月，卡逊的朋友奥嘉·赫金斯（Olga Huckins）给她写了一封

在室内或室外喷洒DDT等杀虫剂，曾是控制传播疟疾的蚊子的一种常见方法，现在一些地方仍在使用。

信，赫金斯原本想把这封信发表在《波士顿先驱报》上。信中说，有飞机在密歇根州她的小型鸟类保护区附近喷洒含有燃油和一种名为DDT（双对氯苯基三氯乙烷）的化合物的混合物。每次喷洒后的第二天早上，赫金斯都会发现几只死去的鸟，她希望卡逊可以联系华盛顿的相关人士，禁止这种喷洒行为。卡逊被激怒了，决心提供帮助。十多年来，她一直关注野生动物因为人类滥用DDT而死亡的

蕾切尔·卡逊

出生于1907年的蕾切尔·卡逊在宾夕法尼亚州的一个农场长大，她在那里爱上了大自然。她获得宾夕法尼亚女子学院的奖学金，后来获得动物学硕士学位。卡逊在内陆长大，却向往海洋，最终选择在美国鱼类和野生生物管理局做水生生物学家。

卡逊是美国鱼类和野生生物管理局的主编。从1941年起，她写了很多关于海洋生物的书，最著名的是《我们周围的海洋》，这本书获得国家图书奖，也是全国畅销书。这一成就给予卡逊

全职创作的机会，她在1958年开始创作《寂静的春天》。1960年，卡逊被诊断出患有乳腺癌，在1964年去世。

主要作品

1941年《海风下》
（Under the Sea Wind）

1951年《我们周围的海洋》
（The Sea Around Us）

1955年《海之边缘》
（The Edge of the Sea）

1962年《寂静的春天》

参见: 人类活动与生物多样性 92~95页, 动物生态学 106~113页, 生态系统 134~137页, 地球整体观 210~211页, 人类对地球的破坏 299页, 环境伦理学 306~307页。

问题。卡逊迅速找到了《纽约客》编辑E. B. 怀特（E. B. White），提议该杂志刊登一篇关于合成农药及其对非靶标生物影响的文章。编辑建议她自己写这篇文章，卡逊这才勉强开始为她的"毒书"包含的问题展开调研，而这本书后来改变了世界。

化学的未来

人们需要在时代背景下看待《寂静的春天》这本书的影响。虽然学者和科学家已经注意到合成农药的危害，但公众对这个问题一无所知。

自20世纪20年代以来，人们一直使用合成杀虫剂，但在第二次世界大战期间，在军方推动下，农药研究取得了显著成就。20世纪50年代，人们普遍认为，可以通过杀死毁坏农作物和传播疾病的害虫解决世界上的饥荒和疾病问题。联合碳化物公司、杜邦公司、美孚公司和壳牌石油化工公司等化工巨头通过广告向广大受众宣传这一理念。《寂静的春天》旨在让人们重新审视常识，书中认为战后美国取得的所谓科学进步将以环境为代价。

最臭名昭著的杀虫剂，也是与《寂静的春天》联系最为密切的就是DDT。人类在19世纪末首次合成DDT。1939年，瑞士化学家保罗·赫尔曼·穆勒（Paul Hermann Müller）意识到，DDT属于神经毒药，可以用来杀死多种昆虫。在第二次世界大战期间，DDT用于杀死破坏主要粮食作物的害虫，以及作战部队面对的传播疟疾、斑疹伤寒和登革热的昆虫。

DDT生产成本低，效果好，似乎对人类安全没有威胁。战后，DDT供应充足，理所当然在农业中得到应用。DDT看似安全，应用广泛。对农民来说，DDT就像万能药一样，他们很乐意将其喷洒在农作物上。农民完全没有意识到这种危险化合物的强大毒性，喷洒时通常不使用口罩或防护服。

在DDT问世后，市面上又出现了大量合成农药，包括艾氏剂、狄氏剂、异狄氏剂、对硫磷、马拉硫磷、克菌丹和2,4-D。这些化学物质与用氮（这些氮不再用于制造炸药）制成的肥料一起使用，从而促使农业集约化发展。化学时代已经到来，1952年，在美国农业部新注册的农药产品已有近1万种。

自从《寂静的春天》出版以来，人们再也不能说经济的发展只能以污染环境为代价了。
——H. 帕特里夏·海因斯

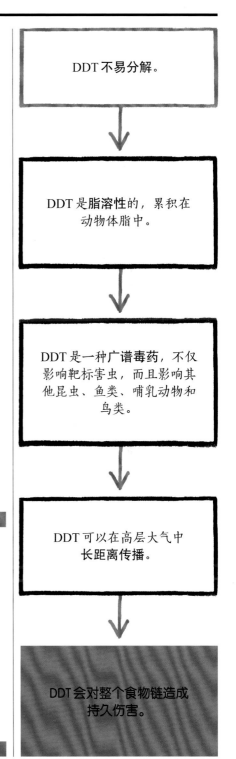

DDT不易分解。

DDT是**脂溶性**的，累积在动物体脂中。

DDT是一种广谱毒药，不仅影响靶标害虫，而且影响其他昆虫、鱼类、哺乳动物和鸟类。

DDT可以在高层大气中**长距离传播**。

DDT会对整个食物链造成持久伤害。

持久的毒药

DDT（双对氯苯基三氯乙烷）属于有机氯类杀虫剂。它通过干扰神经系统来杀死昆虫。DDT是脂溶性的，直接进入或通过食用受其污染的食物沉积在动物组织中。动物反复暴露于DDT之下会导致其在体内脂肪中积聚并产生毒性。

DDT也会在食物链中产生生物放大作用。经常接触DDT的人容易中毒。环境中少量DDT的影响尚不清楚，但其与癌症、不孕、流产和糖尿病有关。现在西方国家禁止使用DDT。美国疾病控制中心在2003－2004年进行的研究发现，99%的受检者血液中存在DDT或其分解产物（DDE）。

> 使用像DDT这类无靶向性的农药喷雾会破坏生态平衡。昆虫有90%是益虫，如果杀死益虫，环境马上就会失衡。
>
> ——艾温·威·蒂尔

食物链中的DDT生物富集作用

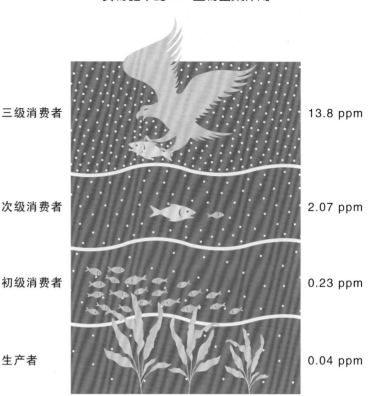

三级消费者　　　13.8 ppm

次级消费者　　　2.07 ppm

初级消费者　　　0.23 ppm

生产者　　　0.04 ppm

食物链中位置较高的有机体受DDT的影响最大。在生产者中，毒物仅有0.04 ppm（百万分之一），但浓度随着食物链逐级增加。当DDT到达三级消费者时，其浓度足以产生毒性。

提高公众意识

卡逊并不是第一个注意到DDT存在有害影响的人。早期有一些反对者，包括自然题材作家艾温·威·蒂尔（Edwin Way Teale），警告说，使用这种具有滥杀伤作用的农药可能破坏大自然的平衡。1945年，美国鱼类和野生物管理局主任克拉伦斯·科塔姆（Clarence Cottam）博士表示，在使用DDT时必须谨慎，因为人们尚未完全了解它的全部影响。第二年，弗雷德·毕肖普（Fred Bish-op）在《美国公共卫生杂志》上撰文强调，决不能允许DDT进入食品或被意外摄取。

各种科学研究和报告也引起了关注。例如，美国政府在1945年发表的一项研究结果表明，在喷洒DDT的奶牛的牛奶中发现了DDT的痕迹。此篇报告建议农民使用"安全方法替代杀虫剂"，以此来控制牛身上的苍蝇和虱子。在1952年前，卡逊一直担任美国鱼类和野生物管理局的主编，在工作期间接触到许多类似的令人担忧的报道。

> 它们不应该叫杀虫剂，而是杀生剂。
>
> ——蕾切尔·卡逊

这些研究相对分散，并且普通读者接触不到，于是卡逊决定收集能够找到的所有材料，并以普通人能够理解的方式将其呈现出来。随着《寂静的春天》的创作取得进展，卡逊清楚地认识到，自己在道义上有责任将信息公之于众。除记录人们滥用农药带来的危害外，卡逊还大胆指出，对化工企业来说，利益高于一切，政府甚至可能有意或无意与化工企业勾结，未能有效监管该行业。

美国化工业对此书的反应并不出人意料。最初，他们试图起诉卡逊、她的出版商和《纽约客》杂志——后者已经对这本书的内容进行连载。而卡逊早为这种反应做好了准备。她知道这本书会引发争议，并被化工业视为威胁。因此，她一丝不苟地进行跟踪研究和记录，她的研究数据都是从政府机构、研究机构，以及其他可靠来源获得的，她还让专家审阅了书稿。

在起诉卡逊没有奏效后，化工企业采取行动，想让她声名狼藉，甚至进行人身攻击。比如，卡逊被描述为一个"歇斯底里"的女人，说她没有能力写这样一本书。然而，抹黑运动事与愿违，只是增加了《寂静的春天》的销量。

新政策

一些著名科学家支持卡逊的研究，美国总统约翰·F. 肯尼迪在 1963 年邀请她在国会委员会作证。她呼吁制定新的政策来保护环境。国会委员会发布了一份题为"农药的使用"的报告，大力支持卡逊。受卡逊启发，环保积极分子继续游说政府，直到 1972 年，也就是《寂静的春天》首次出版 10 年后，DDT 在美国被禁止使用。其他国家也相继效仿，不过有些国家依旧用它来控制蚊虫。

> 人类本是自然的一分子，和自然对抗显然就是和自己对抗。
>
> ——蕾切尔·卡逊

《寂静的春天》对人们的影响比禁止使用 DDT 还要重要。它向行业巨头和政府展示了受过教育的公众蕴含的力量。■

从 20 世纪 40 年代开始，鹗的数量明显减少。在许多国家禁止使用 DDT 后，鹗的数量开始恢复。这是因为鹗会吃受 DDT 影响的小动物。

从发现到整治的漫漫长路

酸雨

背景介绍

关键人物
吉恩·莱肯斯（1935—）

此前

1667年 英国日记作家约翰·伊夫林（John Evelyn）注意到城市中被污染的空气对石灰石和大理石具有腐蚀性。

1852年 英国化学家罗伯特·安格斯·史密斯（Robert Angus Smith）认为，工业污染导致的酸雨损害建筑物。他是第一个使用"酸雨"（acid rain）一词的人。

此后

1980年 美国国会通过《酸沉降法》，进行为期18年的酸雨研究。

1990年 美国《清洁空气法》（在1963年通过）修正案建立一个系统，旨在有效控制二氧化硫和氮氧化物的排放。

早在17世纪的英国和19世纪的挪威，人们就注意到酸雨对岩石的影响。然而，直到美国生态学家吉恩·莱肯斯（Gene Likens）在新罕布什尔州的一个农村地区进行深入研究后，人们才正确了解了这一现象。

从1963年起，淡水生态学家莱肯斯及其团队在新罕布什尔州的哈德布鲁克流域，对水质与生活型之间的关系进行了研究。他们发现那里的降雨酸性异常。用pH（酸碱度）表示的酸度范围从0（酸性最强）到7（中性），到14（碱性最强）。大多数鱼类和其他水生动物适合在pH值为6~8的水中生活，但莱肯斯发现了pH值为4的水，这种水对鱼、青蛙和它们赖以生存的昆虫来说酸性太强了。他在新英格兰周围建立了监测站，结果表明，酸性的雨和雪广泛分布在人口稠密和高度工业化的美国东北各州。莱肯斯系统的研究工作说服美国政府通过立法来控制导致酸雨的化学物质的排放。

酸雨影响

发电厂和工厂燃烧化石燃料时，烟囱会排出二氧化硫（SO_2）和氮氧化物。这些气体扩散到低层大气中，与水反应产生稀硫酸

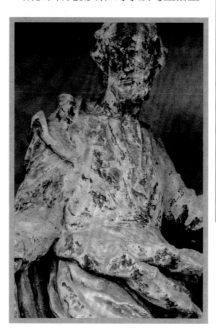

早在几百年前，**酸雨**就侵蚀着石制品，例如波兰克拉科夫圣彼得和圣保罗教堂院子里的这座雕像。当时人们还不明白这一现象。

参见: 濒危栖息地 236~239页, 农药残留 242~247页, 砍伐森林 254~259页, 自然资源枯竭 262~265页, 海洋酸化 281页。

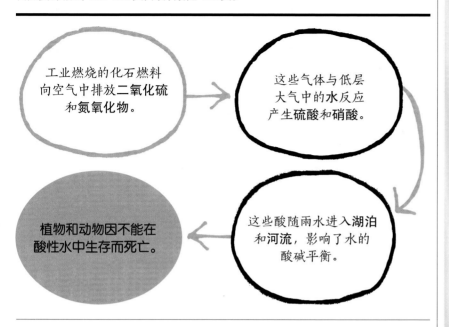

工业燃烧的化石燃料向空气中排放二氧化硫和氮氧化物。

这些气体与低层大气中的水反应产生硫酸和硝酸。

这些酸随雨水进入**湖泊**和**河流**,影响了水的酸碱平衡。

植物和动物因不能在酸性水中生存而死亡。

吉恩·莱肯斯

莱肯斯, 1935 年生于美国印第安纳州。1963 年, 他与 F. 赫伯特·鲍尔曼(F. Herbert Bormann)、罗伯特·皮尔斯(Robert Pierce)和诺耶·约翰逊(Noye Johnson)等科学家一起, 对哈德布鲁克流域的水、矿物和生活型进行系统研究。1968 年, 他在研究中记录下酸雨盛行, 而酸雨是中西部工厂排放的产物。莱肯斯在砍伐森林、土地利用和可持续性方面的研究工作促使美国林务局改变政策。他的研究还对 1990 年《清洁空气法》修正案有决定性影响。莱肯斯在 2001 年被授予国家科学奖章。

主要作品

1985 年 《水生生态学的生态系统方法研究: 镜湖及周边环境》(*An Ecosystem Approach to Aquatic Ecology: Mirror Lake and Its Environment*)

1991 年 《湖沼学分析》(*Limnological Analyses*)

(H_2SO_4)和稀硝酸(HNO_3)。这些弱酸随雨水进入河流和湖泊, 使其变得更酸。酸性增加会对动物和植物造成威胁。水蜗牛消失了, 鱼卵无法孵化, 昆虫和以昆虫为食的青蛙也死了。最终, 湖泊将无法维持任何生命。

20 世纪 70 年代初, 斯堪的纳维亚半岛成千上万湖泊中的鱼类

> 八年间, 我们一直被否认, 这在涉及环境问题时并不罕见。
> ——吉恩·莱肯斯

消失, 湖泊实际上已经死亡。1984 年, 布鲁克劳特湖和纽约阿迪朗达克山脉中的其他湖泊已经没有鱼了。酸雨能够使土壤中的铝从稳定态中释放出来, 而酸性云雾会损害植物, 降低植物的光合能力, 使其死亡。

排放控制

20 世纪 70 年代和 80 年代, 受酸雨严重影响的地区包括捷克斯洛伐克、德国和波兰的"黑三角"地带, 那里有大片森林死亡。多亏莱肯斯的研究, 1990 年后, 各国实行了更严格的管制措施, 发电站烟囱上都安装了回收二氧化硫的脱硫装置。在美国, 这种气体排放量减少了近一半, 在欧洲减少了三分之二。鱼类开始重新出现在湖泊和河流之中。然而, 酸雨问题仍然困扰着俄罗斯、中国和印度部分地区。■

有限资源无法供养无限人口

人口过剩

背景介绍

关键人物
加勒特·哈丁（1915—2003）

此前
1798 年 托马斯·马尔萨斯预测，持续的人口增长将在 19 世纪中叶耗尽全球粮食供应。

1833 年 英国经济学家威廉·福斯特·劳埃德（William Forster Lloyd）在《关于控制人口的两课讲义》（*Two Lectures on the Checks to Population*）中，以公共土地为例，讨论人口过剩问题。例如，如果太多的牛在公共用地放牧，这片土地的生产力就会降低。

此后
1974 年 联合国第一个世界人口行动计划在布加勒斯特制订。

2013 年 英国社会地理学家丹尼·多林（Danny Dorling）在《百亿人口》中解释为什么世界人口不可能像联合国预测的那样达到 100 亿人。

19 68 年，两位美国科学家针对人口过剩问题发出严重警告。据生态学家加勒特·哈丁（Garrett Hardin）预测，地球资源很快就会耗尽，环境恶化加剧。在《公地悲剧》（*The Tragedy of the Commons*）中，他列举了人口过剩引发的一些重大全球危机的例子：

过度捕捞破坏鱼类种群；过度开采地下水进行灌溉，导致湖水枯竭；砍伐森林；空气、土地和海洋污染；物种灭绝。哈丁针对解决人口过剩问题提出了一个有争议的方案，主张政府应该拒绝向那些"过度"生育的人提供福利援助，以此减少生育。生物学家保罗·埃利希（Paul Ehrlich）在《人口炸弹》（*The Population Bomb*）中也主张控制人口，并提出警告，人类数量很快就会达到引发大规模饥荒的程度。

消长

在人类历史进程中，世界人口大部分时间增长缓慢。工业革命

威廉·艾伦·罗杰斯（William Allen Rogers）创作的《**拾荒者庭院**》（1879）描绘了纽约市一个贫穷意大利裔社区。过度拥挤使疾病在贫困地区蔓延。

参见: 人类活动与生物多样性 92~95页, 费尔哈斯方程 164~165页,
自然资源枯竭 262~265页, 城市蔓延 282~283页。

世界人口增长, 1750—2100 年

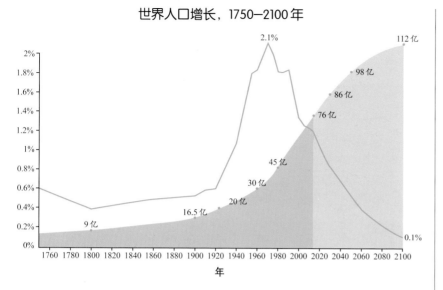

这张图描绘了世界人口年增长率与总人口绝对数的比较。2017年后的数据是预测值。

—— 年增长率 (以年增长占世界人口的百分比表示)

▨ 世界人口数量

需要 13 年, 然后再过 25 年才能达到 90 亿人。联合国预测, 世界人口在 2100 年将高达 112 亿人。

尽管人口增长放缓, 但依然面临挑战。2009 年, 联合国的一份报告警告, 到 2050 年, 世界粮食产量需要增加 70%, 才能养活增长的人口, 从而会给土地、水和能源资源施加更大的压力。未来人口增长也可能加剧许多环境问题, 如污染和大气温室气体水平上升, 加剧全球气候变化。■

初期, 西欧和美国人口开始迅速增长, 当时英国经济学家托马斯·马尔萨斯警告, 未来会发生饥荒。事实证明, 他的担心为时过早, 因为粮食产量的增长速度比许多人预期的要快。在新兴工业城市, 由于传染病的原因, 人口平均寿命下降。随着医疗保健和营养水平提高, 使用清洁水源, 以及工人拥有更多的权利, 人口平均寿命再次上升。1924 年, 世界有 20 亿人, 到 1960 年有 30 亿人, 其中大部分人口增长发生在拉丁美洲、非洲、南亚和东亚等的发展中国家。

出生率增长放缓

20 世纪, 在欧洲和北美地区, 更广泛的避孕措施、更好的教育, 以及更多的妇女进入劳动力市场导致人口出生率降低。这种模式正在世界各地的女性身上上演。世界人口在 1974 年超过 40 亿人, 1987 年超过 50 亿人, 2000 年超过 60 亿人, 2011 年超过 70 亿人。年增长率在接近 20 世纪 60 年代末期达到顶峰, 年增长率为 2.5%。在发展中国家的一些地区, 人口仍然在快速增长, 但趋势放缓。世界人口从 60 亿人增加到 70 亿人只用了 11 年时间, 但预计人口增加到 80 亿人

夜空不再纯净

光污染

背景介绍

关键人物

弗朗茨·霍尔克

此前

1000 年 西班牙穆斯林王朝首先使用路灯（油灯）照明系统。

1792 年 出生于苏格兰的工程师威廉·默多克（William Murdock）发明煤气灯。在接下来的半个世纪里，许多城市引入煤气路灯。

1879 年 美国发明家托马斯·爱迪生向世界展示第一个具有商业价值的电灯泡。

1976 年 高亮度、高效率的 LED 灯出现。

此后

2050 年 霍尔克等人预测，随着全球人口即将超过 90 亿人，地球的总照明面积将比 2016 年翻一番。

根据一些生态学家的研究，光污染——世界上人工产生的光量——可能是所有污染物中最有害的。大约 80% 的人生活在人工光线充斥的天空下。

2017 年，生态学家弗朗茨·霍尔克（Franz Hölker）等人利用卫星数据进行了一项关于光污染的重大研究，结果显示，2012—2016 年，由人工照明的地球面积增长了

北美的**光污染地图**说明为什么 99% 的美国人看不到银河系（图中白色和红色表示光污染最严重的地方，黑色表示光污染最轻的地方）。

9%。在南美洲、非洲和亚洲的工业化国家中，亮度变化最为显著，但在已经拥有充足照明的欧美国家，亮度也在继续增加。

天文学家是最早注意到光污染

参见：环境反馈环 224~225页，春季蠕变 274~279页，人与生物圈计划 310~311页。

> 数十亿年以来，夜行动物和植物已经适应了黑暗的环境，而黑暗的区域却在消失。
>
> ——弗朗茨·霍尔克

的一批人，因为光污染对他们观察天体产生了影响。1988年，美国天文学家蒂姆·亨特（Tim Hunter）和大卫·克劳福德（David Crawford）成立国际夜空协会（International Dark-Sky Association），以保护夜空免受光的污染。这是针对此类问题建立的第一个组织。

从那时起，人们开始研究光污染对植物和动物的影响，植物和动物依靠昼夜交替来控制维持生命的行为，例如进食、睡眠、躲避捕食者伤害，甚至繁殖。这类研究揭示了一系列光污染的不良影响。一项研究表明，如今欧洲树木萌芽时间比20世纪90年代提早了一周多；植物生长周期改变，可能意味着树木无法及时落叶和落果，无法进入休眠阶段，以避免冬天的伤害。

恶性循环

光污染对动物也存在有害影响。例如，高塔上的灯光会吸引迁徙的鸟儿，导致其撞上高塔和电线。人造光也会破坏鸟类的免疫系统。研究发现，感染西尼罗河病毒的麻雀在昏暗光线下携带病毒的时间是在黑暗中携带病毒的时间的两倍，这使蚊子叮咬并传播病毒的时间增加了一倍。

光污染对动物的副作用会对植物产生间接影响。当向光的飞蛾被反复吸引到人工光源时，它们不仅可能因疲惫（因为光永远不会熄灭）或被光产生的热量杀死，而且变得更容易受到捕食者攻击。

蛾子数量的减少对其帮助授粉的植物产生连锁反应，进而影响植物种子产量。在一些地方，植物种子产量下降高达30%。研究人员在瑞士一处草花混播草地研究路灯对授粉的影响，发现夜间传粉者造访次数减少了三分之二。■

> 解决方案很简单——关闭不必要的灯，只使用当前工作所需的光量，并遮挡照明角度，使其照到需要的地方。
>
> ——蒂姆·亨特

对龟的影响

光污染是筑巢海龟面临的严峻问题，因为胚胎需要通过具有可渗透性的蛋壳进行呼吸，所以它们需要在陆地上产卵。雌性海龟需要黑暗的沙滩来产卵。如果海滩有来自度假村、街灯或房屋的明亮灯光，它们就会寻找其他地方。如果整个海岸线都被照亮，它们可能会在劣质栖息地产卵，甚至将卵产在海里，导致后代无法生存。

这可能是导致海龟数量减少的原因。科学家认为，孵化出来的幼龟会朝着明亮的光线移动。在自然条件下，最亮的光线是照耀在海洋上的月光，但如果陆地上有人工照明，孵化出来的幼龟就会朝那里前行，导致被车辆碾压，被捕食者吃掉，或者被围网挂住。针对以上情况的解决方案包括，让居民和商业场所在晚上关灯或使用"海龟安全"照明灯。对海龟来说，这种灯光几乎是感知不到的。

在墨西哥博卡德尔西洛海龟研究站，太平洋丽龟幼龟朝大海爬去。

我为人类而战

砍伐森林

背景介绍

关键人物

奇科·门德斯（1944—1988）

此前

1100—1500 年 西欧和中欧大部分地区的温带森林被砍伐殆尽。

1600—1900 年 为给农业腾出种植空间，北美的森林被砍伐。

20 世纪 70 年代末 热带雨林的砍伐速度大幅度加快，主要为给牧场开辟养殖空间。

此后

2008 年 联合国启动"减少砍伐森林和森林退化导致的温室气体排放"（REDD）激励计划。

2010 年 美国将巴西 2100 万美元的债务转换成保护巴西沿海热带雨林基金。

2015 年 联合国《巴黎协定》设定植树目标，以抵消气候变化和全球变暖威胁。

通过砍伐树木……人类给子孙后代同时带来两大灾难——燃料和水资源匮乏。

——亚历山大·冯·洪堡
（19 世纪德国探险家）

奇科·门德斯努力拯救巴西热带雨林。

↓

他在当地的行动有助于减少全球二氧化碳排放。

↓

门德斯意识到他对全球产生了影响，他说："我为人类而战。"

砍伐森林是指将森林或林地改作非森林用途。例如，将林地转换为农业用地、牧场、住房、工业用地或交通用地。当有价值的成熟树木（如柚木）被选择性地砍伐或一些树木被砍伐来开辟道路时，可能导致森林衰退，而不会被完全破坏。在少量砍伐过后，尽管大多数树木原地不动，仍然可能对森林的生物多样性产生不成比例的负面影响。砍伐森林的另一种形式是砍伐原始森林，并以单作的种植园取代。例如，印度尼西亚为种植油棕榈而大面积砍伐原始森林。

砍伐森林会影响到所有类型的森林栖息地，而热带雨林受到的影响最为严重。热带雨林是生长在南北回归线之间的热带湿润阔叶林。20 世纪 70 年代，热带雨林首次引起人们关注。社会活动家奇科

巴西为农业发展焚烧雨林产生的**滚滚浓烟**盘旋在空中。据估计，巴西每年清除 110 万公顷热带雨林。

参见：生物多样性与生态系统功能 156~157页，气候和植被 168~169页，全球变暖 202~203页，地球整体观 210~211页。

科·门德斯（Chico Mendes）呼吁巴西政府建立森林资源保护区，让当地人可以持续收获坚果、水果和纤维等天然产品。后来，门德斯成为巴西橡胶委员会的创始成员。门德斯发起的运动强调森林砍伐造成的生态破坏，而他最终为此牺牲了生命。

人类的需要

人类很早就开始使用树木。在新石器时代，人们砍伐树木作为燃料，并使用树木建造庇护所和围栏。人们在欧洲和北美发现了5000年前用于劈柴的石斧，还有同时代的斧头工厂。然而，在中世纪，随着西欧人口在1100年至1500年间迅速增加，大量森林被砍伐。人们为发展农业砍伐森林，用木材建造房屋和船只，以及制造弓、劳动工具和其他器具。

在中欧和英国，人们大规模砍伐树木来生产木炭，木炭在当时是一种重要的燃料（后来被煤取代），因为它比木材燃烧的温度更高。英国在早期实行一种可持续生产方案，许多树木被当作矮林来管理，其部分树木地表以上被砍伐，然后重新萌生，形成木炭循环供应。即便如此，到17世纪，英国还是不得不从波罗的海国家和美国的新英格兰进口木材用于造船。

1850−1920年，全球对原始森林的砍伐加快，其中北美、俄罗斯和南亚的原始森林损坏最大。20世纪，森林砍伐重点转移到热带地区，特别是热带雨林。自1947年以来，有一半热带雨林被毁，其覆盖的土地比例从14%下降到6%。

据估计，全球每分钟就有相当于27个足球场的森林面积消失。一些地区受到的影响更加严重。例如，在菲律宾，93%的热带阔叶林已经被砍伐；巴西92%的大西洋森林消失；美国加利福尼亚州90%的干燥阔叶林已经被砍伐殆尽。

对生物多样性的影响

最近的一项评估认为，在所有被砍伐的森林中，几乎有一半是农民为发展自给农业而进行的，三分之一是为了商业利益，其余是为了城市发展、采集高品质木材、采矿和采石以及砍伐薪柴。无论何种原因，环境都会受到影响。生物多样性受到的影响尤为严重，因为只有少数哺乳动物、鸟类和无脊椎动物可以在草地或油棕榈种植园生存，在工业区或城市环境中可以生存的物种更为稀少。人类之间的冲突也会破坏森林，最糟糕的例子就

> 面对如此多的不公现象，我们无法保持沉默。
> ——奇科·门德斯

奇科·门德斯

奇科·门德斯，生于1944年。他的父亲是5万"割胶工人"中的一员，为"二战"中的盟军采集橡胶。门德斯在9岁时开始割胶。受进步的解放神学运动牧师的影响，他帮助建立了工人党的一个分部，成为割胶工人工会领袖。

为建造养牛场，巴西热带雨林大片地区被清理出来。门德斯将割胶工人为拯救森林而进行的斗争公之于众。他前往华盛顿特区，说服世界银行和美国国会，不资助畜牧业项目。门德斯建议将当地社区管理的公用林区设置为"采掘保护区"加以保护，这些社区有权以可持续性发展的方式收获林产品。牧场主们认为门德斯发起的这项森林保护运动是一种威胁，其中一位名叫达西·阿尔维斯（Darcy Alves）的人在1988年开枪打死了他。门德斯死后，当地建立了第一个"采掘保护区"，覆盖夏布里周围100万公顷的森林。

是在越南战争期间，美军曾经使用橙剂让丛林落叶。

雨林

热带雨林被破坏对全球生物多样性构成了严重威胁。据估计，世界上二分之一至三分之二的植物和动物生活在热带雨林中。人类已经在热带雨林中发现了150万～180万种物种，其中大部分是昆虫，其次是植物和脊椎动物，还有许多物种尚未被发现和描述。例如，在印度尼西亚的婆罗洲，仅0.5平方千米的面积含有的树木种类可能比欧洲和北美大陆的树木种类加起来还要多。这种生物多样性对人类至关

用人类居住区**取代树林**会使山坡土壤不稳定，更有可能发生泥石流。例如，2017年在塞拉利昂发生的一次灾难性事件。

> 我在还未听过"生态学家"这个词的时候就成为一个生态学家。
>
> ——奇科·门德斯

重要——尤其因为大多数新型药物都是从植物中提取的，热带雨林丰富的植物资源消失会摧毁潜在的疾病治疗手段。

热带雨林，连同所有其他林木和林地能像海绵一样大量吸收雨水。树根吸收水分，限制地表径流。当森林被砍伐或焚烧时，土壤中的许多养分会流失。如果在山坡上砍伐林地，树木消失后山坡上面的土壤会被冲走，使土地不再适合任何植物生长。深深的沟壑可能会破坏尚未砍伐的树木，使树木倒下。暴雨过后，愈发频繁的灾难性泥石流席卷山坡，摧毁沿途的一切，包括人类居住区。例如，2014年5月，暴雨导致加勒比伊斯帕尼奥拉岛被过度砍伐的山坡形成泥石流和洪水，造成2000多人死亡。另外，在长时间的干旱天气中，裸露的土壤比树木覆盖的地区干涸得更快，使其更容易被风蚀。

全球变暖加剧

燃烧木材或森林会导致大气中二氧化碳含量上升。反之，所有植物都会减少空气中的二氧化碳，因为它们吸收了碳，吸收二氧化碳这种温室气体进行光合作用，从而抵消人类活动带来的破坏性影响。在全球范围内，森林每年吸收24

巴西亚马孙流域森林砍伐情况

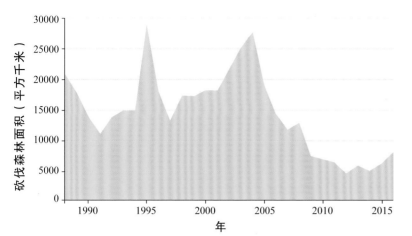

亚马孙流域**热带雨林覆盖面积**的不断减少是一个全球关注的问题。这片土地上的树木正以每年8000平方千米的速度减少。

亿吨二氧化碳。环境保护主义者和气候学家担心，大片热带森林消失可能造成灾难性影响。

退耕还林

目前，大约31%的地球陆地表面被森林覆盖，这一数字在世界上的一些地区在正在迅速减少。然而，有些地区，包括欧洲，森林面积正在逐渐扩大。

限制砍伐森林的措施有向社区支付保护森林的费用、建立森林采掘保护区，使当地人能够可持续性收获林产品。

世界各地都需要找到替代燃料，以及开发不需要大面积土地的新型农业。有些国家正在带头实施造林计划。例如，来自500个村庄的人们在塞内加尔海岸种植了1.5亿棵红树，此项目将重建红树林，促进渔业发展，并保护稻田免受咸水侵袭。2000年，中国的森林覆盖率曾经低至19%，中国的目标是在2035年将这一比例提高到26%。■

亚马孙退耕还林

自20世纪70年代中期以来，亚马孙流域约有17%的雨林消失。在2015年联合国巴黎气候峰会上，巴西承诺到2030年恢复1200万公顷森林。2017年，保护国际基金会（CI）与巴西政府一同合作，启动了该地区迄今为止最大的重新造林计划。根据该计划，亚马孙州将通过播种和移植途径获得7300万棵树。

当地社区正在使用空中飞播造林技术来实施该计划。200多个本地森林物种的种子被散播到每平方米土地上。与传统造林相比，这种方法劳动强度较低，可以快速造林，每公顷可种植多达2500株植物。除播种方案外，移栽树苗将丰富次生林，并实现退耕还林目标。

旺加里·马塔伊（Wangari Maathai）是**第一位获得诺贝尔和平奖（2004）的非洲妇女**。她发起了一个以社区为基础的植树计划，以扭转肯尼亚的水土流失和土壤沙漠化。

臭氧层空洞是上天的警示

臭氧耗竭

1982年，英国南极调查局的科学家发现，南极上空的臭氧浓度急剧下降。臭氧是平流层中的一种无色气体，在距地球表面20～30千米处形成"臭氧层"，它是能够吸收大部分太阳紫外线辐射的保护层。如果没有它，更多的太阳有害辐射会直接到达地表。

20世纪70年代中期以来，平流层中的臭氧量下降了4%，两极地区下降幅度更大，尤其在春季。与1975年相比，南极臭氧含量下降了70%，北极地区的臭氧含量下降了近30%。这种效应被称为"臭氧层空洞"，更恰当的描述是"臭氧层衰减"，因为它是臭氧层厚度变薄，而不是完全形成空洞。

在南极的发现

英国地球物理学家约瑟夫·法曼（Joseph Farman）所在的团队在1982年发现臭氧空洞现象。自1957年以来，英国南极调查局一直在南极哈雷研究站收集大气数据。他们的工作经费很少，只能使用过时仪器，比如多布森分光计——一种只有基本功能的机器，并且只有裹在羽绒被里才能正常使用。

当法曼第一次注意到南极上空臭氧水平下降时，他觉得难以置信，认为多布森分光计一定出现了问题。第二年，他使用新仪器，而新仪器记录的数值呈现出更大幅度的下降。第三年，降幅再次加大。第四年，在距离哈雷站1000千米的地方进行测量，他们再次发现下降幅度加大。法曼认为发表研究的时候到了，他和同事布莱恩·加

约瑟夫·法曼的发现是20世纪最重要的地球物理发现之一。

——约翰·派尔和尼尔·哈里斯
（剑桥大学大气科学家）

参见：全球变暖 202~203页，环境反馈环 224~225页，污染 230~235页，基林曲线 240~241页，环境伦理学 306~307页。

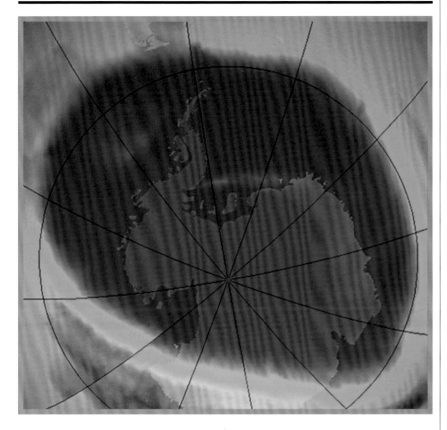

2014年，美国航空航天局拍摄的南极洲上空"臭氧层空洞"的图像。蓝色区域表示臭氧最少的地方。自2000年以来，总体上地球平流层中的臭氧总量已经稳定下来。

德纳（Brian Gardiner）、乔恩·尚克林（Jon Shanklin）在1985年的《自然》杂志上发表了一篇论文。

反响和反应

大多数科学家都对法曼的发现感到震惊：一旦太阳紫外辐射增加，人类患皮肤癌、白内障和晒伤的概率将随之上升。

人们能做什么呢？美国科学家弗兰克·罗兰（Frank Rowland）和

马里奥·莫利纳（Mario Molina）在1974年确定了臭氧消耗的原因之一。他们得出的结论是，含氯气体，其中包括喷雾剂和卤素制冷剂中使用的氯氟烃，在紫外线作用下与平流层的臭氧发生反应，并将臭氧分解。包括美国在内的少数国家已经禁止使用这些产品，但很多国家依然在使用。

随着臭氧水平在20世纪80年代持续下降，人们的观点逐渐发生改变。1987年，全球禁令《蒙特利尔议定书》在全球范围达成一致。臭氧层目前呈现恢复迹象，希望到2075年，平流层臭氧含量能够恢复到1975年的水平。■

氯氟烃

氯氟烃（CFCs）是由碳、氯和氟原子组成的化学物质，无毒，不易燃，非常稳定。活性低的特点使其用处广泛，这也是它们如此具有破坏性的原因。氯氟烃可以存在100多年，具有充分扩散到平流层的时间。在那里，它们被强烈的紫外光分解，释放出氯，氯与臭氧反应形成氧气。

氯氟烃最早在1928年生产，被用作冰箱冷却剂，后来被广泛用于喷雾剂产品，如杀虫剂、护发素和喷漆。

氯氟烃的替代品是氢氯氟烃（HCFCs）和氢氟烃（HFCs）。氢氯氟烃也会消耗臭氧层，但破坏力小得多。2020年，各国逐步淘汰氢氯氟烃。氢氟烃不会损害臭氧层，却是作用非常强的温室气体。因此，各国在2016年达成协议，从2019年起，它们也将被逐步淘汰。

从20世纪50年代起，驱虫剂之类的喷雾剂产品就得到广泛使用。直到20世纪70年代，人们才知道它们所含的氯氟烃具有破坏性影响。

我们急需改变

自然资源枯竭

背景介绍

关键人物
娜奥米·克莱恩（1970—）

此前

1972 年 联合国人类环境会议呼吁国际合作保护环境。

1980 年 35 个国家启动《世界自然资源保护大纲》，引入可持续发展理念。

1992 年 在里约热内卢举行的联合国地球峰会制定《21 世纪议程》，概述了 21 世纪资源管理计划。

此后

2015 年 联合国可持续发展峰会确定 17 个可持续发展目标，并启动一个由 193 个成员国通过的宏大全球议程。

在《改变一切：气候危机、资本主义与我们的终极命运》（*This Changes Everything: Capitalism vs The Climate*，2014）中，娜奥米·克莱恩（Naomi Klein）对政府和企业消耗自然资源的方式进行了抨击。她坚持认为，"道德石油"不仅是字面上的矛盾，"更是一种暴行"。作为加拿大公民，克莱恩一直反对开采阿萨巴斯卡沥青（重油砂）矿，这是加拿大西部三个主要油砂矿中油砂储量最大的一个。油砂矿床位于数千平方英里的针叶林下。从沥青砂

参见: 砍伐森林 254~259页, 过度捕捞 266~269页, 淡水危机 286~291页, 人类对自然的统治 296页, 人类对地球的破坏 299页。

从加拿大的沥青砂中**提取原油**对环境非常有害。在提取过程中产生的温室气体，占加拿大每年温室气体排放量的十分之一。

中露天开采原油，对环境危害特别大。大片森林被清除，留下一个个充满污染物的池塘。这些污染物可能渗入土地、河流和地下水中，杀死鱼类、候鸟和其他动物。

全球行动

20 世纪 80 年代，工业化对环境的影响和地球资源面临枯竭已经成为令人关注的问题。联合国成立了世界环境与发展委员会，该委员会在 1987 年发表了一份名为《我们共同的未来》的报告。包括科学家、农学家、外交官员、技术专家和经济学家在内的各领域参与撰写的专家明确表示，人类未来需要各国以可持续发展且公平的方式来平衡生态和经济之间的关系。以可持续发展的目标管理地球资源，关键在于减少对化石燃料的使用、避免过度砍伐森林和优化水资源管理。

五年后，1992 年，在里约热内卢举办的地球峰会上，有 172 个国家签署了环境决议。其中包括《21 世纪议程》，这是各国政府共同努力保护自然资源和环境的计划。然而，事实证明，该计划具有挑战性，后来举办的地球峰会更加强调和呼吁各国加强国际合作，以实现既定目标。

石油峰值

化石燃料是世界上最宝贵的资源之一。现代人越来越依赖石油，挥霍石油，养成了一种不可持续的生活方式。20 世纪 70 年代的石油危机凸显工业化国家对石油资

娜奥米·克莱恩

1970 年，克莱恩生于加拿大蒙特利尔。她的父母在政治上很活跃，她从小就对世界运行方式有深刻理解。她的第一个工作单位是多伦多的《环球邮报》。她的处女作《颠覆品牌全球统治》是一本畅销书，批评全球化和大企业的贪婪，第二本书《休克主义》抨击新自由主义。随后，克莱恩针对企业利益高于环境和人类利益的行为策划社会运动。她的《改变一切》后来被拍成电影。克莱恩牵头众多运动，其中包括抗议基石（Keystone）输油管线项目——这是反对使用化石燃料和气候变化的象征。2016 年 11 月，她被授予澳大利亚悉尼和平奖。

主要作品

2000 年 《颠覆品牌全球统治》
（*No Logo*）

2007 年 《休克主义：灾难资本主义的兴起》（*The Shock Doctrine: The Rise of Disaster Capitalism*）

2014 年 《改变一切：气候危机、资本主义与我们的终极命运》

> 保护自然资源是根本问题。除非能解决这个问题，否则一切都是徒然。
>
> ——西奥多·罗斯福

源的依赖。随后，人们认识到石油是一种有限资源。科学家已经考虑过这个问题，并计算出石油供应达到峰值的日期，在到达峰值之后，石油资源开采成本变得异常昂贵，将逐渐耗尽。1974年，科学家预测石油开采峰值日期为1995年，同时指出，有几个潜在的变量和未知数，如消耗率、新型技术和尚未发现的储量。21世纪初，科学家给出了新的日期，有些将石油使用时间延长到2030年或更久。然而，2011年，美国环保人士比尔·麦克基本（Bill McKibben）宣称，计算石油峰值日期毫无意义；如果所有已知石油储量都被用尽，燃烧产生的碳将使地球升温10℃，是"安全"温度上限的5倍，2℃是气候学家在2009年计算出的"安全"温度上限。科学在发展，而预测使用化石燃料的风险仍然很大。

拯救树木

森林是地球不能失去的宝贵自然资源。森林数量减少对气候构成严重威胁。树木是"碳汇"，这意味着它们吸收二氧化碳促进自身生长，降低了大气中的二氧化碳含量，进而减缓全球变暖进程。树木是一种可再生资源，个人、企业和政府经常种植树木来对使用化石燃料进行补偿，但种植数量并不充足。根据地球之友组织做出的报告可知，全球每年消失大量森林，导致本应由森林吸收的温室气体直接进入大气层，数量可达全球温室气体排放量的15%。

拥有全世界大约50%物种的热带雨林特别容易受到砍伐的影响。在过去50年里，仅亚马孙热带雨林就消失了约17%的面积。正如《我们共同的未来》说的那样，部分原因在于发展中国家为采矿、伐木和种植经济作物清除热带雨林，可以从大企业那里赚到钱。例如，在印度尼西亚，为建立油棕榈种植园，森林被集中砍伐。绿色和平组织（Greenpeace）报告说，印度尼西亚在过去50年中砍伐、焚烧或退化的热带雨林面积相当于德国国土面积的两倍。联合国和其他组织现在为发展中国家提供技术建议和财政激励，让发展中国家以更可持续的方式管理森林。

土壤退化

表层土壤可能是世界上最被低估的资源之一。这个庞大的生态

复活节岛

复活节岛古代居民的命运说明了管理自然资源的重要性。繁荣时期的复活节岛曾经约有1.2万人，人们建造了巨大的石制纪念碑。但是，欧洲人在1722年发现该岛时，人数已经减少到只有2000人。

当地人衰亡的原因是对脆弱的生态系统管理不善，特别是大规模砍伐森林，以及部落之间的战争。这些巨大的石像，或称摩埃（moai），是用石头制成的，需要用原木做滚柱将其从采石场运往举行仪式的场所。因此，岛上大部分棕榈树被砍伐，没有木材用来制作捕鱼船，导致许多人饿死。

1862年，随着奴隶贩子到来，悲剧发生了。1500名岛民被俘，被带到秘鲁，几乎所有人死在那里。最终设法回家的15名岛民在不知不觉中把天花病毒带到岛上。1877年，岛上只剩111名幸存者。

大约有887个摩埃遍布复活节岛拉诺拉拉库火山口的山坡。用来雕刻石像的石料出自该火山口。

15世纪意大利艺术家保罗·乌塞洛（Paolo Uccello）画作中的**茂密森林**在欧洲得以重现。20世纪90年代以来，欧洲森林面积增加了1700万公顷。

系统，由动物、微生物、植物根系和矿物质组成，是一个复杂而易被破坏的结构，形成缓慢，容易失去。据世界自然基金会估计，在过去150年里，世界上一半的表层土壤侵蚀由风雨所致。然后，表土颗粒在河流聚集和沉积，进而堵塞河流。土壤流失是由于过度放牧、拆除树篱，以及使用影响土壤结构的农药造成的。可以采取休耕、建造梯田和水坝，以及种植针对性植物等措施缓解土壤流失。例如，在尼泊尔的阿丹达村，人们用扫帚草来保护陡峭的斜坡。这种植物可以锁住土壤，还是一种饲料作物，也可以用来制造扫帚。

水资源危机

清洁饮用水是一种有限资源。地球表面大约75%是水，其中97.5%是咸水。在剩下的2.5%的淡水中，大部分被锁在冰川或深层地下含水层中。世界上仅有0.01%的水可以供人使用。饮用水分布也不均匀，在炎热、干旱的地区，水比温带地区更为稀缺。

人口压力和贫富差距也会对水供给产生影响。联合国认为，每个人每天至少应该获得50升淡水。但是，在非洲撒哈拉以南，人们每天靠10升水生活，而美国人平均每天消耗350升淡水。

有些大企业在全世界收购水源。一些科学家警告，人类目前对水的使用模式继续发展下去，同时人口增长率保持不变，到2030年，全球对清洁水的需求量将超过供应量的40%。

未来计划

我们显然需要新战略来拯救世界，使其免遭人类破坏。转换工程是一个新兴的多学科交叉领域，可能会有所帮助。它旨在利用现有的基础和条件找到创新的方法，以最大限度地减少人类活动对环境的影响并管理资源。

转换工程已经取得一些进展，部分归功于娜奥米·克莱恩这样的人发起的社会运动。包括英国在内的一些欧洲和亚洲国家，已经决定逐步淘汰使用化石燃料的汽车。然而，在其他领域，社会经济和政治问题仍然是改革道路上的障碍。正如《我们共同的未来》所述，在可持续发展原则下满足人类的目标和愿望，"需要我们所有人积极支持"。∎

你必须从人类社会的存亡这一视角来思考……不仅要考虑变化的量级，更要关注变化的速度。

——本杰明·霍顿
（英国地理学家）

船越来越大，捕的鱼却又小又少

过度捕捞

背景介绍

关键人物
约翰·克罗斯比（1931—）

此前
1946年 国际捕鲸委员会成立，审查和控制捕鲸活动，扭转了捕鲸活动导致的鲸鱼数量急剧下降趋势。

1972年 过度捕捞和强烈的厄尔尼诺现象导致秘鲁沿海的凤尾鱼渔业崩溃，对国家经济造成重创。

此后
2000年 世界自然基金会将鳕鱼列入濒危物种名单，并发起英国海洋生态环境恢复运动。

2001年 杰里米·杰克逊（Jeremy Jackson）等海洋生物学家追溯人类过度捕捞的历史。

2010年 联合国教科文组织"爱知生物多样性目标11"要求：到2020年，被保护的沿海和海洋区域达到总面积十分之一。

1992年，一项立法改变了加拿大大西洋沿岸省份的生态、社会经济和文化结构。加拿大联邦渔业和海洋部长约翰·克罗斯比（John Crosbie）宣布暂停捕捞大西洋鳕鱼。他的决定至关重要，因为北方鳕鱼的数量已经下降到以前数量的1%。该地区鳕鱼已经被过度捕捞，若继续捕捞将导致该水域鳕鱼数量无法恢复。克罗斯比称这是他在政治生涯中最艰难的时刻。这一决定使成千上万的加拿大人失业。500年来，捕捞鳕鱼一直是海边居民，特别是纽芬兰居民的生活参见: 地球整体观 210~211页, 污染 230~235页, 人类对地球的破坏 299页, 可持续生物圈规划 322~323页。

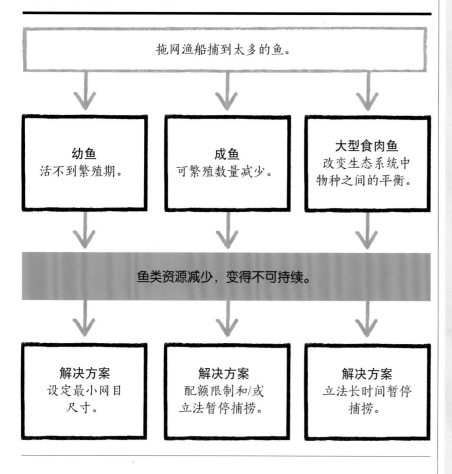

拖网渔船捕到太多的鱼。

幼鱼
活不到繁殖期。

成鱼
可繁殖数量减少。

大型食肉鱼
改变生态系统中物种之间的平衡。

鱼类资源减少, 变得不可持续。

解决方案
设定最小网目尺寸。

解决方案
配额限制和/或立法暂停捕捞。

解决方案
立法长时间暂停捕捞。

海洋保护区

建立海洋保护区(MPAs)是渔业管理的有力工具, 可以合法保护鱼类资源和生态系统。海洋保护区覆盖全球约3.5%的海洋, 但只有1.6%的海洋保护区是严格的"禁止捕捞区"。在此区域内, 严禁捕捞、采掘、倾倒、钻探或疏浚(清淤)活动。一项采用元分析的科学研究表明, 在严格遵守"禁止捕捞"的海洋保护区中, 鱼类物种多度平均比没有保护的区域高670%, 比得到部分保护的海洋保护区高343%。禁止捕捞区同时有效保护和恢复了受损的生态系统。太平洋莱恩群岛保护区的珊瑚礁在十年内从厄尔尼诺造成的灾害中恢复过来, 但保护区外的珊瑚礁没有得到恢复。一些研究表明, 由法律强制实施的保护区甚至可能有助于补充保护区外的渔业资源。

来源。

1992年的"暂停捕捞法"原本是两年的有效期, 但由于鳕鱼数量没有恢复, 在绝大多数地区该法依然有效。2005－2015年, 纽芬兰东北沿岸的北方鳕鱼数量每年增长约30%, 但南部一些区域的鳕鱼数量恢复速度较慢。然而, 2017年和2018年, 鳕鱼数量急剧下降。鳕鱼总体数量仍然太低, 无法支持大规模捕捞活动。这个问题是由气候变化导致的, 温度升高导致鳕鱼及其食用的生物难以生存。纽芬兰渔民已经从捕鱼转向捕虾和螃蟹,

而在鳕鱼数量增加的区域, 鳕鱼食用虾的数量也在增加, 这给纽芬兰渔民带来更严重的打击。生态系统不能同时维持大规模的虾、蟹和鳕鱼捕捞产业。

可持续收获

纽芬兰面临的问题说明了渔业管理的复杂性, 渔业管理往往基于最大持续产量的概念: 从海洋中捕获的鱼类数量应等于通过繁殖补充的数量。这通常是通过配额来实现的, 配额限制一个季节可以捕捞的鱼类数量, 可以遏制过度捕捞

大眼鲹是马尔佩洛动植物保护区内的众多物种之一。该保护区是热带东太平洋最大的禁渔区, 以鲨鱼多而闻名。

生态系统破坏

大规模捕捞活动多方面扰乱海洋生态系统的平衡，减少目标鱼类种类和数量，扰乱食物链，破坏了海洋环境。

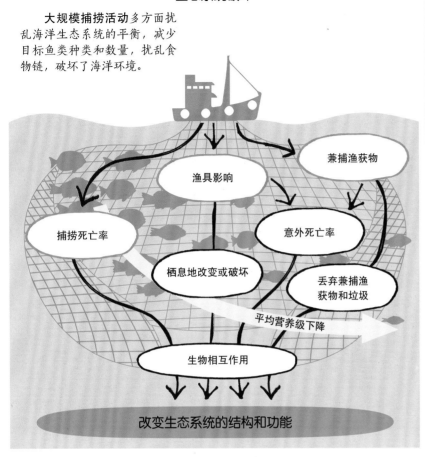

> 我没有从该死的水里捞一条鱼。
>
> ——约翰·克罗斯比

行为。例如，2015年，美国水域16%的鱼类资源被过度捕捞，低于2000年的25%。配额制度可能促使渔民只捕捞大鱼，将小鱼扔回海里，这些小鱼经常死于被捕时产生的胁迫。在许多情况下，配额也没有设定一个真正可持续发展的限度；商业性渔民往往有相当强的游说力量，他们关注的是捕捞更多的鱼带来的短期经济收益，而不是长期可持续性发展。渔业管理可能因海洋的开放获取性、非法捕捞，以及缺乏监管等因素而进一步复杂化。

全球危机

过度捕捞现在是一个全球性问题，世界上超过30%的渔业捕捞量超过当地生物极限，90%的鱼类资源目前已经处于极限或过度捕捞阶段。渔业如果想要继续提供就业机会和满足消费者需求，进行可持续性管理势在必行。一般来说，采取的管理策略取决于问题的性质。如果鱼在未成熟时就被捕获，这将限制未来鱼群的繁殖能力，不能保持快速繁殖，不能保持鱼群数量。对捕鱼设置最小尺寸限制，可以帮助控制这种类型的过度捕

捞。如果捕获太多的成鱼，剩下的鱼不够繁殖和补充目前数量。在这种情况下，可以采用暂停捕捞和限定捕捞配额等手段。最后一种情况是，过度捕捞，即渔业资源枯竭，导致生态系统发生变化，而且无法在可持续发展水平维持鱼类种群。这种情况通常发生在大型捕食性鱼类被过度捕捞的时候，这使较小的饲料鱼数量增加，改变整个生态系统。在北大西洋发生了这种情况：因为没有鳕鱼，其三个主要食物来源——虾、蟹和多春鱼——的数量都在增加。

过度捕捞问题现在因气候变化和污染而变得更加复杂，气候变化和污染也正在影响海洋生态系统，后果严峻。如果全球持续变暖，将会引起海洋温度升高、海冰融化、风向和洋流规律发生变化。由此发展下去，海洋上层的营养物质将转移到深海，使海洋生态系统养分不足，浮游植物光合作用减弱，而浮游植物是海洋食物链中的基础食物。在三个世纪内——到2300年——世界渔业产量可能减少20%，北大西洋和西太平洋地区

的产量可能减少50%~60%。这些预测是美国加州大学欧文分校的科学家在2018年基于极端的全球变暖假设做出的，气温上升9.6℃。他们的模型显示这是有可能的。

寻找新的解决方案

海产品人均消费量，从20世纪60年代的每年人均9.9千克上升到2016年的人均超过20千克。预计到2030年，全球对海产品的需求量将达到约2.36亿吨。水产养殖，即鱼类和海鲜养殖，已经开始满足大部分消费需求，并有可能减轻野生鱼类种群的压力。然而，水产养殖也有自身的问题。水中添加的养分和各类固体会导致环境退化。养鱼场中大量的鱼产生的有机质积累会改变沉积物的化学成分，从而对周围的水产生影响。鱼也可能逃脱，逃出养鱼场的鱼可能引发物种入侵或将疾病引入外部淡水或海洋环境。

鱼类养殖有助于满足消费需求，但过度捕捞仍然对世界海洋生态系统的健康和许多国家的经济构成巨大威胁。加拿大禁渔法令严重破坏了纽芬兰和临海各省的经济发展。为避免这种危机，各国（地）政府必须发展可持续渔业，并保护生态系统和鱼类种群的健康。■

中国建造的**深海鲑鱼养殖场**正在运往挪威。这个巨大的半潜式圆筒水产养殖场为每年生产150万条鲑鱼设计。

污染影响

破坏海洋生态系统的污染主要有两种途径。第一种常见的问题是化肥污染：许多含有氮和磷的化肥流入海洋，导致水华出现（水华是藻类或浮游植物过度生长），这些藻类随后死亡。当它们分解时，会吸收大量氧气，在水中形成一个无法维持生命存在的"死亡区"。鱼类若不离开这种水域就将面临死亡，生活在海岸附近的幼鱼在进入开阔的海洋前就处于危险之中。2017年，墨西哥湾当年的死亡区面积超过2.2万平方千米。另一个威胁是塑料污染，因为鱼会吃下塑料，又会被网和塑料碎片缠住。据估计，海洋中有超过5万亿块塑料碎片，每年新增800多万吨。如果人们对塑料污染不进行干预，到2050年，海洋中的塑料总量将超过鱼类总量。

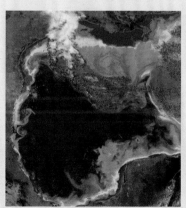

在这张墨西哥湾的卫星图片中，大量的浮游植物以红色的形式呈现。细菌分解腐烂的藻类，释放二氧化碳，并吸收氧气。

野兔泛滥

物种入侵

背景介绍

关键人物

瑞安·**M.** 吉恩

迈克尔·**J.** 克劳利（1949—）

此前

1951年 《国际植物保护公约》通过，以防止有害生物通过植物和植物产品国际贸易进行传播和扩散。许多国家遵守这一公约。

1958年 英国生态学家查尔斯·埃尔顿所著《动植物入侵生态学》（*The Ecology of Invasions by Plants and Animals*）是第一本关于入侵生物学的书。

此后

2014年 英国贝尔法斯特女王大学和南非斯坦林布什大学的生态学家对一些"世界上最严重的"入侵物种的研究表明，可以通过这些物种的行为预测其对生态的影响。

有些对生态系统严重的破坏是由物种入侵造成的。入侵物种可能是植物、动物或其他生物，它们不是该生态系统的原生物种，主要是由人类有意或无意引入的。它们可能成为当地动植物的竞争者、捕食者、寄生者和杂交者，最终威胁当地物种的生存。

兔子兴起

最著名的物种入侵案例之一是澳大利亚引入欧洲兔。1788年，有11艘来自英国的船只登陆植物学

参见：捕食者-猎物方程 44~49页，捕食者对猎物的非消费性效应 76~77页，人类活动与生物多样性 92~95页，食物链 132~133页，生态系统 134~137页，种群变化的混沌现象 184页。

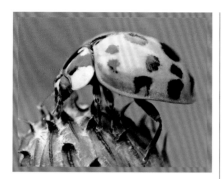

小丑瓢虫是世界上最具侵略性的瓢虫，2004年首次在英国出现。据报道，它们导致7种本地瓢虫数量减少。

澳大利亚境内兔子的蔓延

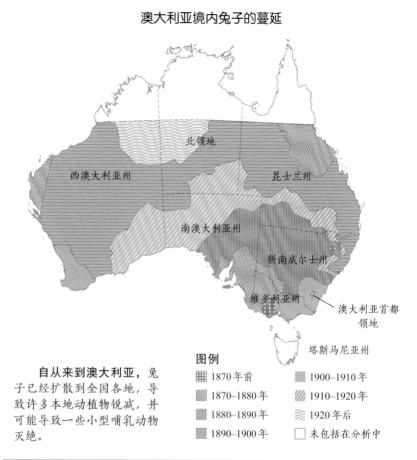

北领地

西澳大利亚州

昆士兰州

南澳大利亚州

新南威尔士州

维多利亚州

澳大利亚首都领地

塔斯马尼亚州

图例

▦	1870年前	▨	1900–1910年
▧	1870–1880年	▨	1910–1920年
▥	1880–1890年	▨	1920年后
▤	1890–1900年	□	未包括在分析中

自从来到澳大利亚，兔子已经扩散到全国各地，导致许多本地动植物锐减，并可能导致一些小型哺乳动物灭绝。

湾（Botany Bay），在澳大利亚建立了第一个流放地。在英国"第一舰队"上，共有1000多人，包括罪犯和移民，还有6只当作食物的欧洲兔子。

19世纪40年代，兔子已经成为澳大利亚人的主要食物，被圈养在石头围栏内。1859年，在澳大利亚定居的托马斯·奥斯汀（Thomas Austin）进口了12对欧洲兔子，在维多利亚基隆附近的自家庄园内释放，从此改变了澳大利亚。20年后，兔子已经进入南澳大利亚和昆士兰，然后在接下来的20年里进入西澳大利亚。到1920年，兔子数量达到100亿只。

兔子看起来十分无害，但它们对澳大利亚本地种造成了严重伤害。兔子与它们争夺草、根和种子等食物资源，并且导致土地退化。在干旱的时候，兔子导致的问题变得更加棘手，因为它们为了生存会吃掉能够找到的任何东西。人们多次尝试对野生兔子数量进行控制。例如，建立超过3200千米的兔子防护栏，在1950年和1995年引入黏液瘤病毒和兔子杯状病毒，后者相对比较成功。由病毒引发的疾病已被证明是最有效的控制兔子数量和保护本地种的方法。

成功秘诀

随着入侵物种在世界各地蔓延，科学家试图找到它们如此成功的原因，以及在不额外造成新的生态系统问题的前提下控制它们了。

因为缺少外来入侵物种失败的对比数据，所以科学家遇到困难，但已经发展出许多理论来解释某些物种在非原生环境中的成功，其中包括资源有效性假说、竞争力增强的进化假说，以及天敌释放假说。

一般来说，物种是否能够入侵取决于遗传、生态和人口因素。1985年，生态学家菲利斯·科利（Phyllis Coley）、约翰·布赖恩特（John Bryant）和F. 斯图亚特·蔡平（F. Stuart Chapin）首次提出资源有效性假说，认为入侵物种之

斑马贻贝

　　斑马贻贝的例子展示了控制入侵物种的多种方法，以及由此带来的挑战。斑马贻贝是一种指甲大小，壳上有深色条纹的小软体动物。斑马贻贝原产于欧亚大陆，1988年在北美五大湖区被发现，可能是欧洲来的船排出的压舱水将其带来的。从那时起，斑马贻贝开始在美国中西部扩散，甚至在加利福尼亚州都发现了它们的踪迹。

　　斑马贻贝附着在蛤蜊和其他贻贝上，滤食当地物种赖以生存的藻类。它们还堵塞发电厂和饮用水的供水管道。目前对它们的控制方法包括使用化学药品、热水和过滤系统。虽然每种方案都取得了一定成功，但没有一种解决方案能够安全根除贻贝。因此，它们继续在美国各地的水道中蔓延。

　　我们正在见证世界动植物区系的一次伟大的历史巨变。

——查尔斯·埃尔顿

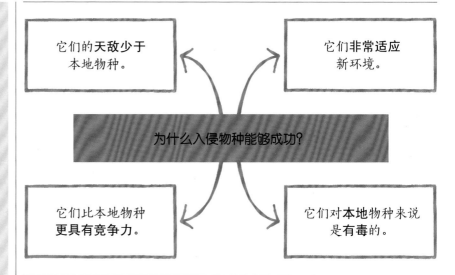

为什么入侵物种能够成功？

它们的天敌少于本地物种。

它们非常适应新环境。

它们比本地物种**更具有竞争力**。

它们对**本地物种来说是有毒**的。

所以能够兴盛起来，是因为它们已经很好地适应了新的环境，并且可以利用任何过剩资源。生态学家贝恩德·布劳斯（Bernd Blossey）和罗尔夫·纳佐德（Rolf Nötzold）在1995年发表竞争力增强的进化假说，认为入侵植物在其所处环境中面临较少的食草动物，可以在繁殖和生存上分配更多的资源，从而在与本地物种的竞争中胜出。生态学家瑞安·M.吉恩（Ryan M. Keane）和迈克尔·J.克劳利（Michael J. Crawley）在2002年发表的文章《外来植物入侵和天敌释放假说》（*Exotic Plant Invasions and the Enemy Release Hypothesis*）中提出天敌释放假说，他们认为入侵物种在其所处环境中天敌较少，因此可以大量传播。事实上，入侵物种的成功很可能是许多机制共同作用的结果。

植物入侵

　　葱芥（*Alliaria petiolata*）的入侵证实了物种入侵的几种假说。葱芥原产于欧洲、亚洲中西部和非洲西北部。早期的北美定居者将其带到北美，他们用葱芥烹饪，并当作药物。葱芥由此快速传播开来，其大规模入侵影响了树木幼苗的生长，减少了原生植物的多样性，导致森林生态系统发生变化。

　　在原生栖息地，葱芥被多达69种昆虫食用，但这些昆虫在北美一种都没有。没有天敌的葱芥入侵成功证实了天敌释放假说。葱

　　在北美，**葱芥**具有很强的入侵性，会抑制其他植物生长。在原生栖息地，葱芥有强烈的气味，但依然是一种有吸引力的野花。

甘蔗蟾蜍自从1935年被引入澳大利亚以来，其竞争优势已经超过了当地青蛙，因为它们的繁殖速度要快得多。

芥成功地与当地植物抢夺资源，满足资源有效性假说。这种植物甚至会分泌次生化合物，通过抑制其他植物萌发和生长来"攻击"原生植物。这支持了生态学家温蒂·M. 里德诺（Wendy M. Ridenour）和雷根·M. 卡拉威（Ragan M. Callaway）在2004年提出的"新型武器"假说，该假说假设入侵物种拥有生化攻击能力，使其比本地物种更有优势。

控制的艺术

成功入侵的物种极难控制，几乎无法根除。如果该物种是一种植物，最简单的移除方法就是将其拔起或砍掉，但这种方法，尤其在处理大面积物种入侵时，需要大量人力物力。使用化学制品处理物种入侵往往能见到成效，但也会破坏本地物种和土壤环境，并对人类构成威胁。

生物控制是一种人们经常使用的方法，或称"生物防治"，通过引入入侵物种的天敌来消灭入侵物种。早期有一个成功案例：1926年，以仙人掌为食的仙人掌飞蛾从南美洲被引入澳大利亚，仙人掌是18世纪70年代被引进的，它的大面积传播导致新南威尔士和昆士兰的农田无法耕种。20世纪30年代早期，大多数仙人掌已经被消灭了。

并非所有生物防治措施都是

有效的，一些防治措施甚至会造成灾难性后果。例如，甘蔗蟾蜍在1935年被引入澳大利亚，想利用它们来控制破坏甘蔗田的入侵物种灰背甘蔗甲虫。因为甘蔗蟾蜍在夏威夷成功控制了甲虫，所以人们以为它们在澳大利亚也会十分有效。然而，灰背甘蔗甲虫主要在甘蔗茎的顶部进食，甘蔗蟾蜍却够不到甘蔗茎顶部。人们缺乏对这两种生物生活环境的了解，导致错误选择甘蔗蟾蜍作为生物防治手段。当人们意识到这个错误时，蟾蜍已经扩散到整个澳大利亚，任何试图吃掉这种有毒两栖动物的捕食者都被毒死了。

即使用生物控制手段抑制入侵物种，它们也可能造成生态系统或当地社区经济失衡。因此，若没有事先进行广泛研究，监管者往往犹豫不决，无法立刻决定使用生物

控制手段。世上没有可以控制每个入侵物种的灵丹妙药。它们依赖复杂的生态系统相互作用，科学家需要设计野外实验，验证野外入侵物种如何入侵的假说。∎

该采取行动了，栖息地付出的代价和经济成本……已经失控了。
——布鲁斯·巴比特
（美国内政部长，1993—2001）

系统的微妙平衡随温度升高而失衡

春季蠕变

"

现在的变化速度比我十年前想象的快得多。

——卡米尔·帕尔梅桑

"

大多数科学家现在都认同这一观点：由温室气体增加导致的气候变化正在使全球平均温度升高。联合国政府间气候变化专门委员会（下文简称IPCC）指出，自1880年以来，全球气温上升了1℃，而且在一些地区内的变暖趋势更加明显。这种变暖影响了动植物行为，IPCC预测，在未来100年内，气温将进一步上升1.4～5.5℃。

动植物的生命周期随季节变化而变化。物候学就是研究这些季节性变化的学科。这些变化可能是由温度、降雨量或日照时间引起的。在地球的温带和极地地区，温度可能是最重要的因素，而在热带地区，降雨则是关键因素。2003年，研究气候变化的科学家卡米尔·帕尔梅桑（Camille Parmesan）和加里·约埃（Gary Yohe）证明春季在提前，这一现象被称为"春季蠕变"。

季节蠕变

过去几十年来，人们发现春天的树叶和花朵出现得更早。这些说法过去经常不会被承认，因为缺

季节变化对动植物的影响

植物发芽，开花，结果，落叶。

哺乳动物**繁殖**和**养育幼崽**。有些哺乳动物在冬天会冬眠。

天气的季节性变化

鸟类筑巢繁殖。许多鸟类（和其他动物）需要长途迁徙。

在孵化后，两栖动物、昆虫和一些其他动物从一种身体形态变为另一种身体形态。

所有生命形式都会对季节周期带来的天气变化做出反应。迁徙、繁殖、开花、冬眠和变态都受这个周期影响。

参见: 动物生态学 106~113页, 动物行为 116~117页, 植物生态学基础 167页,
全球变暖 202~203页, 濒危栖息地 236~239页, 阻止气候变化 316~321页。

乏实例、数据或数据集等实证科学依据。2003 年,卡米尔·帕尔梅桑和加里·约埃发表了基于 1700 多个物种的分析研究报告,证明这种变化是真实存在的。他们的数据显示,春季确实来得更早,平均每 10 年早 2.3 天。近年来,其他科学家的研究也支持他们的发现。

植物的许多生理变化都是受温度影响的,其中包括生长,叶、花和果实的出现,以及叶子衰老。大多数食物链都是从植物开始的,这些变化会影响兔子和鹿等食草动物,以及影响蜜蜂和蝴蝶等传粉者。这些生物都位于食物链底端(初级消费者)。如果它们很难找到食物,那些捕食它们的生物(次级消费者)也会因为缺少猎物而遭受影响。

气候变化的影响

全球变暖会产生许多影响。在世界上大多数温度较低的地区,无霜期比以前更长,这为植物提供了更长的生长时间。随着一些地区变得更干旱或更湿润,强降雨和洪水变得更加普遍。湖泊的有毒水华现象越来越频繁。极地地区的冰盖面积也在减少。所有这些变化已经影响并将继续影响动植物的行为。

自 1993 年以来,欧洲环境署(EEA)一直在认真收集来自数千项研究的数据(有些数据最早可以追溯到 1943 年),而且利用这些数据做出欧洲春季嬗变的图表。欧洲环境署的研究表明,植物产生花粉、青蛙产卵和鸟类筑巢的日期也提前了。根据调查得到的数据,许多生命周期受气温控制的昆虫(喜温昆虫,如蝴蝶和小蠹虫)繁殖期变长,这使其每年都能多繁殖几代。例如,一些以前一年繁殖两代的蝴蝶现在可以繁殖三代。

植物学家在西班牙研究了 29 种植物。他们发现:2003 年树木发芽的时间比 1943 年平均提前 4.8

有些种类橡树叶子在秋天凋落前不久会变红。比较每年发生这种情况的日期,可以为气候变化提供证据。

天;开花的时间比 1943 年提前 5.9 天;结果的时间比 1943 年提前 3.2 天;叶片掉落日期推迟 1.2 天。在英国,数据更加夸张:针对 53 个植物物种的研究显示,2005 年,发芽、开花和结果时间比 1976 年提前

卡米尔·帕尔梅桑

美国著名学者卡米尔·帕尔梅桑教授出生于 1961 年,主要研究领域是气候变化。1995 年,她在得克萨斯大学奥斯汀分校获得生物科学博士学位,她的早期研究涉及昆虫与植物相互作用的演化。在过去 20 年里,她致力于记录北美洲和欧洲的蝴蝶地理分布变化,并将这些变化与气候变化联系起来。帕尔梅桑一直是 IPCC 的领军人物,她的研究成果被数百篇学术论文引用。她也是得克萨斯大学奥斯汀分校的综合生物学教授,并担任国际保护机构的顾问。

主要作品

2003 年 《气候变化印记的全球一致性》(*A Globally Coherent Fingerprint of Climate Change Impacts*)

2015 年 《植物与气候变化的复杂性与不可预测性》(*Plants and Climate Change: Complexities and Surprises*)

近6天。同样，在英国研究的315种不同种类的真菌，它们的结实期在20世纪下半叶从33天延长到75天。

植物生长季节变长听起来像是好消息，但温度升高带来好处的同时也会带来问题。并不是所有昆虫都受人欢迎，更多休眠昆虫往往能躲过更短、更温和的冬天而不会被冻死，有些昆虫可能因此发生爆炸性种群增长，并产生破坏性侵扰。春季变暖使松树叶蜂（其幼虫以松针为食）发育得太快，以至于以其为食的鸟类和寄生虫无法控制它们的数量。失去控制的叶蜂，将剥光树上的针叶，阻碍松树生长。

迁徙和冬眠

为寻找更丰富的食物来源而在春天迁徙的鸟类也面临问题。有些鸟类调整了迁徙时间，以更好地迎接大量提前出现的昆虫。燕子从非洲撒哈拉沙漠以南，长途飞行到英国。近年第一批燕子比1970年提前了大约20天到达英国，而第一批崖沙燕比以前提前了25天到达目的地。然而，有证据表明，从中美洲迁徙到美国新英格兰的鸟类比全年留在新英格兰的鸟类减少得更快。这可能是因为候鸟未能调整它们离开中美洲的日期，未能及时到达，无法像当地鸟类一样从提前出现的大量昆虫中获益。

气候变化似乎也改变了冬眠哺乳动物的行为。落基山生物实验室的动物学家发现，生活在科罗拉多州的黄腹旱獭在1999年出现的时间比1975年提前了38天。2012年，阿尔伯塔大学的科学家发现，在过去20年里，因为降雪推迟导致落基山地松鼠从冬眠中苏醒的时间推迟了10天。这缩短了本来就很短的活动期。在活动期里，它们交配、生育、进食，为下一个冬眠周期做准备。

解耦

一些生物的生存可能因为物种间相互作用的"解耦"（decoupling）而受到威胁。这可能严重破坏生态系统平衡。如果开花期提前，给植物授粉的蜜蜂可能做出两种反应：蜜蜂可能提前出现，或者转移到高纬度地区，寻找（匹配）远离赤道的开花较晚的地

有些种类的蜜蜂现在在春天会提前出现，与其授粉的植物提前开花时间一致，但有些蜜蜂种类却未能与花期同步提前出现。

我们在数年前曾怀疑的事情现在已经非常明确了。政策需要跟上科学发展的步伐。
——卡米尔·帕尔梅桑

大山雀在喂幼鸟。如果大山雀在春季毛虫出现高峰期后进行繁殖，幼鸟的食物就会减少，能存活下来进行繁殖的数量也就会更少。

方。对北美洲东北部 10 种野生蜜蜂的研究表明，它们的行为确实随着花期提前到来而发生了变化。然而，科罗拉多州的大黄蜂并没有适应这种变化，它们的数量已经开始下降。如果传粉者数量下降，依靠它们授粉的植物数量也可能下降。

有证据表明，许多初级消费者已经适应了自然现象的改变，但食物链中地位较高的物种似乎难以适应这种改变。现在鸟类筑巢的时间已经相对提前，但昆虫出现的时间却提前得更快，这对受昆虫数量峰值影响的鸟类来说就成了问题。例如，斑姬鹟和大山雀用春季短时间大量繁殖的毛虫喂养幼鸟。由于气候变化，毛虫峰值出现提前，但鸟儿们还未能完全将产卵期提前，

无法充分利用食物丰富的时节。研究表明，斑姬鹟和大山雀存活的数量在减少。荷兰林地的斑姬鹟数量有所下降，这可能就是气候变化的结果。

采取行动

所有这些令人担心的证据都促使世界各地的气候学家游说各国政府，要求改变政策。春季蠕变已经成为研究气候变化发生的确凿证据，因此研究人员呼吁政策制定者与全球变暖做斗争，拯救受物候变化威胁的常见物种。■

壁蝶与气候变化

气候变化有时会产生意想不到的结果。例如，在英国，壁蝶的生活史被不断变化的气候条件打乱。

以前，蝴蝶每年夏天都会繁殖两代。夏末的成虫会交配，雌虫产卵，然后卵发育成幼虫。在 9 月，这些幼虫有了充足的食物，可以长大，并在整个冬天冬眠。春天，幼虫蜕变成蛹，然后变成成虫。

现在，天气变暖使第三代壁蝶在秋天发育，到 10 月中旬成虫还可以存活。但是，第三代幼虫孵化的时候，因为食物不足，大多数会饿死。科学家将此称为"发育陷阱"，这可能是壁蝶数量下降的原因。

我研究的这种蝴蝶的迁徙范围超过半个大陆，这个范围确实很大，后来被证实了。

——卡米尔·帕尔梅桑

传染病是威胁生物多样性的主要原因

两栖动物病毒

背景介绍

关键人物

马尔科姆·麦卡勒姆（1968—）

此前

1989年 在哥斯达黎加曾经常见的金蟾蜍灭绝，人们对此提出了众多假设。

1998年 在美国，许多毒镖蛙在华盛顿特区的国家动物园死亡。人们认为是壶菌导致的。

此后

2009年 坦桑尼亚的野生奇汉西喷雾蟾蜍被宣布因感染壶菌灭绝。

2013年 第二种壶菌感染导致荷兰火蜥蜴濒临灭绝。

2015年 在进行抽样的82个国家中，有52个国家的两栖动物检测到了壶菌。

自20世纪80年代以来，数百种两栖类动物数量锐减或局部灭绝，而这个速度是不受人类影响的自然背景灭绝速度的200倍。这一令人震惊的现象在1999年首次引起公众关注，美国环境科学家马尔科姆·麦卡勒姆（Malcolm McCallum）发表了关于畸形青蛙数量急剧增加的研究成果。他接着发表了关于两栖动物种群衰落和灭绝的重要研究。

造成这个问题的原因很多，包括栖息地被破坏和污染，以及外来物种竞争。最具毁灭性的原因之一无疑是疾病，其中有两种疾病尤其致命。

壶菌和蛙病毒

壶菌病是一种由壶菌引起的疾病，尤其对青蛙和蟾蜍种群造成严重影响。这种真菌影响两栖动物的皮肤，导致它们不能呼吸，不能补充水分，也不能调节体温。这种

北美牛蛙对壶菌有抵抗力，但它是感染其他种类两栖动物的致命带菌者。

真菌的确切来源尚不清楚，而全球范围内各种活体两栖动物贸易，一直是真菌传播的主要原因，其中包括把两栖动物做宠物、食物、鱼饵或用于研究。

蛙病毒是从一种鱼类病毒进化而来的。蛙病毒感染两栖动物和爬行动物，自20世纪80年代以来导致大量青蛙死亡。常见的产婆蟾蛙病毒会导致出血、皮疮、嗜睡和消瘦。这种病毒的毒性非常明显，能够从一个物种跨越到另一个物种。■

参见: 生物群区 206~209页，污染 230~235页，濒危栖息地 236~239页，砍伐森林 254~259页，过度捕捞 266~269页。

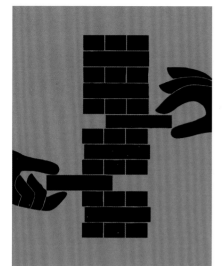

设想以下场景：你要建楼，有人却在偷砖

海洋酸化

背景介绍

关键人物
肯·卡尔代拉（1960—）
迈克尔·E. 维克特（1971—）

此前
1909 年　丹麦化学家索伦·索伦森（Søren Sørensen）发明了用于测量酸度的 pH 标度。

1929 年　美国生物学家阿尔弗雷德·雷德菲尔德和罗伯特·古德金德（Robert Goodkind）发现水中过量二氧化碳会使鱿鱼窒息。

1933 年　德国化学家赫尔曼·瓦滕伯格（Hermann Wattenberg）在分析"流星号"考察船的大西洋考察结果时，对海洋酸度进行了首次全球性调查。

此后
2012 年　美国海洋学家詹姆斯·C.扎克斯（James C. Zachos）和同事利用来自海洋沉积物的化石，证明过去海洋酸化导致海洋生物大规模灭绝。

向空气中增加二氧化碳，不仅会引发气候变化，还会使海洋酸性增强。到目前为止，海洋已经减缓了全球变暖进程，吸收了人类活动增加到大气中的二氧化碳的一半。然而，二氧化碳改变了海洋的化学成分。

2003 年，美国气候学家肯·卡尔代拉（Ken Caldeira）和迈克尔·E. 维克特（Michael E. Wickett）研究二氧化碳污染对海洋的影响。他们从世界各地采集海水样本，发现在过去 200 年的工业化过程中，海水酸度明显增加。他们创造了"海洋酸化"这一术语，并预测这种变化可能在未来 50 年加剧，并有破坏性后果。

> **因燃烧化石燃料而释放到大气中的大部分二氧化碳将被海洋吸收。**
> ——肯·卡尔代拉和迈克尔·E. 维克特

许多海洋生物依靠海水的天然碱度来维持碳酸盐平衡，以形成贝壳和骨骼。特别是对于敏感生物来说，如珊瑚和浮游生物，即使碱度稍有下降，也会严重干扰其生长。海洋酸化可能在几十年内导致珊瑚灭绝；如果它们消失，珊瑚礁生态系统也会随之消失。浮游植物是海洋食物网的基础，对维持全球氧气水平至关重要。

海洋酸化比二氧化碳排放对大气的影响更难逆转，其对生物多样性、渔业和食品安全的毁灭性影响也是一个严重问题。■

参见： 全球变暖 202~203 页，污染 230~235 页，濒危栖息地 236~239 页，酸雨 248~249 页，阻止气候变化 316~321 页。

城市扩张对环境的危害不可小觑

城市蔓延

 20 世纪 50 年代以来，"城市蔓延"（urban sprawl）一词被广泛用于描述高密度城市核心以外的低密度郊区的增长。1955 年，英国《泰晤士报》首次使用这个词来描述伦敦郊区的扩张。当时，英国规划部门在城市周围设立"绿带"，禁止在绿带建造新建筑。设计绿带是为阻止城市扩张，阻止城市与其他城镇合并。

现代对城市蔓延的定义各不相同，但通常都有负面含义。在极端情况下，城市蔓延曾经创造出大城市——联合国将人口超过 1000 万的城市定义为大城市。这样的大城市包括东京-横滨（3800 万人）、雅加达（3000 万人）和德里（2500 万人）。

老城区被淹没在一个面积很大的、多中心的且大部分是低密度的高度异质化的城区中。
——罗伯特·布鲁格曼

生态平衡被打破

有些研究人员声称，城市蔓延是人类对生物多样性构成的最大威胁。新郊区的人口相对较少，但需要大量且不成比例的基础设施，如电力、供水和交通网络。随着城市扩大，宝贵的农田被混凝土覆盖，自然栖息地遭到破坏或完全消失。城市扩张还因为引入宠物和入侵植物干扰了当地动植物区系，从而威胁到本地种。低密度地区有限的公共交通设施也意味着住在郊区的家庭有多辆车，这与偏远的棚户区穷人燃烧木材和使用煤炉一样，导致城市空气污染加剧。

目前世界上城市发展覆盖的面积是法国国土面积的 1.5 倍。墨西哥城的扩张比西方其他任何

参见: 污染 230~235页, 濒危栖息地 236~239页, 砍伐森林 254~259页, 自然资源枯竭 262~265页, 两栖动物病毒 280页。

托卢卡曾经是墨西哥城西部一个风景如画的古镇。如今, 这座拥有 80 多万人口的城市正以高昂的生态代价逐渐融入墨西哥城。

城市都要大。它的扩张范围远远超出了官方界限, 成为 2100 多万人的家园, 而且其增长也不成比例: 1970—2000 年, 这个城市占地面积增长速度是其人口增长速度的 1.5 倍。虽然该市 59% 的土地是保护地, 但非法砍伐和城市蔓延仍然继续破坏着森林、草原和水源。

据预测, 到 2050 年, 仅中国、印度和尼日利亚的城市增长就将占世界所有城市增长的 37%。在许多大城市, 低收入者曾经居住的人口密集的街区正被拆除, 以便为低密度的"高档"街区让路, 将城市边界以及低收入者推向远离市中心的地方。新建社区对汽车的依赖, 以及缺乏中央交通枢纽, 意味着人们享有社区生活的机会很少。

中国政府已经意识到城市化带来的问题, 试图通过限制住宅土地供应和控制人口流入, 控制上海和北京等大城市的人口数量。中国也在建设人口密度更高的社区和更多的公共交通设施, 这将有助于社区的形成。■

濒危的蝾螈

墨西哥城蔓延的受害者之一是一种看起来像鱼, 实际上是两栖动物的浅色小蝾螈。它们有时被称为会行走的墨西哥鱼, 能长到 30 厘米长, 以水生昆虫、小鱼和甲壳类动物为食, 并具有再生断肢的能力——这一特性使人工饲养的蝾螈成为科学研究的重要研究对象。养殖的蝾螈常见于世界各地的水族馆。

从历史上看, 野生蝾螈生活在 13 世纪阿兹特克人建造首都时创造的城市运河中, 以及城市周围为运河提供水源的湖泊中。随着墨西哥城的扩张, 这些运河逐渐消失, 野生蝾螈数量随之减少。2006 年, 蝾螈被列入极危物种名录; 2015 年, 人们认为这种生物可能已经灭绝。然而, 此后有人在墨西哥城南部的霍奇米尔科湖发现了蝾螈样本。

我们的海洋正在变成塑料汤

塑料荒地

20 世纪初，塑料开始被大规模生产。这种材料的多功能性和耐用性让世界为之惊叹，可以将其制成任何形状，使用后就可以扔掉。但是，塑料的主要问题是，大部分塑料永远不会消失。根据英国商业刊物《经济学人》的数据，自 20 世纪 50 年代以来，全球共生产 63 亿吨塑料，只有 20% 被燃烧或回收。这意味着 80%（50 亿吨）的塑料在垃圾填埋场或自然环境中的其他地方。

污染海洋

微塑料（直径小于 5 毫米的微小塑料碎片）比其他塑料更难清理。海洋中 90% 的塑料都是微塑料，它们像浑浊的汤一样在洋流中涌动。1997 年，美国海洋学家查尔斯·J. 摩尔（Charles J. Moore）

船长首次发现了这个问题，他在 2011 年出版的《塑料海洋》（*Plastic Ocean*）一书中强调了这个问题。在一次游艇比赛返航回家时，摩尔在太平洋遇到了一片巨大的塑料碎片。现在已知大太平洋垃圾带（GPOGP）表面积比法国、德国和西班牙的面积总和还要大，该垃圾带是由北太平洋环流积聚的 7.9 万吨微塑料组成的。

大西洋、印度洋和北海等较

悉尼港一个被清空的"**海上垃圾桶**"。2015 年，澳大利亚建立海上垃圾桶项目，过滤港口和港湾的表层水，以减轻海上塑料污染。

参见：物种灭绝和变异 22页，地质均变论 23页，自然选择进化论 24~31页，遗传法则 32~33页。

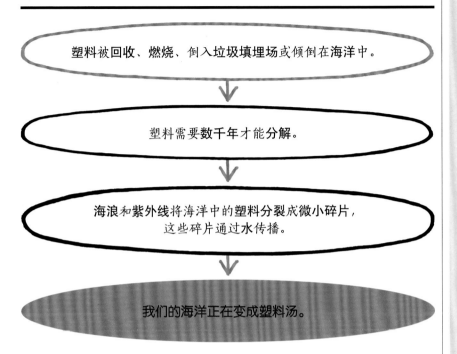

塑料被回收、燃烧、倒入垃圾填埋场或倾倒在海洋中。

↓

塑料需要数千年才能分解。

↓

海浪和紫外线将海洋中的塑料分裂成微小碎片，这些碎片通过水传播。

↓

我们的海洋正在变成塑料汤。

小的水域也有海洋垃圾带。化妆品公司在20世纪90年代推出的塑料微珠加剧了这个问题。它被用于个人护理产品，如肥皂、洗面奶和牙膏，这些微珠从废水系统进入河流和海洋，在那里被鱼和其他动物摄入。这些微珠具有与微塑料同等的破坏力。

限制塑料使用

清理塑料污染是一项非常艰巨的任务。将塑料分解成组成它们的化学成分需要大量能源，这也会破坏环境。最好的解决办法是学会脱离塑料生活。大多数国家已经禁止或正在努力逐步淘汰在美容产品中使用塑料微珠，许多国家效仿孟加拉国在2002年的做法，正在禁止商家提供一次性塑料袋。其他措施包括禁止使用塑料吸管，推广可重复使用的水瓶和可回收或降解的包装物。∎

我们已经遏制不住"用完就扔"的社会风气，它已经全球化了。我们无法储存、维修或回收所有我们拥有的东西。
——查尔斯·J.摩尔

对野生动物的影响

塑料以多种方式对野生动物构成威胁。较大的塑料，如塑料袋，可能导致动物窒息或勒死鸟类和海洋动物。如果动物摄入塑料袋，可能损害消化系统，或因为胃阻塞而饿死。如果动物摄入微塑料，毒素就会进入脂肪组织，随后沿着食物链向上传递。

根据绿色和平组织的数据，90%的海鸟、三分之一的海龟，以及超过一半的鲸鱼和海豚都食用过塑料。甚至生活在西太平洋马里亚纳海沟（全世界海洋最深处）的一些甲壳类动物也摄入了塑料。

有些企业开始正视减少塑料使用的需求。例如，美国佛罗里达州的一家酿酒厂已经找到了一种方法，可以用酿造啤酒的副产品制作六瓶装的系环，这样被套在其中的海鸟就可以将它们咬掉。

一只被困在六瓶装啤酒系环中的**北方塘鹅**。沿着海岸觅食的鸟类，如海鸥，特别容易被这样的碎片困住。

淡水是公共信托，也是基本人权

淡水危机

> 生命需要清洁的水，剥夺水权就是剥夺生存的权利。争取水权的斗争将是这个时代的主题。
>
> ——莫德·巴洛

2008年，加拿大活动家莫德·巴洛（Maude Barlow）认为，水资源短缺已经成为21世纪最紧迫的生态和人类危机。她强调水是"公共资源"（共享资源），使用水是一项基本人权。她表示，如果人们浪费、污染或过度消费水资源，以后将不能依赖自然水循环（水在地球表面和大气之间不断交换）供水。她说，在发展中国家已经出现水资源危机。在发展中国家，取水任务主要落在妇女和儿童身上。人们需要采取措施，否则世界其他地区都要受到影响。

大约11亿人没有便利的水源，27亿人一年中至少有一个月缺水。尽管70%的地球表面被水覆盖，但几乎所有的水都是咸水，只有0.014%的水是容易获取的淡水。这部分淡水主要来自河流、湖泊和地

2007年，**印度人**在海得拉巴贫民窟排队取水。印度在2018年遭遇严重的水资源危机；预计到2030年，水的需求量将是供给量的2倍。

下含水层（含地下水的岩石层）。人类饮用、清洗、灌溉，以及工业生产都需要用水。所有植物和陆生动物都需要淡水才能生存，因此所有生物都受到水资源危机的影响。

废水

人口越多，使用的水资源越多。其中很大一部分水资源被浪费，特别是发达国家，人均用水量是发展中国家的10倍左右。淡水源已经开始枯竭（例如，墨西哥和美国之间的格兰德河的大部分地区都已枯竭），或者已经被污染得无法使用。印度恒河和印度尼西亚的芝塔龙河是世界上污染最严重的两

参见: 生态系统 134~137页, 污染 230~235页, 酸雨 248~249页, 人口过剩 250~251页, 自然资源枯竭 262~265页。

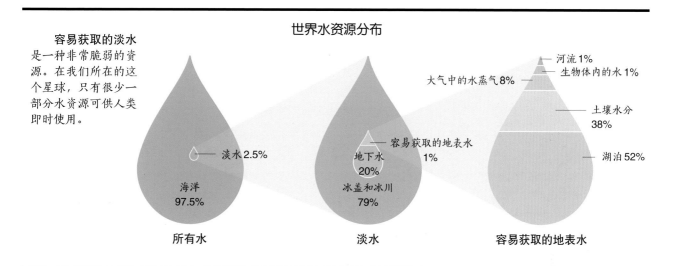

容易获取的淡水
是一种非常脆弱的资源。在我们所在的这个星球,只有很少一部分水资源可供人类即时使用。

世界水资源分布

条河流;按照目前的速度,河流污染情况将进一步恶化。到2030年,世界上三分之二的人口可能面临水资源短缺,生态系统也会受到影响。

需求增加

自1970年以来,人类对淡水的使用增加了2倍,需求量增加了

640亿立方米,人口每年增长8000万是其中部分原因。人类生活方式和饮食习惯的改变也推动了用水需求的增长,因为这些改变需要更多的水。生物燃料生产急剧增加,对水的需求产生了重大影响。每生产1升生物燃料需要1000~4000升水。

20世纪,地球上一半的湿地

被农田或公路取代,或者因为对地下水的抽取速度高于含水层补充水源的速度而消失。湿地减少意味着当地依赖其生存的动植物也随之消失。几乎一半饮用水来自含水层。每年大约从含水层获取1000立方千米的水,其中三分之二用于灌溉,22%是家庭用水,11%是工业用水。然而,大部分含水层的补充

莫德·巴洛

莫德·巴洛,1947年生于加拿大多伦多,社会活动家和水问题专家。她著有畅销书《水资源战争:向窃取世界水资源的公司宣战》。她曾经担任联合国水问题顾问,并争取将获取水的权利视为一项基本人权。2012年,她协助创建"蓝色星球项目"(Blue Planet Project)。巴洛是加拿大人理事会社会行动小组主席,也是2005年获诺贝尔和平奖提名的"千名和平妇女"之一,2008年获得加拿大环境保护领域的最高荣誉——终身成就奖。

主要作品

2002年 《水资源战争:向窃取世界水资源的公司宣战》(Blue Gold: The Fight to Stop the Corporate Theft of the World's Water)

2007年 《蓝色公约:全球水资源危机和面临的水权之战》(Blue Covenant: The Global Water Crisis and the Coming Battle for the Right to Water)

2014年 《蓝色未来:为人类和地球保护水资源》(Blue Future: Protecting Water for People and the Planet Forever)

咸海干涸

一艘船搁浅在咸海干涸的湖底上。大面积水域消失对农业、气候和当地渔业产生了毁灭性影响。

位于哈萨克斯坦和乌兹别克斯坦交界处的咸海，曾经是世界上第四大湖，如今大部分消失了，这是一场巨大的生态灾难。20世纪60年代早期，汇入咸海的两条主要河流被改道灌溉整个中亚的数百万株棉花。2004年6月，联合国警告，除非采取措施拯救咸海，它可能完全干涸。咸海流入的水量只有以前的10%，变成了几个较小的湖泊。

咸海当时的总水量只有1960年总水量的十分之一。咸海大片区域现在变成了沙漠。湖中的大部分鱼和其他水生生物随着湖水一起消失了。这里的渔民曾经可以捕捞到锡尔河鲟鱼，但随着湖水面积减少，咸度上升，鲟鱼数量急剧下降。人们现在正在努力补充该水域水量，水域表面积和深度有所增加，鱼类数量也在上升。

速度比抽取速度慢得多，随着人类使用增加而出水量逐渐减少。如果地下水位下降，一些湖泊和河流就会干涸。自1990年以来，中国河流总长度减少了大约一半。北美的五大湖面积也正在缩小，温尼伯湖受到威胁，巨大的奥加拉拉含水层正在枯竭。巴西是地球上水资源最丰富的国家，也有水供给问题。随着情况逐渐恶化，水资源问题将成为日益加剧的人类冲突的根源。

水资源短缺

缺水有两种类型。物理性缺水会影响没有丰富的天然水资源的地区，如北非、阿拉伯半岛、中亚和南亚大部分地区、中国北部和美国西南部。相反，当有水却没有可以利用的基础设施时，就会出现经济性缺水，这是撒哈拉以南非洲大部分地区和中美洲部分地区的情况。居住在这些地区的人们每天不得不花几个小时步行到最近的供水地点。许多孩子因为要取水而失去

世界各地水资源短缺情况

图例

无

1~9个月

10~12个月

● 面临水资源短缺的
　主要城市

图中显示了用水城市的平均**水资源短缺**情况。水资源短缺即给定地区总取水量超过可再生水资源供应总量。取水量越高，意味着更多的用户在争夺有限的水资源。

伦敦　纽约　伊斯坦布尔　北京　东京　大阪　上海　洛杉矶　墨西哥城　开罗　德里　孟买　里约热内卢　圣保罗

> 就水资源而言，世界还没有真正清醒地认识到我们面临的危机。
>
> ——拉金德拉·帕卓里
> （IPCC主席）

了受教育的机会。

野生动物问题

水资源危机不仅对人类有不利影响，而且可能导致某些物种数量减少，甚至灭绝。例如，生活在南美洲亚马孙河与奥里诺科河流域的亚马孙河豚的数量已经大大减少，部分原因是采矿导致重金属污染，以及修建水坝限制鱼类向产卵地迁移，而亚马孙河豚以这些鱼类为食。在中国，世界上最大的两栖动物中国大鲵（俗称娃娃鱼），也因用于蓄水和水力发电的大坝的修建而成为极危种。这些工程改变了河流的自然流动状态，破坏了生物栖息地。

生态系统管理的整体观对于防止水资源危机进一步恶化至关重要。例如，利用"清洁"能源运行的污水处理厂可以用废水给生物燃料作物做肥料，而生物燃料反过来可以用于净化水，并不增加温室气体排放。

可饮用废水

新技术还可以将废水直接转化为饮用水，这个过程曾经耗能非常大。政府间气候变化专门委员会强调，水管理政策可能导致更高的温室气体排放。但是，如果使用太阳能提供转化驱动能源，就可以避免温室气体排放增加。中东地区的海水淡化工厂已经开始用太阳能取代石油，作为动力来源。有些地方，如位于季风区的国家，有季节性大雨，雨水一旦流入被污染的河流，就不能利用。雨水收集和储存计划均可以帮助解决这个问题。

其他有效举措包括减少污染、降低灌溉用水和工业浪费，为发展中国家提供新的技术解决方案，以及达成国际协议——毕竟流域不受国界限制。■

> 每个水资源丰富的国家都面临问题。
>
> ——莫德·巴洛

索尔兹伯里的水

在澳大利亚南澳大利亚州的阿德莱德，索尔兹伯里郊区正在使用一种新型水循环利用系统，将默里河和含水层的水开采量减少约一半。当地污水处理厂的废水和排水沟的雨水经过处理后，被引入50个湿地。这些湿地中有芦苇和其他水生植物，可以进一步净化水质。从湿地回收的非饮用水随后被输送给索尔兹伯里的居民，用于冲洗厕所、给花园浇水、洗车和给观赏池塘供水。

除提供具有可持续性的水源外，该系统还促进了新建立的湿地内的生物多样性。目前生活在湿地或偶尔出现在湿地的鸟类包括鸭子、琵鹭、苍鹭、鹈鹕、鸬鹚和迁徙性涉禽，还有两栖动物和鱼类物种，以及许多水生无脊椎动物。

索尔兹伯里的水循环系统具有环境效益，能够减少对现有水资源的需求，通过新建湿地来增加生物多样性。

ENVIRONMENTALISM AND CONSERVATION

环境保护主义与环境保护

弗朗西斯·培根宣称
人类能够控制自然，
这一观点被后人称为
"帝国主义生态学"。

亨利·大卫·梭罗在
森林里的小木屋中
写下的《瓦尔登湖》
代表了**浪漫主义**
生态学思想。

美国发明家查尔斯·弗里茨
制造第一块硒**太阳能光伏**
电池板。

联合国教科文组织发起
"人与生物圈"计划，
目的是鼓励**可持续的**、
对生态环境友好的
经济发展方式。

约**1620**年　　**1854**年　　**1883**年　　**1971**年

1789年　　**1864**年　　**1966**年

吉尔伯特·怀特在《塞尔伯恩
博物志》中详细记录了家乡
附近**野生动植物**生长习性。

乔治·珀金斯·马什
警告人类行为对自然的
破坏性影响。

林恩·怀特提出**环境危机**的
根源在于西方（主要出于基督
教）的人类中心主义世界观。

早在 17 世纪，英国哲学家和科学家弗朗西斯·培根就表示必须控制和管理自然。与此相反，18 世纪末，英国牧师吉尔伯特·怀特撰文支持人与自然和平共处。在他所处的时代，强大的新型蒸汽机引发了工业化造成的破坏，因此反对工业化后来成为环保运动的主要推动力。

美国外交家乔治·珀金斯·马什在 1864 年出版的《人与自然，或人类活动改变的自然地理》可能是对人类破坏性影响的第一个系统分析。另外，马什警告，砍伐森林可能导致沙漠出现，并指出资源匮乏通常是人类活动的结果，而不是由于自然原因。

可更新清洁能源

在工业革命之前，大多数能源都是可再生的——人类和动物的劳动力、风车、水磨和可持续使用的木材。从 18 世纪中期开始，人类使用的能源出现了向煤炭的巨大转变。煤炭成为炉子和工厂的最有效的燃料，这样的代价是令人窒息的污染和当时未知的大气温室气体含量上升。

然而，19 世纪 80 年代，美国发明家查尔斯·弗里茨制造出第一块硒太阳能光伏电池板，它可以将太阳能转化为电能，是新能源的关键设备。德国实业家维尔纳·冯·西门子不久就看到了光伏电池产生无限能源的巨大潜力，但太阳能

的广泛应用却经历了一个世纪的时间。水力是第一种能够大规模发电的可持续"清洁"能源——20 世纪末，现代风能、潮汐能、波浪能和地热能也被纳入这一行列。

环境伦理

1937 年，美国总统富兰克林·罗斯福，在集约化农业扩张导致破坏性的沙尘暴之后写道："一个破坏土壤的国家就是在毁灭自己。"1949 年，美国生态学家、林学家奥尔多·利奥波德在其环境理念中阐明了一个反复出现的主题，倡导"土地伦理"，即人与所处环境之间的责任关系。第二次世界大战后，许多国家通过立法来确

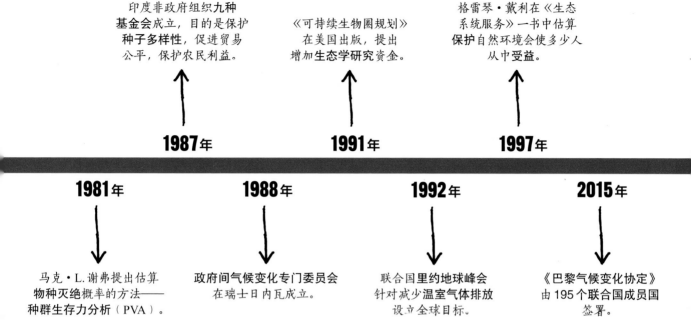

印度非政府组织**九种基金会**成立，目的是保护**种子多样性**，促进贸易公平，保护农民利益。

《可持续生物圈规划》在美国出版，提出增加**生态学研究**资金。

格雷琴·戴利在《生态系统服务》一书中估算保护自然环境会使多少人从中受益。

1987年

1991年

1997年

1981年

1988年

1992年

2015年

马克·L.谢弗提出估算物种灭绝概率的方法——种群生存力分析（PVA）。

政府间气候变化专门委员会在瑞士日内瓦成立。

联合国里约地球峰会针对减少温室气体排放设立全球目标。

《巴黎气候变化协定》由195个联合国成员国签署。

保空气和饮用水质量，并建立了国家公园和其他保护区。1968年，联合国教科文组织举行巴黎生物圈会议，世界第一次发出集体声音，促使人与生物圈计划在三年后提出。

环保意识提高

公众对环境的关注表现在一些主要的环境保护组织的建立。国际自然保护联盟成立于1948年，紧随其后的是世界自然基金会（1961）、地球之友（1969）和绿色和平组织（1971）。1969年，美国加利福尼亚州圣巴巴拉发生大规模石油泄漏事件，参议员盖洛德·纳尔逊提出在全国举办活动的想法，以宣传环境遭受的各种威胁。第一个世界地球日，即1970年4月22日，数百万人在美国各地游行。这次活动声势浩大，推动了清洁空气、清洁水和濒危物种相关法案通过，并促使美国环境保护署成立。

1973年，德国经济学家恩斯特·舒马赫在畅销书《小即美》中使用了"自然资本"一词，描述生态系统如何为我们提供复杂的服务。这个概念启发了美国环境学家格雷琴·戴利和其他人，他们认为生态系统是资本资产，如果管理得当，可以提供重要的商品和服务。

国际合作

两个联合国机构——世界气象组织和联合国环境规划署——在1988年成立了政府间气候变化专门委员会，以评估人类活动导致的气候变化风险。

1992年，联合国在里约热内卢召开地球峰会，其规模和关注范围都是前所未有的。这是一系列寻求达成全球温室气体排放协议的国际会议的第一个，会议取得了圆满成功。国际合作现在是拯救地球环境的关键所在。■

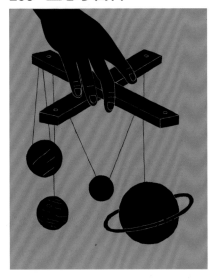

人类对自然的统治必须建立在认识自然的基础上

人类对自然的统治

14—17世纪的文艺复兴主要与欧洲迅速发展的文化艺术有关，天主教的权威当时开始受到挑战。这也是一个科学取得非凡进步的时代，有人认为这是一场"科学革命"的开端。天文学、物理学和医学上的发现，使人们产生了这样的想法：科学可以告诉人类关于宇宙的一切，而知识将使人类成为宇宙的主人。

当时，许多科学家相信，上帝在创造宇宙的过程中，为人类预备了一个适宜居住的地方。英国哲学家、科学家弗朗西斯·培根（Francis Bacon）是科学方法发展的先驱，他进一步强化了这一观点。在他看来，自然界的存在就是为了供养人类，应该被人类征服和利用。

培根的观点后来被称为"帝国主义生态学"，即人类的科学和技术知识应该用来统治自然世界。帝国主义生态学成为整个文艺复兴时期的启蒙运动（18世纪致力于追求知识的运动），以及后来18世纪和19世纪的工业革命中的主流意识形态。■

弗朗西斯·培根爵士身着议会长袍的画像。培根有显赫的政治生涯，他在1603年被封为爵士，1618—1621年担任英国大法官。

参见： 全球变暖 202~203页，地球整体观 210~211页，污染 230~235页，环境伦理学 306~307页。

大自然是伟大的经济学家

人与自然和平共处

背景介绍

关键人物
吉尔伯特·怀特（1720—1793）

此前

公元前4世纪 古希腊哲学家提奥奇尼斯（Diogenes）主张放弃文明的舒适生活，"与自然和谐相处"。

1773年 美国博物学家威廉·巴特拉姆（William Bartram）开始对美国东南部野生动物进行实地研究，研究结果记录在1791年出版的《旅行》（Travels）一书中。

此后

1949年 美国生态学家奥尔多·利奥波德出版《沙乡年鉴》，探索人类的"土地伦理"或"对自然的责任"这一观念。

1969年 "地球之友"（Friends of the Earth）在美国成立（最初是一个反核组织），这标志着现代绿色运动的开端。

18世纪晚期，科学技术的快速发展推动了英国工业化和城市化进程，因为人们寻求控制和开发自然世界。然而，英国当时仍有许多人依靠土地生活和工作。受过教育的在农村生活的人中有些人对科学和自然很着迷。新一代博物学家从这个群体中脱颖而出，他们建议人类应该从科学研究中学习如何与自然和谐相处，而不是试图去控制自然。

田园生态

1789年，乡村牧师和博物学家吉尔伯特·怀特（Gilbert White）出版《塞尔伯恩自然史》（*Natural History and Antiquities of Selborne*），此书后来被称为"田园生态"的开创性著作。怀特在牛津大学接受教育，是一位思想敏锐的园丁和鸟类学家。从1751年起，怀特开始仔细观察汉普郡乡村周围的野生动物，并做了详细的笔记。这本书根

读了怀特的"塞尔伯恩"后，我很喜欢观察鸟类习性，甚至还做了笔记。

——查尔斯·达尔文

据怀特与几个志同道合的博物学家针对他的发现而展开的通信记录整理而成，但并非只是收集数据。怀特引人入胜的诗风传达出有说服力的信息；他的作品摒弃了征服自然的"帝国主义"思想，转而鼓励人与自然界取得平衡——就像古希腊阿卡迪亚的神秘田园风光一样，怀特的方法就是以此命名的。■

参见：浪漫主义、自然保护和生态学 298页，环境伦理学 306~307页，绿色运动 308~309页，阻止气候变化 316~321页。

世界藏在荒野中

浪漫主义、自然保护和生态学

背景介绍

关键人物
亨利·大卫·梭罗（1817—1862）

此前

1662年 倡导森林保护的英国日记作家约翰·伊夫林的著作《希尔瓦》（*Sylva*）被提交给英国皇家学会。

1789年 吉尔伯特·怀特出版《塞尔伯恩自然史》，这本书引发了反"帝国主义生态学"思潮。

此后

1872年 美国总统尤利西斯·S. 格兰特签署创建美国第一个国家公园黄石公园的法案。

1892年 在旧金山，苏格兰裔美国自然保护主义者约翰·缪尔成立塞拉俱乐部。

1971年 联合国教科文组织启动人与生物圈计划。

浪漫主义是 18 世纪末兴起的一场新的文化运动，从很多方面来看是对启蒙运动的科学理性主义的回应。随着工业化在城市地区的发展，作家、艺术家和作曲家开始越来越多地颂扬自然世界。当时富裕的中产阶级受到对自然浪漫描绘的启发，开始进行徒步旅行和登山等休闲活动。通过激发人们对新兴的生态学和环境运动的兴趣，浪漫主义运动甚至影响了人们对自然的科学态度。

野生世界

自然浪漫主义的一个关键人物是亨利·大卫·梭罗（Henry David Thoreau），一位来自马萨诸塞州康科德的美国作家。他的书《瓦尔登湖》（*Walden*，1854）描述了他住在瓦尔登湖旁森林小木屋的经历。梭罗主张保护自然不是为自然本身，而是将自然作为维持人类生命的必要资源和精神财富。尽管梭罗的"荒野"生活与现代生活相去不远，但他对自然世界的浪漫描绘对美国的自然保护运动产生了重大影响，并促进了美国国家公园体系的建立。■

梭罗的简陋小屋出现在 1875 年版《瓦尔登湖》扉页上。梭罗声称，他去荒野是为摆脱城市生活的束缚。

参见: 全球变暖 202~203 页，地球整体观 210~211页，城市蔓延 282~283页，绿色运动 308~309页。

人是无处不在的不稳定因素

人类对地球的破坏

背景介绍

关键人物

乔治·帕金斯·马什

（1801—1882）

此前

1824 年 法国物理学家约瑟夫·傅里叶描述温室效应——后来被确定是全球变暖的一个因素。

19 世纪 30 年代 科学家认为，17 世纪荷兰人在毛里求斯殖民，导致渡渡鸟灭绝。

此后

1962 年 在美国，蕾切尔·卡逊的《寂静的春天》描述农药对环境的有害影响。

1971 年 美国环保主义者创建绿色和平组织。

1988 年 政府间气候变化专门委员会成立，旨在评估"人为引起的气候变化风险"。

人们曾经普遍认为自然是为人类利用而存在的，19 世纪的环境运动对这一观点做出了有力的反驳。反对"帝国主义式对待自然的态度"的争论始于吉尔伯特·怀特等博物学家，并得到浪漫主义者的回应。自 15 世纪末全球探险活动兴起以来，帝国主义式对待自然的态度一直盛行。浪漫主义观点倾向于对自然理想化，而不考察人类征服自然造成的危害。

与浪漫主义者对现代主义的感性反应形成鲜明的对比，美国博学多才的乔治·珀金斯·马什（George Perkins Marsh）仔细观察了人类对环境的影响，并提出了一些改良建议。马什对人类管理自然资源的破坏性影响感到震惊。在《人与自然，或人类活动改变的自然地理》（*Man and Nature, Or Physical Geography as Modified by Human Action*，1864）中，他特别指出，大规模的森林砍伐使美国的一些地

乔治·帕金斯·马什，1882 年的一幅版画。这位佛蒙特州人不仅是一名环保主义者，还是一位语言学家、律师、国会议员和外交官。

区沙漠化。

马什认为，人类必须意识到自己的破坏性影响，找到管理自然资源的新方法，以保持自然平衡。作为一名活动家和作家，他帮助建立了保护区原则，并促进形成了可持续资源管理的理念，这成为 19 世纪环境保护运动的核心要素。■

参见： 全球变暖 202~203 页，塑料荒地 284~285 页，人类对自然的统治 296 页，环境伦理学 306~307 页。

太阳能既没有成本，又取之不尽

可再生能源

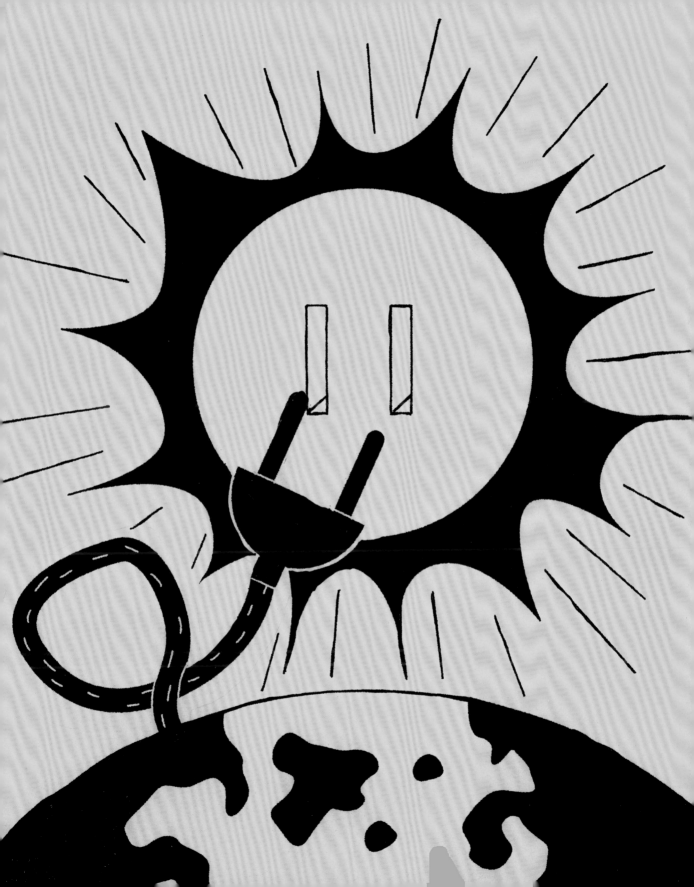

19世纪末，工业高度发展的欧洲国家已经越来越担心世界不能永远依赖化石燃料。1883年，美国发明家查尔斯·弗里茨（Charles Fritts）制造出第一块可用的硒太阳能光伏电池板时，德国实业家维尔纳·冯·西门子（Werner von Siemens）立即意识到它在可再生能源领域的巨大潜力。他宣称，太阳能供应没有限制，也没有成本。然而，当时没有人确切了解硒是如何产生光电的，西门子要求进行更多实验的呼吁也没有得到重视，太阳能电池直到20世纪50年代才被开发出来。如今，太阳能是增长最快的新能源，预计未来将主导可再生能源的增长。

可再生能源与化石燃料

人类几千年来一直在利用可再生能源——从烧木柴到用风力推动帆船。太阳能或潮汐能等可再生能源，在使用过程中不会枯竭。相比之下，煤、石油和天然气等化石燃料经过数千年才能形成，一旦耗尽就无法替代。天然气是一种储量丰富的化石燃料，但开采活动可能导致环境问题，如地震和水污染。核能可以持续使用很长时间，但由于需要一种稀有的铀矿，因此不被认为是可再生能源。

太阳能、风能和水能等能源通常也是"清洁的"——与化石燃料不同，它们产生的温室气体排放量为零或非常低。然而，并非所有可再生能源都是清洁的。几十万年来，人们一直用木柴和动物粪便来取暖和照明。树木可以被重新种植，动物会产生更多的粪便，所以这种做法是可持续的，但这些燃料燃烧也会排放二氧化碳，这就是它们没有被列为"替代"能源的原因之一，因为与其他形式的可再生能源不同。

位于美国加利福尼亚州莫哈韦沙漠的伊凡帕太阳能发电厂在一天的高峰时段可以为超过14万户家庭提供足够的电力。

参见: 全球变暖 202~203页,污染 230~235页,臭氧耗竭 260~261页,自然资源枯竭 262~265页,废物处理 330~331页。

太阳能来自太阳辐射。 → 太阳辐射是地球上能量的主要来源。

↓

太阳能是无限的资源。 ← 只要太阳存在,这种能量供应就不会停止。

可再生的清洁能源将为人类和生态系统带来巨大的长期利益。它能够减少污染,缓解全球气候变化,具有可持续性,并提高各国的能源安全性。如果能以足够低的成本提供,它也将使许多人摆脱贫困。在大约30个国家,可再生能源目前占供应能源的20%以上。

太阳能

太阳能可以满足世界能源需求的数倍。国际能源署(IEA)认为,在短期内,它是潜力最大的可再生能源。它的辐射可以通过光伏电池(就像建筑物上的太阳能电池板一样)直接转化为电能,也可以通过透镜或反射镜转化为热能,热能再转化为电能。这就是所谓聚光太阳能发电。

屋顶上的太阳能板可以加热生活用水。阳光可以通过蒸发过程用于海水淡化,这一技术最早是16世纪阿拉伯炼金术士采用的,19世纪末在智利大规模应用。在发展中国家,太阳能消毒技术正在为200多万人带来安全饮用水,其过程包括利用太阳能加热和紫外线消毒。

风能

2000多年以来,人类建造风车来抽水和磨谷物。如今,陆上和海上风力发电场的发电量约占可再生能源的9%。风力涡轮机的大叶片转动连接在主轴上的转子,主轴带动发电机旋转发电。风能目前是欧洲、美国和加拿大能源增长的主导领域。丹麦近50%的能源来自风能,而在爱尔兰、葡萄牙和西班牙,这一比例为20%。人们认为,风能的全球潜力约为目前水平的5倍。

然而,只有在经常有风的地方建造风力发电厂才有经济效益,因此这种潜力在全球各地的分布并不均匀。海上的风通常比陆地上的更强,更有规律。浮动式涡轮机能在离岸很远的地方发电,不像海床锚定风力涡轮机,后者只能安装在靠近海岸的浅水区。

人工光合作用

自20世纪70年代初以来,科学家一直致力于开发一种技术来模拟光合作用过程,并利用二氧化碳、水和阳光制造液体燃料。这三种原料都很丰富,如果光合作用过程能够被复制,就能生产出无穷无尽、相对廉价的清洁燃料和电力。

模拟光合作用有两个关键步骤:研制利用太阳能将水分解成氧和氢的催化剂,以及其他将氢和二氧化碳转化为液氢、乙醇或甲醇等高能量燃料的催化剂。美国哈佛大学的科学家最近使用催化剂把水分解成氧和氢,然后把氢和二氧化碳喂给细菌。这种生物工程细菌将二氧化碳和氢转化为液体燃料。接下来的挑战是如何将成功的实验室实验进行商业推广。

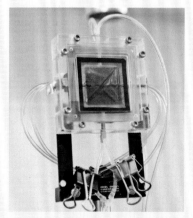

太阳能燃料发电机模拟植物将阳光和空气中的二氧化碳转化为能量和氧气。

干热岩能源

天然干热岩石裂缝可将地下深处的热水带出地表，由于易开采，被称为唾手可得的地热能。然而，它们在世界大部分地区都很罕见。绝大多数地热能储存在地表以下的干燥、无孔的岩石中。

增强型地热系统（EGS）是一种类似开采天然气和石油使用的水力压裂技术，通过压裂岩层并向岩层注入大量水产生人工裂隙。水与岩石接触后被加热，然后通过生产井返回地表。因为钻探深度的经济限制，这项技术是否能在世界许多地方推广取决于经济能力，因为钻深井费用大。但是，这种系统也存在风险，和水力压裂法一样，会引起轻微地震，所以不应该在人口密集地区或发电站附近进行。

风、太阳和地球本身提供的燃料是免费的，其数量实际上是无限的。

——阿尔·戈尔
（美国前副总统）

地热能

地球内部的热量既来自地球的原始形成时期，也来自地球内部物质的放射性衰变。从旧石器时代开始，人们在地表被地热能加热的水中洗澡。古罗马人用其来给别墅供暖。如今，至少27个国家在用地热能发电，美国、菲律宾和印度尼西亚是世界上主要的利用地热能发电的国家。

在冰岛，地热能也直接用于住宅和道路供暖。目前，科学家正在开发利用地热能来运营海水淡化厂的技术。这种可再生能源唯一的缺点是集中在地质构造板块边界附近，热量需要从地幔上升到地表。地热能潜力相当大，但开采深层资源的成本非常高。

水能

水的密度是空气的800倍，即使是缓慢流动的水流，如果加以利用，也能产生相当多的能量。例如，通过水坝或潮汐堰坝驱动涡轮机来发电。中国是最大的水力发电生产国，三峡工程就属于"大坝"工程，32台巨型涡轮机的发电能力为22500兆瓦；此外还有大约4.5万个小型水力发电站（编者注：2012年数据）。大型水力发电工程的一个不利之处是，大坝上游修建的水库可能淹没良田，使人们离开家园，破坏生态系统。尽管如此，国际能源署估计，到2023

中国三峡大坝是世界上最大的水电大坝，在2012年竣工。环保人士认为，三峡大坝对长江栖息地和生物多样性具有影响。

年，水力发电将满足全球16%的电力需求。

潮汐发电基于同样原理：流动的水带动涡轮机，涡轮机驱动发电机。潮汐发电工程的能源来源是可靠的，每次潮汐涨落都能发电，但这种工程的建设成本很高。目前，最大的潮汐发电站是韩国的西洼湖潮汐能电站，该电站在2011年建成，使该国每年产生的二氧化碳减少了28.6万吨（电站每年排放31.5万吨二氧化碳）。波浪能包括通过转换器捕获的波浪能量。2000年，第一个商业波浪发电工程在苏格兰西海岸启动。2008年，第一个多发电机波浪发电站在葡萄牙阿古卡杜拉开始运行。

生物质能

来自植物或动物的有机物被称为生物质。植物通过光合作用吸收自身生长所需的太阳能而储存能量，动物则从它们吃的植物或猎物中吸收能量。从植物、动物和人类的废弃物（如稻草、粪便和垃圾）中制造一种可再生燃料似乎是一个

　　总有一天，可再生能源将是人们满足能源需求的唯一途径。

——赫尔曼·希尔
（欧洲可再生能源协会主席）

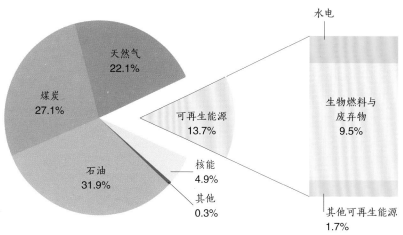

2016年世界能源供应来源

天然气 22.1%

煤炭 27.1%

可再生能源 13.7%

石油 31.9%

核能 4.9%

其他 0.3%

水电

生物燃料与废弃物 9.5%

其他可再生能源 1.7%

　　根据国际能源署发布的数据制作的2016年全球生产和供应的总能源来源**饼状图**。"其他"包括不可再生废物和不包括在别的类别中的资源，如燃料电池。

有吸引力的选择，有些燃煤发电厂已经被改造成使用燃木炉。利用生物质可以产生热、电和运输燃料，如乙醇和生物柴油。然而，生物质能并不一定是"清洁的"。作为燃料燃烧，生物质释放二氧化碳，并造成空气和颗粒物污染。砍伐原始森林以获取木材，或种植生物质能作物，如用于生物燃料的谷物，也会破坏环境。或许正因如此，在那些无法负担其他可再生能源的国家，生物质是一种更为常见的燃料。根据国际能源署的数据，2016年固体生物燃料的供应大部分在非洲，占全世界的33.2%。

未来

随着可再生能源的增长，每种能源类型的优势都必须与其不利影响平衡——从生物质污染环境到风力涡轮机叶片在候鸟死亡中起的作用。2014年，国际能源署预测，到2040年，可再生能源将占全球能源需求的40%。2018年，国际能源署进一步预测，到2023年，可再生能源将占全球电力生产消耗能源的近三分之一，其中太阳能占最大份额。洋流产生的能量也能转换成大量电能，就像在太空或海面上漂浮的太阳能电池板一样。■

科学研究地球的时代

环境伦理学

背景介绍

关键人物
奥尔多·利奥波德（1887-1948）

此前

1894 年 在《加州的群山》（*The Mountains of California*）中，苏格兰裔美国自然保护主义者约翰·缪尔描述他在野外的旅行经历。内华达山脉唤醒了他内心深处的灵性和冒险精神。

1909 年 吉福德·平肖（Gifford Pinchot）在《环保入门》（*The ABC of Conservation*）一书中认为，后代应该能够利用地球自然资源。

此后

1968 年 美国学者保罗·R. 埃利希和妻子安妮出版《人口炸弹》，警告人口增长的危险。

1970 年 6 月 22 日 美国庆祝第一个世界地球日。这一天成为全球环境教育和改革年度庆典日。

当一件事情趋向于保持生物群落的完整性、稳定性和美感时，它就是正确的，反之是错误的。

——奥尔多·利奥波德

环境伦理学将伦理学的边界扩展到人类之外的自然界。它迫使人类对自己在环境中的角色、对地球本身的义务，以及对子孙后代的责任提出质疑。

环境伦理学产生于一种日益迫近的危机感，这种危机感在通俗文学和学术著作中都有体现。1962 年，美国生物学家、环保主义者蕾切尔·卡逊撰写《寂静的春天》一书，记录了农药对环境的严重影响，并将这些问题推到了美国公众辩论的前沿。6 年后，美国生态学家加勒特·哈丁在《公地悲剧》一文中概述了过度使用共享资源和放任人口无限增长的危险。

其他作家则更多从哲学角度来看待即将到来的危机。奥尔多·利奥波德（Aldo Leopold）在 1949 年出版的《沙乡年鉴》（*A Sand County Almanac*）中概述了他的"土地伦理"，将人类置于与广阔生态系统中其他生物平等的地位。作为一个更大整体的一部分，我们的伦理关怀应该着眼于整个生态系统的功能健康，而不仅是促进人类的健康和幸福。

美国历史学家林恩·怀特（Lynn White）在 1966 年发表的开创性演讲《生态危机的历史根源》（*The Historical Roots of Our Ecologic Crisis*）中声称，环境危机是西方社会世界观导致的结果。他特别谴责基督教提倡人类中心主义的思想——这种思想认为人类比其他生物高级，从而得出自然是为

参见： 濒危栖息地 236~239页，农药残留 242~247页，自然资源枯竭 262~265页，生态系统服务 328~329页。

偏远的亚高山矿产之王峡谷在开发威胁下幸存下来。它现在仍然是一个遵循奥尔多·利奥波德的"土地伦理"原则，旨在造福一切的生态系统。

人类使用而创造的观点。

道德困境

环境伦理学通过询问动机是基于人类中心主义，还是基于值得保护的自然世界，质疑可持续发展和管理背后的道德责任，这些问题不仅出现在哲学领域，而且出现在法律和政治领域。

1969年，环保游说团体塞拉俱乐部对美国林务局的一项行政许可提出质疑，该许可允许华特·迪士尼公司在加州的矿产之王峡谷（Mineral King Valley）进行勘探——迪士尼想在那里建一个滑雪胜地。除一个禁猎区外，这个山谷没有任何官方保护措施。塞拉俱乐部认为，为这个地区的利益，应该保持它的原始状态。该诉讼被提交至美国最高法院，最高法院在1974年做出了有利于林务局和迪士尼的裁决。然而，迪士尼那时对这个开发计划已经没有兴趣了。今天，这个山谷是红杉国家公园的一部分。

遵循人类中心主义伦理和主张生态中心主义的人士还在继续斗争。特别是随着气候变化等全球敏感问题日益突出，两派观点的斗争更经常发生在政治领域。可持续发展一般是以人为中心的事业，以确保人类后代的需要得到满足。环境伦理学家倾向于认为，只有保护生态系统所有成员的未来，可持续发展才是可行的。 ■

奥尔多·利奥波德

利奥波德生于1887年，在艾奥瓦州伯灵顿长大。他毕业于耶鲁大学林学院，毕业后在美国林务局工作。他参与了将吉拉国家森林作为野生自然保护区管理的提议。1924年，吉拉国家森林成为美国第一个正式的野生自然保护区。利奥波德在1933年成为威斯康星大学狩猎管理专业教授。他死于1948年，当时正在帮助扑灭一场草地大火。他的许多关于自然历史和自然保护的文章都是在死后出版的，如《沙乡年鉴》，这本书极大地影响了新兴的环保运动。

主要作品

1933年《狩猎管理》
（Game Management）
1949年《沙乡年鉴》
1953年《环河：摘自奥尔多·利奥波德日记》（Round River: From the Journals of Aldo Leopold）
1991年《圣母河和其他随笔》
（The River of the Mother of God: and Other Essays）

思想全球化，行动本地化

绿色运动

背景介绍

关键人物
戴维·布劳尔（1912—2000）
佩特拉·凯利（1947—1992）

此前
1892年 塞拉俱乐部由苏格兰裔美国自然环保主义者约翰·缪尔在美国加州旧金山创建。

1958年 美国环保主义者抗议在加州博德加湾建造核电站的提议。

此后
1970年4月22日 第一个世界地球日活动在美国各地举行。

1972年 环保主义候选人在塔斯马尼亚、新西兰和瑞士参加竞选活动。

1996年 拉尔夫·纳德（Ralph Nader）以绿党候选人身份参加美国总统竞选。

现代"绿色运动"起源于19世纪末20世纪初成立的塞拉俱乐部（Sierra Club）等组织。面对日益增长的城市化和工业化威胁，塞拉俱乐部努力保护自然环境，以便人们享受自然。20世纪下半叶，人们对人类与环境的关系有了更深刻的认识，从而出现了一场政治上更积极的环保运动。20世纪60年代，"冷战"达到高潮，

只有保护环境，大多数依赖环境的人才能持续维持生计。

——佩特拉·凯利

1962年"古巴导弹危机"将美国和苏联推到了核战争的边缘，激发许多活动人士起来呼吁核裁军。

在这种氛围下，像美国和英国国家公园系统那样保护特定自然景观的想法，让位于更广泛的环保主义概念。社会上出现了一些组织大规模抗议活动和直接行动的激进组织。

有组织的抗议活动

最早的抗议活动组织之一是"地球之友"。1969年，环保主义者、塞拉俱乐部前领导人戴维·布劳尔（David Brower）等人在美国成立该组织，目的是阻止核电站建设。地球之友在成立之初就积极参与政治活动，针对广泛的环境问题持续游说世界各国政府和开展运动，强调经济可持续发展的重要性。1971年，北美的一些活动人士成立了"不要兴风作浪委员会"（*Don't Make a Wave Committee*），

参见：公民科学 178~183页，农药残留 242~247页，人类对地球的破坏 299页，阻止气候变化 316~321页。

绿色和平组织抗议活动之一，**活动人士乘坐小艇在英国两艘载有非法有毒物质的船只前巡逻。**

抗议美国在阿拉斯加的安奇卡岛上进行核弹试验。该组织主张直接采取行动，而不是进行政治游说，并租了一艘船前往该岛进行抗议。该组织的宣传影响了公众舆论，阻止了核弹试验。该组织后来成为绿色和平组织，这是其第一个行动。该组织持续通过直接行动来挑战那些破坏环境的活动。

绿色政治

20世纪70年代，一些国家出现了致力于环保的政党。例如：1975年，英国成立生态党；1979年，德国成立绿党。随着运动的发展，许多较小的政党开始联合起来，形成全国性的、统一的"绿色"政党。近年来，随着污染和气候变化等问题被提上新闻议程，其他老牌政党也采取了环保政策。■

除政治意愿外，我们拥有一切需要的东西。但是，你知道吗？……政治意愿是一种可再生资源。

——阿尔·戈尔

佩特拉·凯利

1947年，佩特拉·凯利（Petra Kelly）生于联邦德国冈兹堡，原姓莱曼（Lehmann），"凯利"是她继父（一位美国军官）的姓。12岁时，凯利全家移民美国，她在华盛顿学习政治学。1970年，她回到欧洲。在布鲁塞尔的欧盟委员会工作期间，她加入德国社会民主党，但对传统政治不再抱有幻想。1979年，她加入新成立的绿党。1983年，她成为议员，其竞选主题是环保和人权。1992年，她和绿党政治家格特·巴斯蒂安（Gert Bastian）被发现死在她在波恩的家中，二人显然是相约自杀。

主要作品

1984年 《为希望而战》（*Fighting for Hope*）

1992年 《与权力的非暴力对话》（*Nonviolence Speaks to Power*）

1994年 《绿色思维：论环保主义、女权主义和非暴力》（*Thinking Green: Essays on Environmentalism, Feminism, and Nonviolence*）

今天的行动改变明天的世界

人与生物圈计划

20 世纪下半叶，人们越来越意识到人类与自然世界关系的重要性。这导致联合国教育、科学和文化组织（简称"教科文组织"）在 1971 年发起了人与生物圈计划（MAB）。这是一项致力于鼓励环境可持续利用、经济均衡发展，同时保护自然生态系统的政府间合作计划。联合国教科文组织成立于"二战"后，旨在"通过教育、科学、文化、传播和信息促进世界和平、消除贫困、可持续发展和跨文化对话"。因此，它在研究人与环境之间关系方面具有独特的地位。

全球网络

该组织首先建立了一些国际公认的保护区，将其称为世界生物圈保护区网络（WNBR）。这些活动旨在表明人类文化和生物多样性是如何互惠互利的，并鼓励人们与自然环境融合，取得平衡。该组织还设法找到有效管理自然资源的方

人类正在通过**砍伐森林**和**城市蔓延**等过程改变环境。

这样的**行为**是有后果的。

全球**人与生物圈计划**收集的**数据**帮助我们了解这些后果可能是什么。

人与生物圈计划预测了今天的行动对明天的世界的影响。

参见： 人类活动与生物多样性 92~95页，生态系统 134~137页，人与自然和平共处 297页，可再生能源 300~305页，环境伦理学 306~307页，可持续生物圈规划 322~323页。

法，以造福环境和生活在其中的居民。

世界上目前有650多个保护区是该网的成员，为海洋、海岸和陆地生态系统方面的科学和文化合作研究提供了一个平台，通过保护区网络监测人类活动对生物圈的影响，特别是监测气候变化，并促进人们之间的信息交流。

本地知识

人与生物圈计划承认生物圈保护区有三个相互联系的功能：环境保护、可持续发展，以及通过教育和培训提供支持。为达到这些目标，管理者在保护区内划分区域，保护核心地区，同时为当地居民提供适当的和可持续发展的场所。

为此目的，鼓励各社区参与保护区管理工作，利用当地人对当地情况的了解，充分利用自然资源。教育人们了解环境和在全球网络上共享知识，是整个计划成功的

关键。

观念冲突

世界生物圈保护区网络的保护区选择不仅具有国际科学意义，而且往往对东道国具有重要的文化意义。它们不是由联合国教科文组织提名，而是由各国政府提名的，而且仍然由所在国家管辖。对保护区地位的国际承认，并不妨碍这些

摩洛哥妇女采集有益健康的摩洛哥坚果树果实。阿加纳雷生物圈保护区的这些树木是由当地居民精心维护的。

国家对生物圈保护区行使主权。

近年来，一些国家选择将某些保护区视为国家保护区而不是国际保护区，并从世界生物圈保护区网络中撤出。不过，世界各国政府为该计划提名的保护区一直在不断增加。■

联合国教科文组织

联合国教科文组织（UNESCO）成立于1946年，是联合国设在法国巴黎的一个机构，旨在促进和平与安全方面的国际合作。它是根据《联合国宪章》建立的。现在，该组织有195个成员国。

教科文组织继续国际联盟知识合作国际委员会在20世纪20年代开展的工作，该委员会的工作因第二次世界大战爆发而中断。现在，各成员的目标是通过赞助国际教育和科学项目来实现的。这些项目包括促进和保护人权与可持续发展的专门项目，同时鼓励文化多样性。

该组织最著名的大概是建立国际公认的世界遗产名录，其目的是尽可能多方面保护世界文化多样性和自然遗产。

预测种群大小和灭绝的可能性

种群生存力分析

背景介绍

关键人物
马克·L. 谢弗（1949—）

此前

1964 年 世界自然保护联盟第一份濒危哺乳动物和鸟类红色名录问世。

1965 年 生态学家雷蒙德·达斯曼（Raymond Dasmann）在《加州的毁灭》（*The Destruction of California*）一书中描绘加州动植物迅速消失。

1967 年 罗伯特·麦克阿瑟和爱德华·O. 威尔逊出版《岛屿生物地理学理论》，探讨物种迁入和灭绝的岛屿模式。

此后

2003 年 芬德蓝蝴蝶种群生存分析法被用于指导美国的相关保护工作。

2014 年 在美国索诺兰沙漠进行的种群生存力研究，帮助评估鸟类和爬行动物对气候变化的反应。

种群生存力分析（PVA），或物种灭绝风险评估，是一个用来估计目标物种的种群在一个特定时间内生存概率的过程，特定时间可能是 10 年、30 年或 100 年。种群生存力分析的一个关键特点是确定最低可存活数量和最小栖息地面积，这些结果可为优先保护物种的决策提供依据。

自然保护主义者的新方法

种群生存力分析是利用统计学和生态学方法来估计物种在其首选栖息地长期生存所需的最少种群数量的一种方法。这个最少数量也

参见: 生态恢复力 150~151页, 顶极群落 172~173页, 异质种群 186~187页, 物种大灭绝 218~223页, 砍伐森林 254~259页。

决定该物种所需的适宜栖息地的大小。在游说政府和开发商给予某个地区保护地位时, 种群生存力分析是自然保护主义者的一个有用工具。有了它, 他们可以精确解释为什么减少森林、荒地或芦苇床的面积会威胁到某些动植物。保护一个足以养活一个大型物种的区域, 也有利于许多共享同一环境的较小生物。

许多生物只能在人类干扰最小的环境中生存。对那些生活在特殊栖息地的动物来说尤其如此, 比如生长在原始森林中的某些猫头鹰, 生长在酸性荒地上的爬行动物, 或者生活在水流湍急、无污染溪流中的两栖动物。然而, 随着人口增长, 对建筑、农业、休闲、道路或林业用地的需求不断增加。这种压力对适应能力差的, 以及不能迁移到其他地方的物种来说, 是一种严重威胁。这些已经被限制在适宜栖息的"岛屿"上的物种, 只要较小的环境破坏或人为干扰, 它们就会灭绝。

芬德蓝蝴蝶在20世纪30年代之后就销声匿迹了, 被认为已灭绝, 直到1989年才被重新发现。这种蝴蝶濒临灭绝, 只有美国俄勒冈州西北部还生活着少量种群。

灰熊数量

1975年, 美国黄石国家公园的灰熊数量逐渐减少, 估计只剩下136只。这个孤立种群被认为是濒危物种。马克·L.谢弗 (Mark L. Shaffer) 开始研究这种地理上隔离的灰熊种群的长期可持续性, 将其作为博士论文研究的一部分。

谢弗是种群生存力分析的先驱, 他使用他认为能够决定种群命运的四个因素。第一个因素是种群构成的随机性: 在数量、年龄、性别、出生率和死亡率方面不规律的、不可预测的波动。例如, 如果一个种群中的绝大多数个体都是雄性, 那么繁殖成功率就会比雌雄均衡的种群要低, 这就会影响到种群的生存机会。第二个因素是环境的随机性: 环境条件的不可预测的波

不确定性是种群生存力分析中唯一的确定性。

——史蒂文·贝辛格
(美国自然保护生物学家)

小种群的脆弱性

一个最小的可生存种群必须有足够的规模, 不仅能在通常条件下维持自身数量, 而且还能承受极端事件的考验。马克·L.谢弗将其比作一座水库, 能抵御五十年一遇的洪水, 却不能抵御百年一遇的毁灭性洪水。

小种群尤其容易受到连续发生的多种威胁。美国新英格兰的石南鸡在殖民时代广泛分布, 但到1908年, 以猎食和运动为目的的肆意捕猎导致其数量急剧下降。同年, 玛莎葡萄园岛上最后幸存的种群获得了保护地位。然而, 1916年繁殖季节的一场灾难性野火、严冬、近亲繁殖、疾病和猛禽大量捕食, 所有这些因素加在一起, 把石南鸡数量推到了生存线以下。1927年, 石南鸡只剩下两只雌性; 1932年, 这个物种最终灭绝了。

一只**母灰熊**和幼崽在黄石国家公园觅食。母灰熊一生的活动范围为 775～1400 平方千米，公灰熊的活动范围则高达 5000 平方千米。

动。例如，可能影响食物和庇护所供应的栖息地变化和气候变化。第三个因素是自然灾害，如森林火灾或洪水。第四个因素是基因变化，包括近亲繁殖造成的问题。对于每种情况，统计模型都可以给出一系列可能性。

自从谢弗在 20 世纪 70 年代和 80 年代开始研究，以及随后出现新的管理和保护策略，灰熊栖息地在大黄石生态系统中已经扩大了 50% 以上。大黄石生态系统面积约 89031 平方千米，其核心是黄石国家公园。2014 年，美国地质调查局（USGS）根据观察到的 119 只母灰熊和幼崽，估计约有 757 只熊生活在这个生态系统中。然而，2018

年，该物种数量已经下降到 718 只左右。种群模型专家表示，黄石国家公园可能已经达到了灰熊的最大承载能力，即一个适宜栖息地所能承载的最大动物数量。2017 年，灰熊被暂时从濒危物种名单中删除。2018 年，一位联邦法官又恢

科技正在让科学家和决策者能够更加密切地监测地球生物多样性及其面临的威胁。
——斯图尔特•L. 皮姆
（美国-英国生物学家）

复了对灰熊的保护。

如何设计研究

种群生存力分析研究现在以几种方式进行，最简单的类型是时间序列，着眼于一段时间内整个种群数量，以便计算粗略的平均增长趋势和任何变化。在这样的研究中，所有个体被认为是相同的。

统计学的种群生存力分析往往更精确和详细。它们是根据种群中不同年龄阶段的个体数量来估计生育率和存活率。这种分析需要更多的数据，能够提供关于不同种群的需求和脆弱性方面的额外信息，从而为需要保护的地方提供保护策略。关于年龄范围和繁殖率的可靠信息对于较小的受威胁的种群往往是不可用的，生态学家有时使用来自同一物种的其他种群的数据——或来自不同但相似的物

确定处于**危险边缘**的**群体**。

用**种群生存力分析**
进行**评估**。

找出一种**管理办法**来应对
种群面临的威胁。

种群有机会**恢复**。

20世纪90年代末，加利福尼亚附近海峡群岛的岛屿灰狐数量不足200只。2015年，这一数字已经超过了5000只。但是，在一个岛上，一个亚种群仍然处于危险之中。

种的数据——来进行种群生存力分析。然而，即使是同一地区同一物种的种群，研究结果往往也是不同的。2015年，在对加利福尼亚湾三个加利福尼亚海狮群体的研究中，使用了一个群体的"替代"数据对另外两个群体进行预测。事实证明，它们适用于一个群体，却不适用于另一个群体。

种群生存力分析的作用

研究方法一直在完善，但是种群生存力分析现在已经成为保护生物学的基本方法。从美国加利福尼亚的岛狐、阿拉斯加的海獭、俄勒冈州的芬德蓝蝴蝶和北方斑点猫头鹰，到阿根廷和澳大利亚海岸的宽吻海豚，种群生存力分析已经被应用于各种不同的种群。

随着计算机技术的发展，程序包含越来越多的变量，种群生存力分析无疑将在未来会更加有效地使用。虽然种群生存力分析不可能预测每一次物种灭绝事件，但为识别濒临灭绝的种群，并确定如何有效提高种群生存能力和保护濒危物种方面的管理行动提供了一些方法。■

日本的一项研究

日本岩雷鸟生活在海拔约2500米的日本阿尔卑斯山。大约有2000只岩雷鸟，分布在山顶几个小群落里。当气候变暖时，食肉动物向山的更高处移动，引发人们对岩雷鸟生存的担忧。生态学家铃木绚香（Ayaka Suzuki）及其团队开始着手研究乘鞍岳山上这种鸟类的最小生存种群规模。这个团队收集种群增长数据，包括存活到下一个繁殖季节的雌性后代数量和所有鸟类的年存活率。他们的计算内容包括每对后代的一系列变量。

他们的研究表明，即使种群只有15只鸟，未来30年灭绝的风险也相对较低。一个可能的结论是，乘鞍岳山的种群数量足够强大，足以补充其他山上不断减少的种群。

种群生存力分析可以表明在特定种群中开展恢复工作的紧迫性。

——威廉·F.莫里斯
（美国生物学家）

气候变化现在正在发生

阻止气候变化

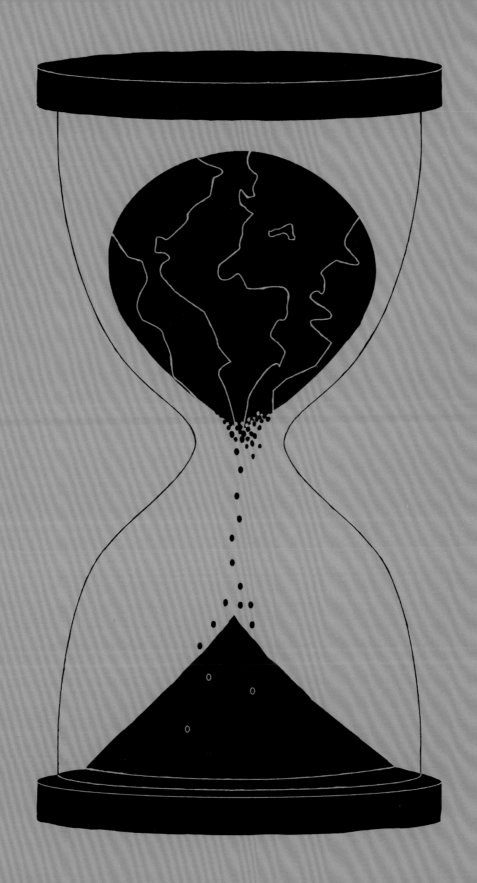

工业革命以来，人类一直在通过增加二氧化碳排放来改变地球自然环境。社会因技术进步而发展，但这种技术——从以燃煤为动力的火车、轮船和工厂，到燃油汽车和飞机——已经对自然界和生活在其中的物种产生了不利影响。科学家越来越意识到人类活动也会导致气候变化，成立全球研究小组来研究这种现象，并提出一些方法使人类可以阻止（如果不是逆转的话）这种破坏进程。

气候变化的影响是多种多样的。大气中的二氧化碳增加造成全球变暖，导致极地冰盖融化，海洋变暖，并使海平面上升，不适应海洋变暖的物种会灭绝。全球气候模式也在发生变化：北大西洋地区的飓风强度增加，造成破坏和死亡。干旱地区的火灾和干旱已经变得越来越频繁，冬天会更加寒冷，世界各地均易受到极端天气灾害的影响，如受热带季风影响的地区，正受到最严重的影响，使人们失去居住的地方甚至生命。

2018年，美国加利福尼亚州奥兰治县的消防员与大火博斗。高温导致森林火灾易发期延长，扑救困难。

全球合作

1896 年，瑞典科学家斯凡特·阿列纽斯（Svante Arrhenius）提出，人类燃烧化石燃料加剧了全球变暖。自那以后，科学家就意识到人类活动对气候变化的影响。然而，直到20世纪70年代，各国政府才开始根据这一认识采取行动。

自然原因	人为原因
• 火山爆发 • 板块构造漂移 • 洋流	• 森林砍伐 • 农业生产 • 化石燃料燃烧 • 工业排放

导致大气中的二氧化碳含量增加，引起气候变化。

参见: 全球变暖 202~203页, 砍伐森林 254~259页, 人与生物圈计划 310~311页, 可持续生物圈规划 322~323页, 气候变化的经济影响 324~325页。

大约在这个时候,公众通过媒体开始意识到气候变化的事实,因为报刊和广播报道了气候学家对更广大的世界的悲观预测。

阻止或减缓气候变化的国际努力始于1972年在瑞典斯德哥尔摩举行的第一次联合国环境会议。会议的议题当时并没有太关注气候变化问题,而是主要关注污染和可再生能源等其他环境问题。这次会议成立了联合国环境规划署(UNEP),这是一个环境政策和规划监督机构,如可监督生态系统管理、自然灾害救济,防治污染活动等。联合国环境规划署后来负责协调联合国应对气候变化的工作。

美国前副总统阿尔·戈尔在2006年拍摄的《难以忽视的真相》(*An Inconvenient Truth*)是一部关于气候变化的纪录片,旨在教育公众了解气候变化的原因和影响。

人类正在进行一项过去不可能进行的大规模的地球物理实验。
——罗杰·雷维尔和汉斯·休斯

1987年,联合国成员国通过《蒙特利尔议定书》,承诺停止使用导致臭氧层空洞的物质,以保护地球臭氧层。该协议不是专门为应对气候变化而制定的,但得到了联合国所有成员国的认可,也确实减少了温室气体排放。

政府间气候变化专门委员会成立

1988年,联合国环境规划署和世界气象组织在瑞士日内瓦成立政府间气候变化专门委员会(下文简称IPCC)。瑞典气象学家博尔特·伯林(Bert Bolin),曾是IPCC前身"致温室效应气体问题咨询小组"的成员,出任IPCC首任主席。

IPCC的成立是为了协调世界各国应对与人类活动息息相关的气候变化的措施。它根据科学研究发表评估报告,以支持关于气候变化的主要国际条约:1992年在巴西里约热内卢举行的地球峰会上签署的《联合国气候变化框架公约》(UNFCCC)。IPCC的工作还包括发布《决策者摘要》(SPM),向世界各国政府提供气候变化研究的文献摘要,帮助政府了解气候变化对人类和环境造成的威胁。

京都计划

IPCC 成立 9 年后的 1997 年，联合国成员国签署了《京都议定书》，该议定书旨在加强对全球碳排放的监管。该议定书是各国之间达成的第一个强制各国减少温室气体排放的协议，旨在降低温室气体排放，以阻止人类对世界生态系统产生负面影响。

尽管《京都议定书》在 1997 年签署，但直到 2005 年才生效。2012 年第一个承诺期结束时，除加拿大外，所有签约国都实现了减排目标。加拿大因为无法实现减排目标而退出《京都议定书》。澳大利亚也未能减少排放，但在最初阶段，其目标是比 1990 年增加 8% 的排放量。除挪威之外，大多数国家都有望实现 2020 年的目标，因为挪威设定了一个非常高的目标（比 1990 年的水平减少 30%~40%）。

《巴黎协定》与未来

《京都议定书》为各国设定了 2005—2020 年的减排目标。2020 年后，签约国将开始遵守一项新的议定书：《巴黎协定》。几十年来，人们一直呼吁采取更积极的全球应对气候变化的措施。2016 年 11 月，《联合国气候变化框架公

2009 年，马尔代夫举行水下内阁会议，呼吁采取行动应对气候变化。海平面上升可能意味着这个国家最终会被海洋吞没。

约》195 个成员国在纽约联合国总部签署了《巴黎协定》。与《京都议定书》一样，《巴黎协定》的主要目标是将温室气体排放削减到各国互相商定的水平。

2017 年，叙利亚决定签署《巴黎协定》，美国成为世界上唯一没有签署该协定的国家。尽管巴拉克·奥巴马（Barack Obama）在总统任期内签署了该协议，但继任者唐纳德·特朗普（Donald Trump）拒绝接受该协议，声称它对美国要求过高，对其他国家要求过低。这一决定对其他签署国造成了打击：美国不但拥有充足的财富来为气候研究提供资助，而且还是全球第二大温室气体排放国。特朗普随后澄清了自己的立场，称他相信气候变化是一种自然现象，世界可以在不显著改变人类行为的情况

否认气候变化

尽管世界各国多数科学家认为气候变化是一种人为现象，需要紧急干预，但在有些发达国家，否认气候变化的论调仍然存在。一些学者把否认气候变化事实的各种势力称为"否认机器"，在这种机器中，保守媒体、受益于宽松的环境法规的行业创造出不确定和怀疑气候变化科学结论的舆论氛围。

有些怀疑论者认为科学家的预言过于危言耸听，而且全球变暖的速度比预测的要慢。还有人认为气候变化是人为制造的骗局，声称全球变暖是地球自然循环现象，而不是人类行为导致的。不管原因是什么，IPCC 和科学家都会继续反驳某些决策者和商界领袖否认气候变化的立场。

下"回归"。

其他国家也表达了对《巴黎协定》的担忧。尼加拉瓜政府在2017年加入该协议，批评该协议走得不够远，不会真正减少碳排放，以避免全球气候灾难。同时，《巴黎协定》缺乏机制来确保签署该协定的国家遵守条款。

极端措施

根据《巴黎协定》，各国必须共同努力，将全球平均气温升幅控制在比工业化前水平高 2℃ 以内。该协议还寻求更进一步努力，建议温度增幅应限制在 1.5℃ 以内。在发表于 2016 年《地球系统动力学》期刊上的一项研究结果中，气候学家卡尔-弗里德里希·舒雷斯涅尔（Carl-Friedrich Schleussner）及研究人员认为，如果气温上升 1.5℃，全球环境将与目前所经历的最高气温一致，而如果气温上升 2℃，可能迎来前所未有的"新气候"。

随后的研究表明，1.5℃ 的目

> 我们向各国政府提出了相当艰难的选择。我们已经指出将温度增幅控制在 1.5℃ 的许多好处。
>
> ——吉姆·斯基
> （IPCC第三工作组联合主席）

气候变化责任

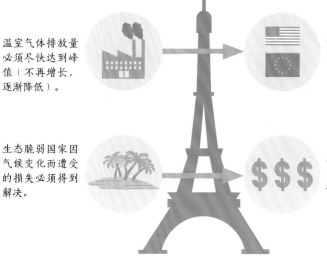

温室气体排放量必须尽快达到峰值（不再增长，逐渐降低）。

发达国家要带头减少碳排放。

生态脆弱国家因气候变化而遭受的损失必须得到解决。

发达国家向发展中国家提供资金援助。

《巴黎协定》由 195 个《联合国气候变化框架公约》成员国签署，把援助缺乏资金或资源来独自应对气候变化的国家的责任寄予发达国家。

标很难实现。2018 年，IPCC 按照《巴黎协定》的要求，发布了一份关于全球变暖的特别报告。调查结果令人震惊。目前，全球气温比工业化前水平高出近 3℃，而不是朝着 1.5℃ 的目标迈进。要恢复并达到 1.5℃ 的目标，各国必须采取前所未有的严格措施。到 2030 年，全球人类二氧化碳排放量需要在 2010 年的基础上下降 45%，到 2050 年需要达到"净零排放"。也就是说，如果人类不从大气中移除等量的二氧化碳，就不能产生任何碳排放。

IPCC 2018 年的报告还呼吁个人尽自己的力量去减少二氧化碳排放。土地利用、能源、城市和工业是 IPCC 认为有必要改变的主要领域：人们应该接受电动汽车；多走路和骑车；此外，由于飞机排放大量温室气体，应该少坐飞机。IPCC 还鼓励人们减少肉类、牛奶、奶酪和黄油的消费，因为对这些产品的需求减少会使肉类和乳制品加工业的排放量减少。尽管《京都议定书》和《巴黎协定》等全球协议在各国控制减排上处于主导地位，但现在很明显的是，必须采取一切能够降低二氧化碳排放的方法。■

供养世界人口的能力

可持续生物圈规划

背景介绍

关键人物
简·卢布琴科（1947—）

此前

1388 年 英国议会规定向公共水道（如沟渠和河流）扔垃圾是非法的。

20 世纪 70 年代 英国科学家詹姆斯·洛夫洛克和美国微生物学家林恩·马古利斯提出了盖娅假说。

此后

1992 年 加拿大生态学家威廉·里斯提出"生态足迹"概念，描述人类对环境的影响。

2000 年 荷兰诺贝尔奖获得者保罗·克鲁岑（Paul Crutzen）普及了这样一个观点：世界已经进入一个新的地质时代，即"人类世"或"人类时代"。人类在这个时代认识到自身对地球造成的巨大的、往往是危险的生态影响。

可持续生物圈规划（SBI）在 1988 年提出，是美国生态学会（ESA）确定在资金有限的情况下应该优先进行哪些科学研究的自然结果。当时，生态学领域正在向应用科学过渡——利用知识来研制与当代环境问题有关的实际解决方案。美国环境学家简·卢布琴科（Jane Lubchenco）领导该规划的研究，为美国生态学会（及其他机构）在对抗环境退化的过程中推广

> 可持续生物圈规划增进了人们对生态知识的了解，并促进了生态知识与社会之间的联系。
>
> ——简·卢布琴科

有用的生态知识奠定了基础。

地球优先权

可持续生物圈规划为生态学领域开辟了一条新的道路，确定了未来几年哪些研究领域是最重要的。致力于该规划的科学家们力图优先考虑三个研究领域：全球变化、生物多样性和可持续生态系统。对全球变化的研究着眼于大气、气候、土壤和水（包括污染引起的变化），以及土地和水的利用模式。对生物多样性研究的重点是保护濒危物种，研究自然和人为因素对遗传和栖息地多样性的影响。最后，对可持续生态系统的研究，分析人类与生态过程之间的相互作用，以便科学家找到缓解生态系统压力的方法。

可持续生物圈规划强调为此类研究提供资金的必要性，并强调与科学界以外的人分享研究成果的重要性。该规划组织为应用生态研究设计了一个流程，包括新知识的

参见：生态系统 134~137页，种群变化的混沌现象 184页，盖娅假说 214~217页，过度捕捞 266~269页，阻止气候变化 316~321页，气候变化的经济影响 324~325页，废物处理 330~331页。

获取、交流，以及协助将新知识与现实世界的政策修订进行结合。

研究前景

可持续生物圈规划是由卢布琴科及其同事创建的，这个规划既是一个使命宣言，也是生态研究值得更多资金投入和关注的证明。他们的报告发表在1991年《生态学》杂志上，题目为《可持续生物圈规划：一份生态学研究议程》。这个规划得到科学界好评，并已在全球范围内被接受——第一次是在1991年墨西哥举办的国际可持续生物圈规划会议上使用这个词，接着在1992年巴西里约热内卢联合国地球峰会的行动计划"21世纪议程"中使用。

自1991年以来，可持续生物圈规划及其报告影响了一代生态学家，开辟了各方资助和合作的新途

径，成立委员会，举办讲习班，编写报告，以推进议程。可持续生物圈规划已将生态学引入公众视野，生态学家现在成为企业和政府咨询委员会成员，影响政策的制定。

虽然取得了这些进展，但卢布琴科认为，已经做出的努力仍然难以应对地球面临的危险趋势。2013年，美国生态学会在可持续生物圈

向年轻学生讲解风力涡轮机。可持续生物圈规划提倡在中小学和大学开展生态学教育，让人们学会如何管理和维持生物圈。

规划的工作基础上提出"地球管理倡议"。他们希望在未来20年里产生更大的变化，在可持续发展方面，人类能够满足当前的需要，而不会损害子孙后代的利益。■

简·卢布琴科

简·卢布琴科在美国科罗拉多州丹佛市长大，在科罗拉多学院获得生物学学士学位，后又获得动物学硕士学位。她在哈佛大学获得海洋生态学博士学位。她的研究重点是人类与环境之间的互动，着重于生物多样性、气候变化和海洋可持续性方面。

2009—2013年，卢布琴科担任分管海洋与大气的美国商务部副部长和国家海洋与大气管理局局长（NOAA），是该局首位女性和海洋生态学家领导。2011年，她监督创建了"为

天气做好准备的国家"项目，旨在让公众做好应对极端天气的准备。

主要作品

1998年 《进入环境世纪：一种新的科学社会契约》（*Entering the Century of the Environment: A New Social Contract for Science*）

2017年 《履行科学的社会契约》（*Delivering on Science's Social Contract*）

我们正在和自然环境对赌

气候变化的经济影响

背景介绍

关键人物
威廉·诺德豪斯（1941–）

此前
1993 年 威廉·诺德豪斯在《对气候变化的经济学反思》（*Reflections on the Economics of Climate Change*）中总结气候变化和经济相关的问题，强调不确定性和潜在的解决方案。

此后
2008 年 在《共同财富：拥挤地球经济学》（*Common Wealth: Economics for A Crowded Planet*）中，杰弗里·萨克斯（Jeffrey Sachs）认为，尽管人类面临令人生畏的经济危机（包括气候变化），但有能力去解决。

2013 年 威廉·诺德豪斯在《气候赌场：全球变暖的风险、不确定性和经济学》（*The Climate Casino: Risk, Uncertainty, and Economics for A Warming World*）一书中解释全球变暖与经济的关系，提出减少气候变化影响的想法。

气候学是一门不确定的学科，对未来气候的预测将会因人类活动、新技术出现和自然循环而发生改变。然而，评估气候变化对经济的影响至关重要。一旦了解可能的成本，我们就可以探索减少其直接影响的方法。我们不仅要考虑洪水或火灾造成的财产损失等直接成本，而且还要考虑具有更广泛影响的间接成本，例如生物多样性减少、栖息地破坏、生长季节变化和人类被迫迁移。

权衡得失

碳排放社会成本（SCC）是指向大气中额外排放一吨二氧化碳对人类社会造成损害的货币估算。这些损害包括农业生产力降低、对基础设施的破坏、能源成本上升，以及对人类健康的影响。碳排放社会

2018 年，肯尼亚拉姆的抗议者反对兴建燃煤发电厂。公众越来越多的不满体现了民众生态保护意识的增强。

参见： 可再生能源 300~305页，人与生物圈计划 310~311页，阻止气候变化 316~321页。

成本为能源政策提供了一个起点。例如，如果在新建电厂的可行性建议中考虑碳排放社会成本，建设成本就会高很多。这也可能使替代能源（如太阳能或风能）在经济上显得更具有可行性。然而，计算碳排放社会成本极其困难。

预测模型

经济学家使用几种模型来计算碳排放社会成本。1999年，威廉·诺德豪斯（William Nordhaus）开发了区域综合气候经济模型（RICS），这是其先前的可衡量减缓全球变暖的成本和收益的动态综合气候经济模型（DICE）的一个变化版本。区域综合气候经济模型综合了碳排放、大气中的碳浓度、气候变化、碳排放增加的损害，以及为减少排放而采取的控制措施。该模型将世界划分为不同区域进行分析。根据全球变暖的速度和各国制定的减排政策，该模型预计2055年，碳

排放社会成本为每吨44~207美元。

经济模型包含一些假设，如贴现率。贴现率优先考虑现在，而不是未来，因为未来不能被准确预测。这个比率是根据目前和未来优先次序如何加权平衡而选择的。更高的贴现率表明，未来的人口将更加富裕，并准备应对气候变化。较低的贴现率表明，气候变化造成的破坏将使未来的人类比今天的我们更穷。诺德豪斯建议采取3%的贴现率，这意味着，如果2100年气候变化造成的货币损失达到5万亿美元，我们今天就可以投资3820亿美元来避免。■

分析二氧化碳减排成本

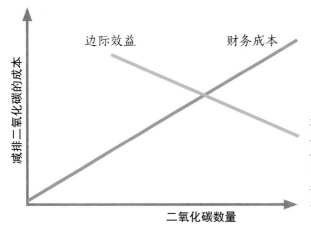

边际效益　　　　　　　财务成本

减排二氧化碳的成本（纵轴）

二氧化碳数量（横轴）

减少二氧化碳排放的**成本**随排放量增加而增加，但可用获得的收益补偿。在这两条线相交的平衡点处，可以用最低成本获得最大收益。

威廉·诺德豪斯

诺德豪斯，1941年生于美国新墨西哥州，是气候变化经济学领域的领军人物。他与一位气候学家共用办公室，无意中发现了这个研究领域。他的经济理论被广泛用于分析政策决策。诺德豪斯主要关心碳定价的可行性。碳排放的社会成本现在被公认为每吨40美元左右，而诺德豪斯的模型显示，考虑到气候变化的影响，社会成本应该更高。诺德豪斯是耶鲁大学史特林经济学教授，也是美国国会预算办公室经济专家组成员和经济顾问专家组成员。他在2018年获得诺贝尔经济学奖。

主要作品

1994年《管理全球共同体：气候变化经济学》（*Managing the Global Commons: The Economics of Climate Change*）

2000年《全球变暖：全球变暖的经济模型》（*Warming the World: Economic Models of Global Warming*）

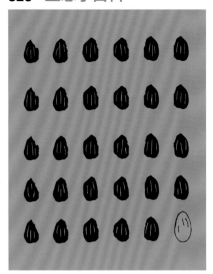

单作和垄断正在破坏物种多样性

种子的多样性

背景介绍

关键人物

万达纳·希瓦（1952—）

此前

1966年 一种名为IR8的高产水稻新品种使几个水稻种植国的水稻产量大幅增加，其最先在菲律宾开发，被称为"奇迹水稻"。

此后

1994年 世界贸易组织推出《与贸易有关的知识产权协定》（TRIPS）。

2004年 孟山都公司撤销了一种名为 Nap Hal 的印度小麦品种的专利，因为培育这种作物的农民提出了抗议。

2012年 印度"九种基金会"在国际上倡议发起全球种子自由运动，以保护粮食主权和安全。

1987年，印度环境活动家万达纳·希瓦（Vandana Shiva）发起了一场保护当地种子多样性的运动，以应对农业和粮食生产的变化。她成立了非政府组织"九种基金会"（Navdanya），旨在保护农业生物多样性免受基因工程和专利的双重威胁。

农业生物多样性

农业生物多样性是几千年来从野生动植物选择育种的结果，这些农业实践使作物和家养动物品种具有遗传多样性。例如，在8200～13500年前，一种稻属草本植物在亚洲首次被培育成水稻。如今，这种水稻已有4万多个品种。农业生物多样性的内在特征表现在有许多支持农业生产的非采收物种，包括土壤中的微生物、以害虫为食的物种和传粉者。古往今来，农民具有的技能和知识促成了目前的生物多样性。

20世纪60年代末以来，农业技术向发展中国家转移，包括与化

加州水稻产量很高，但存在土壤盐碱化问题。植物耐盐性可以通过基因导入，而传统水稻品种可以自然耐盐。

参见: 人类活动与生物多样性 92~95页, 农药残留 242~247页, 人类对自然的统治 296页, 生态系统服务 328~329页。

> 种子专利威胁着农民的生存和自由。

——万达纳·希瓦

肥、杀虫剂和除草剂有关的高产作物品种、机械化和更有效的灌溉方式。这一变革被称为"绿色革命",它将发展中国家的农业重心从生物多样性转移到农作物高产上。新的绿色革命作物,如"奇迹水稻"(IR8),提高了产量,但也有不利的一面。随着人们对少数几个高产品种的重视程度越来越高,传统谷物、土豆、水果、蔬菜和棉花种子品种的遗传基础逐年下降。

联合国粮农组织估计,世界上75%的作物生物多样性已从农田中消失。有些环保人士认为,与高产新品种相比,传统品种更符合当地农业条件,农民使用成本更低,对环境更具有可持续性。此外,许多新品种都是由创制企业申请专利的,贸易协定规定谁可以使用什么品种。这些都不利于小型农户,但有利于生产种子的大型农业企业。

种子主权

希瓦认为,如果没有合适的种子,农场就会受到威胁。传统上,大多数小规模生产的农民通常把种子从一个收获季节保存到下一个播种季节。现在,当农民购买种子时——特别是,如果是转基因的——种子企业通常不允许农民保存种子。农民每年都要从种子企业购买种子,这让他们的财务状况变得更糟。

希瓦批评种子企业为种子品种申请专利的做法是"生物剽窃",并成立了"九种基金会"来支持"种子主权"(seed sovereignty)。基金会通过一个由种子保存者和有机生产者组成的网络开展农业生物多样性运动,并帮助建立了100多个社区种子库(实际上是基因库),储存农作物和稀有植物的种子,以备将来使用。■

化肥极大地提高了印度的粮食产量。印度有13亿人口,粮食安全至关重要。但是,化肥破坏了土壤的肥力。

万达纳·希瓦

环境活动家万达纳·希瓦出生于印度北部。她的母亲是农民,父亲是森林管理员。她在印度和加拿大学习,获得物理学博士学位。1982年,她回到印度,建立了科学、技术和生态研究基金会。1984年,在博帕尔杀虫剂工厂灾难性事故之后,她对农业的兴趣与日俱增,在三年后创建了"九种基金会",以保护生物多样性和本地种子。希瓦反对世界贸易组织《与贸易有关的知识产权协定》,因为该协定将专利范围扩大到了动植物。2003年,《时代》杂志将万达纳·希瓦誉为环境英雄。

主要作品

1989年 《绿色革命的暴力》(*The Violence of the Green Revolution*)

2000年 《偷来的收成: 劫持全球粮食供应》(*Stolen Harvest: The Hijacking of the Global Food Supply*)

2013年 《与地球和平相处》(*Making Peace with the Earth*)

自然生态系统与物种利于维持和实现人类生存

生态系统服务

背景介绍

关键人物
格雷琴·戴利（1964—）

此前

约公元前400年 古希腊哲学家柏拉图意识到人类对自然的影响，指出滥伐森林会导致土壤侵蚀、泉水干涸。

1973年 德国经济学家恩斯特·舒马赫（Ernst Schumacher）在《小即美》（*Small Is Beautiful*）中创造了"自然资本"（natural capital）一词。

此后

1998年 联合国环境规划署、美国航空航天局和世界银行发布了一份关于如何保护地球满足人类需求的研究报告。

2008年 美国加州大学伯克利分校的一项研究显示，世界上最富裕国家的生态破坏意味着，它们欠世界上最贫穷国家的债务比发展中国家的债务还要多。

生态学家将人类从生态系统中获得的好处称为生态系统服务。对人类生命延续最重要的一些自然过程可归为生态系统服务，如作物授粉、废物分解和清洁饮用水供应。生态学家认为，生态系统服务对人类生活的巨大贡献难以量化，而人类在利用自然资源获利的同时，严重低估了生态系统服务的价值。

人类从自然中获益的观点由来已久，但直到20世纪70年代，自然与人类需求之间的平衡才成为生态学争论的焦点。"生态系统服务"（ecosystem services）一词最早出现在20世纪80年代中期，这一概念在1997年的两篇关键文章中形成：格雷琴·戴利（Gretchen Daily）的《生态系统服务：自然生态系统为人类社会提供的福祉》（*Ecosystem Services:*

富士山作为一座圣山，为日本人民提供了文化生态服务，而周围丰富的火山土壤为当地茶园提供了服务。

参见: 物种灭绝和变异 22页, 地质均变论 23页, 自然选择进化论 24~31页, 遗传法则 32~33页。

> 如果目前的趋势继续下去, 人类将在几十年内, 极大地改变地球上几乎所有现存的自然生态系统
>
> ——格雷琴·戴利

Benefits Supplied to Human Societies by Natural Ecosystems）和美国生态经济学家罗伯特·康斯坦（Robert Costanza）的《世界生态系统服务的价值和自然资本》（The Value of the World's Ecosystem Services and Natural Capital）。2001年, 联合国秘书长科菲·安南启动了千年生态系统评估（MEA）计划, 这有助于在2005年普及生态系统服务概念。当时, 该评估计划出版了关于人类如何影响环境的内容广泛的评估报告。

四种服务类型

千年生态系统评估计划在2005年的报告中详细列出了四类生态系统服务: 支持、供给、调节和文化。支持服务, 如土壤形成和水净化, 为其他服务奠定基础。供给服务包括: 淡水, 粮食, 包括农作物和牲畜; 纤维, 包括木材、棉

花和其他用于建筑和服装等人类必需品的材料; 天然药物和用于制药的植物。调节服务包括大自然控制害虫的能力（而不是人类使用杀虫剂）和大气自身自然净化的能力, 以及通过湿地和红树林等自然缓冲区控制天气灾害的能力。授粉是另一项重要的调节服务。由于蜜蜂等传粉者在全球范围内数量减少, 授粉服务正受到威胁。文化服务包括人类赋予生态系统要素文化或精神意义的方式, 如神圣的树木、动物、河流和山脉。自然景观的审美或娱乐价值是另一种文化服务。

从本质上讲, 生态系统服务概念让人类看到自身与自然是如何密不可分地联系在一起的, 如果没有自然世界, 人类存在是不可能的。生态学家利用这一概念来阐明这些系统对于基本生活条件的重要性, 并使企业和政府相信生态保护的必要性。■

> 保护空气和水、保护荒野和野生动物的计划实际上是保护人类的计划。
>
> ——斯图尔特·尤德尔（美国政治家和自然保护主义者）

格雷琴·戴利

戴利1964年出生于美国华盛顿特区, 年轻时就对生态学具有浓厚兴趣。1977年, 在搬家到西德后, 她目睹了一场和酸雨有关的全国性危机, 看到人们在街头抗议环境恶化。她在斯坦福大学获得生物学博士学位, 现在是该校环境科学的必应（Bing）教授。戴利在"农村生物地理学"框架内研究生物多样性, 即尚未被人类开发, 而其生态系统仍受人类活动影响的自然部分。她是自然资本项目的联合创始人之一, 该项目旨在将环保主义融入商业实践和公共政策中。

主要作品

1997年《生态系统服务: 人类社会对自然生态系统的依赖性》（Nature's Services: Societal Dependence on Natural Ecosystems）

2002年《新生态经济: 使环境保护有利可图的探索》（The New Economy of Nature: The Quest to Make Conservation Profitable）

我们住在地球上，还以为有别处可去

废物处理

20 02 年，来自至少 180 个国家的大约 6.5 万人出席南非约翰内斯堡举行的联合国可持续发展世界首脑会议。会议最终决议呼吁尽量减少废物、最大限度地再利用和循环利用废物，以及发展"清洁"废物处理系统。

在20世纪的最后几十年里，垃圾已经达到了无法控制的程度。工业化、城市人口大量增长和塑料使用量增加都在扩大世界的垃圾堆。传统上，废物被焚烧或掩埋——这

垃圾只不过是我们没有得到的资源。我们允许垃圾分散处理，因为对它们的价值一无所知。

——理查德·巴克敏斯特·富勒
（美国发明家、建筑师）

两种做法现在都与有毒温室气体排放有关，而垃圾填埋场还可能污染地下水。要解决世界日益增长的垃圾堆积问题，必须另外找到出路。

循环利用革命

循环利用并不是一个新概念，但作为一种减少堆积如山的公众废物的方法，始于 20 世纪六七十年代，当时绿色和平组织等团体让公众更加意识到环境问题。此前对废物的处理方式是将其填埋到垃圾场。最近，《零废物》（Zero Waste，2013）一书的作者保罗·康尼特（Paul Connett）等活动人士再次发出全球呼吁，呼吁人们减少消费，再利用或循环利用物品，而不是直接丢弃。

自 20 世纪 70 年代以来，美国许多州和大多数欧洲国家，以及加拿大、澳大利亚和新西兰，都使用路边分类垃圾箱收集可回收物品。瑞典尤其积极。1975 年，瑞典人只回收 38% 的垃圾，今天已经领先世界，生活垃圾回收率达到99%，其中约有 50% 的垃圾成为国

参见: 全球变暖 202~203页, 污染 230~235页, 城市蔓延 282~283页, 塑料荒地 284~285页, 可再生能源 300~305页。

拒绝使用塑料袋和过度包装。购买大包装或无包装的产品。

购物时好好想想。你真的需要要买的东西吗?

个人行动可以减少垃圾——发达国家家庭每年向垃圾填埋场投放一吨垃圾。

重复利用可以用的物品,或者将其转送给需要的人。

回收不能使用的东西,这样可以再用它制成新产品。

内家庭供暖工厂的燃料。瑞典还从其他国家进口垃圾, 在 32 个焚烧厂进行处理。2015 年, 瑞典从挪威、英国、爱尔兰和其他国家进口了约 230 万吨垃圾。

"开采" 废弃电子产品

增长最快的垃圾类型是废弃电子产品。2014 年, 手机、计算机硬盘、电视和其他电子产品产生的电子垃圾达到 4200 万吨, 比 2010 年增加了近 25%。电子垃圾通常含有贵金属, 如用于电路板的金、银、铜和钯。研究表明, 从垃圾填埋场 "开采" 金属比开采天然矿藏成本更低。然而, 电子垃圾也包括有毒金属, 如镉、铅和汞。在那些既产生电子垃圾又进口电子垃圾的国家, 清除垃圾中的金属可能造成环境污染。欧洲现在有电子垃圾再处理产业, 但在其他地方, 有效处理电子垃圾的途径相对较少。

虽然有很多新举措, 但这个世界离保罗·康尼特的零废物理想还差得很远。对个人和政府来说, 仍然存在巨大的挑战: 如何减少消费, 并回收每年将达到 20 亿吨的全球垃圾? ■

垃圾填埋场产生的甲烷

甲烷是仅次于二氧化碳的重要的温室气体。甲烷在大气中的浓度低于二氧化碳, 但在大气中的吸收热量能力是二氧化碳的 25 倍。大气中的甲烷来自各种自然资源, 包括栖息地 (如沼泽和湿地) 的腐烂植被, 也来自人类饲养的牲畜、使用的化石燃料和垃圾填埋场的垃圾分解。

包括英国和美国在内, 许多垃圾填埋场正在储存和收集甲烷, 作为能源。根据垃圾成分和场地年限, 填埋垃圾产生的气体可含有高达 60% 的甲烷。垃圾填埋场用竖井和横井收集甲烷, 进行处理和过滤。大部分甲烷用于发电, 也可以用于工业。经过进一步加工, 它还可以成为汽车燃料。

从马尼拉帕亚塔斯垃圾填埋场**提取甲烷**。这是菲律宾第一个将甲烷转化为能源的垃圾填埋场, 是联合国项目的一部分。

DIRECTORY

人名录

人名录

除本书前面各个章节提到的科学家外，还有许多人为生态学发展做出了卓越贡献。他们跻身于所处时代的最伟大的科学思想家之列。有些人在学术界出类拔萃，而有些人来自各行各业，却开创了生态学新的前进道路，还有更多的人是令人尊敬的活动家。他们从事不同学科的工作，但这些工作都有助于我们对地球生物圈的理解：生物圈如何进化？人类在其中处于什么位置？至关重要的是，他们的工作告诉我们，为保护自然界、保护地球，我们应该做些什么。

萨缪尔·德·尚普兰
（ Samuel de Champlain，1574—1635 ）

尚普兰是法国探险家、制图师、军人和博物学家。尚普兰勘探了加拿大许多地方，并绘制了地图。他建立了魁北克市和法属殖民地新法兰西。作为一个敏锐的观察者和记录者，他记录了许多对于动物的观察，做了大量关于植物观察的笔记，其中包括植物叶片和果实的一些细节，他还询问印第安人如何利用这些植物。

参见：生物分类 82~83 页

詹姆斯·奥杜邦
（ James Audubon，1785—1851 ）

奥杜邦是北美鸟类学先驱。他在海地和法国长大，1803 年移居美国。他对自然，尤其是鸟类，非常感兴趣。他是一位天才画家，创作技巧非同寻常：在射杀鸟后，他用细线让鸟保持自然姿势，然后将鸟与其所在自然栖息地一起画出。1827—1838 年，他陆续出版了《北美鸟类图鉴》，包括关于 497 种鸟的 435 张彩画，其中 6 种鸟现在已经灭绝。奥杜邦还发现了 25 种以前没有被描述过的鸟类，并且

用纱线为鸟做"环志"——将鸟腿绑上纱线，这样就可以识别出每只鸟——从而进一步了解其活动。

参见：动物生态学 106~113 页

玛丽·安宁
（ Mary Anning，1799—1847 ）

2010 年，安宁被英国皇家学会评选为科学史上最具影响力的 10 名英国女性之一。她以化石收藏家和古生物学家的身份著称。她在多赛特海岸悬崖上发现了侏罗纪地层的古化石，包括首次被正确描述的鱼龙化石、两具相对完整的蛇颈龙化石和首次在德国以外发现的翼龙化石。她的发现改变了人们对地球历史的认识，而且为地球史上曾经发生物种大灭绝现象，提供了强有力的证据。

参见：物种大灭绝 218~223 页

凯瑟琳·帕尔·特雷尔
（ Catherine Parr Traill，1802—1899 ）

植物学家、多产作家特雷尔出生于英国。1832 年，她结婚后移居加拿大安大略省。在那里，她描写移民生活，其作品涉及自然题材，以《加拿

大野花》和《加拿大植物研究》两部作品最为有名。她收集的许多植物图片，被收藏于位于渥太华的加拿大自然博物馆的国家植物标本室。

参见：濒危栖息地 236~239 页

卡尔·奥古斯特·莫比乌斯
（ Karl August Möbius，1825—1908 ）

作为德国生态学研究的先驱，莫比乌斯主要对海洋生态系统生态学研究感兴趣。他在柏林自然历史博物馆学习过，并在哈雷大学获得博士学位。1863 年，他在汉堡开了一家海洋水族馆。在担任基尔大学动物学教授期间，他研究了在基尔湾牡蛎商业化生产的可行性。他在研究中认识到，在基尔湾的生态系统中，生物之间存在各种不同的依存关系。

参见：生态系统 134~137 页

恩斯特·海克尔
（ Ernst Haeckel，1834—1919 ）

海克尔是德国生物学家、医生和艺术家。他在德国普及了查尔斯·达尔文的思想（尽管他本人并不完全接受），在 1866 年开始使用"生态学"

一词。海克尔出生在德国波茨坦，在1861年成为耶拿大学动物学教授之前，曾在几个大学学习过。他首次提出原生生物的概念，原生生物既不是动物，也不是植物。他致力于研究微小的深海原生动物——放射虫。

参见：自然选择进化论 24~31 页

威廉·布莱克·里士满
（William Blake Richmond，1842—1921）

里士满是英国著名艺术家、雕刻家、彩色玻璃和马赛克设计师。里士满出生于伦敦，经历了伦敦冬季烧煤造成的环境污染——到处是烟雾，阳光很少。后来，他成为一位环保斗士。1898年，他创建煤烟减排协会，游说政治家采取措施，清洁空气。该协会对1926年的英国《公众健康法》和1956年的《清洁空气法》，起到了很重要的推动作用。

参见：污染 230~235 页

西奥多·罗斯福
（Theodore Roosevelt，1858—1919）

罗斯福童年时患有严重的哮喘病，后来热衷于体育运动和户外活动，并对自然一生保持热爱。在1900年的美国总统竞选中，他作为威廉·麦金莱的竞选伙伴，以和平、繁荣和自然保护作为竞选纲领。1901年，麦金莱被暗杀后，罗斯福成为美国第26任总统。他在任期内建立了美国林务局，新建了5个新国家公园、51处鸟类保护区和150个国家森林。

参见：砍伐森林 254~259 页

约瑟夫·帕佐斯基
（Jósef Paczoski，1864—1942）

帕佐斯基是波兰生态学家，其出生地现在属于乌克兰。他在基辅大学学习植物学，开创了植物社会学的研究——研究自然植物群落，并于1896年首次使用这一术语。20世纪20年代，他在波兹南大学担任植物分类学教授，在那里建立了世界上第一个植物社会学研究所。作为一位有造诣的植物学家，他出版了关于中欧植物区系的研究著作，这个植物区系包括国家公园（比亚奥维扎森林）的植物。

参见：生物体及其环境 166 页

杰克·迈纳
（Jack Miner，1865—1944）

迈纳也被称为"大雁杰克"，1878年随家人从美国移居加拿大。33岁之前，他没受过什么教育。他参加了当地的一些生物保护项目。例如，为北美鹑建立冬季喂食点。他是北美最早在鸟腿上装铝环（环志）的人之一，目的是追踪鸟的运动轨迹。一只被他装上环志的野鸭，后来在南卡罗来纳州被发现，是北美首例收回环志的鸟。据说，迈纳为9000多只野禽做了环志，这使他得到了关于野禽迁移路径的大量数据。

参见：公民科学 178~183 页

詹姆斯·伯纳德·哈金
（James Bernard Harkin，1875—1955）

哈金有时被称为"加拿大国家公园之父"，热衷于政治和自然保护。1911年，他被任命为加拿大国家公园管理局的第一任局长，监督建立了霹雳角、伍德布法罗、库特奈、麋鹿岛、乔治亚湾群岛和布雷顿角高地国家公园。哈金意识到了这些公园的商业价值，但他鼓励修路以吸引观光客的政策并没有被普遍接受。他也是1917年颁布的控制捕杀候鸟法令的发起者。

参见：濒危栖息地 236~239 页；砍伐森林 254~259 页

玛乔丽·斯通曼·道格拉斯
（Marjory Stoneman Douglas，1890—1998）

道格拉斯不仅是佛罗里达湿地保护运动中令人敬畏的活动家，还是一名成功的新闻工作者和作家、主张妇女参政者及民权运动活动家。1947年，她出版《大沼泽地：草之河》一书，对于公众了解佛罗里达湿地产生很大的影响。1969年，她创立了"大沼泽地之友"组织，防止该地区因发展而被排干。道格拉斯年龄过百后，仍然很活跃，在103岁时获得总统自由勋章。

参见：公民科学 178~183 页

芭芭拉·麦克林托克
（Barbara Mcclintock，1902—1992）

1983年，麦克林托克获诺贝尔生理学或医学奖，她是首位单独获该奖项的女性，也是美国历史上第一位获得诺贝尔奖的女性科学家。30多年前，她在研究中发现了可移动基因——转座基因，也称为跳跃基因。该基因有时会产生突变，有时会回复突变。她因此获得诺贝尔奖。作为一名关注染色体和细胞行为关联的细胞遗传学家，她还首次发现了玉米遗传图谱——将玉米的一些物理特性与染色体的某个区域联系起来——以及染色体交换信息的机制。

参见：DNA 的作用 34~37 页

雅克·库斯托
（Jacques Cousteau，1910—1997）

法国海底探险家库斯托，以关于海洋世界的纪录片主持人而著称。1943年，他发明被称为"水肺"的水下呼吸器。"二战"后，他与法国海军一起清除水雷。随后，他将扫雷艇"卡吕普索号"改装成研究船只，开始探索海洋世界。他写了几本书，制作了数小时的电视节目。1996年，"卡吕普索号"严重受损，还没来得及更换研究船只，库斯托就突然死于1997年。

参见：塑料荒地 284~285 页

皮埃尔·丹塞雷
（Pierre Dansereau，1911—2011）

丹塞雷是法裔加拿大植物生态学家，他开创了森林动态研究领域，被认为是"生态学之父"之一。他出生于加拿大蒙特利尔，1939年在日内瓦大学获得植物分类学博士学位。后来，他帮助建立了蒙特利尔植物园，写了大量有关植物学、生物地理学以及人类与环境作用的研究论文。1988年，他担任蒙特利尔荣誉教授，直到2004年93岁时退休。

参见：生物地理学 200~201 页

玛丽·利基
（Mary Leakey，1913—1996）

出生于伦敦的玛丽·利基是世界最负盛名的古人类学家之一。她在17岁时就参加了德文郡的一次考古挖掘工作，当时受雇为考古队绘制插图。1937年，她嫁给古人类学家路易斯·利基，婚后夫妇两人一起来到非洲，在奥杜威峡谷从事考古挖掘工作。奥杜威峡谷位于现在的坦桑尼亚，那里化石资源丰富。1948年，玛丽发现了1800万年前，类人猿和人类祖先的头盖骨化石。随后，在了解人类祖先方面取得了更多突破，包括1960年发现的能人化石。能人是生活在距今一两百万年之前，使用石制工具的原始人类。

参见：自然选择进化论 24~31 页

麦克斯·戴
（Max Day，1915—2017）

戴是澳大利亚生态学家、昆虫学家。戴从小就对野生动物，尤其是昆虫感兴趣。1937年，他毕业于悉尼大学，获植物学和动物学双学位，随后就读于哈佛大学，因有关白蚁的研究而获得博士学位。"二战"后，他返回澳大利亚，在联邦科学和工业研究机构的森林研究部门工作，在1976年担任部门负责人。他因研究兔黏液瘤病和该病对于兔子种群的控制而广为人知。1938年，他发表第一篇论文，74年后发表了最后一篇关于飞蛾的论文。

参见：昆虫的体温调节 126~127 页；物种入侵 270~273 页

朱迪丝·赖特
（Judith Wright，1915—2000）

赖特是澳大利亚女诗人，还是著名活动家，积极为土著居民争取土地权益，参加一些环保运动。赖特出生于新南威尔士州阿米代尔，就读于悉尼大学。1946年，她出版第一部诗集。1967—1971年，她同艺术家约翰·巴斯特、环保人士莱恩·韦伯一起，成立了一个由环保团体、工会和相关公民组成的联盟，反对昆士兰州政府开发大堡礁采矿的计划。1977年出版的《珊瑚战场》一书描述了这次运动的细节。这次运动，赖特等人最终获得了胜利。

参见：绿色运动 308~309 页

艾琳·瓦尼·温菲尔德
（Eileen Wani Wingfield，1920—2014）

作为一名年轻的澳大利亚土著妇女，温菲尔德与父亲和姐姐一起放牧牛羊。20世纪80年代初，她躺在长满藤草的湿地上的推土机前，反对在

这里开采"奥林匹克大坝"铀矿。后来，温菲尔德与艾琳·坎帕库塔·布朗及其他土著头人一起，反对政府在南澳大利亚倾倒核废物的提议。她们在全国各地的集会上演讲，强调倾倒核废物的危险，并且指出，一旦外国政府和企业认为在澳大利亚处理核废物有机可乘，那么危险就会增加。

参见：污染 230~235 页

尤金妮亚·克拉克
（Eugenie Clark，1922—2015）

克拉克因研究鲨鱼的行为被称为"鲨鱼女士"。克拉克是日裔美籍海洋生态学家，也是使用潜水装置潜水进行科学研究的先驱。她经常在佛罗里达雾霾角海洋实验室周围潜水。她在实验室和其他女性生态学家，如西尔维娅·厄尔，一起工作。克拉克对鲨鱼和其他鱼类有几次重大发现，她也是海洋生物保护的主要倡导者。1955年，她创立了莫特海洋实验室，实验室宗旨是保护鲨鱼、保护珊瑚礁以及建立可持续发展的渔业。

参见：动物行为 116~117 页

大卫·艾登堡
（David Attenborough，1926—）

英国博物学家、电视制作人艾登堡在成为纪录片撰稿人和制作人之前，担任英国BBC电视台的管理者。他撰稿和解说了一系列自然节目，尤其是生命系列节目，第一部是1979年播放的《生命的进化》。他的成功在于不断引起观众对于自然和生物保护的兴趣。

参见：塑料荒地 284~285 页

彼得·H.克洛普弗
（Peter H. Klopfer，1930—）

出生于柏林的克洛普弗是一名生

态学家，主要感兴趣的领域是动物行为学，研究自然环境中动物的行为。1967年，他的名著《动物行为导论：动物行为学的第一个世纪》是当时动物行为学理论的集大成之书。1968年，他开始在美国北卡罗来纳州杜克大学动物学系任教，在那里帮助建立了灵长类动物中心。

参见：动物行为 116~117页

黛安·福西
（ Dian Fossey，1932—1985 ）

我们现在知道的关于非洲山地野生大猩猩的生活和社会结构的大多数知识，都来自灵长类动物学家、自然保护主义者福西的研究。作为旧金山时装模特的女儿，她毕业后成为一名职业理疗师，后来去非洲，在那里遇到玛丽和路易斯·利基夫妇，并受到他们的鼓励。1967年初，她在卢旺达山地建立了卡里索凯研究中心，在那里研究野生大猩猩。她在1983年出版畅销书《雾中的大猩猩》，根据她的经历写成，后来被改编搬上了荧屏。1985年12月，福西在露营地被谋杀，可能由于她一贯的反偷猎立场。

参见：动物行为 116~117页

太田朋子
（ Tomoko Ohta，1933— ）

太田是日本种群遗传学家，她在1973年提出革命性的近中性进化理论。该理论认为，既非中性也不有害的突变对生物进化具有重要的作用。太田在1956年毕业于东京大学，此后从事小麦和甜菜的细胞遗传学研究，现在在日本国立遗传研究所工作。

参见：自私的基因 38~39页

斯坦利·C.韦克
（ Stanley C. Wecker，1933—2010 ）

美国动物行为学家韦克在动物种群和群落生态学方面的研究很有影响力，尤其是有关动物如何选择栖息地的研究。他在1963年发表了一篇关于草原鹿鼠栖息地选择的研究论文，表明本能和经验在鹿鼠选择栖息地时起了作用。

参见：生态位 50~51页

西尔维娅·厄尔
（ Sylvia Earle，1935— ）

厄尔是美国海洋生物学家、作家、环保主义者，还是评估石油泄漏影响的专家。1991年，她评估了海湾战争中遭受破坏的科威特油田的风险。她在"埃克森·瓦尔迪兹号""米克博格号"油轮和"深水地平线"钻井平台漏油事件发生后也从事过类似工作。2009年，她发起"蓝色使命"项目。到2018年，该项目已在全球建立了近100个海洋保护区。

参见：污染 230~235页

罗伯特·E.肖
（ Robert E. Shaw，1936— ）

肖是美国生态心理学研究先驱。生态心理学研究人和动物的感知、行动、交流、学习和进化是如何由环境决定的。1977年，他与人合编《感知、行动和认知：走向生态心理学》一书，开启了这一新的研究领域。1981年，肖创办了国际生态心理学协会，并担任会长。他现在是美国康涅狄格大学心理学系的荣誉教授。

参见：利用动物模型来理解人类行为 118~125页

大卫·铃木
（ David Suzuki，1936— ）

加拿大科学家铃木于1961年获芝加哥大学动物学博士学位，两年后成为不列颠哥伦比亚大学遗传系教授。从20世纪70年代起，他兼职做电视和电台主持人，同时也是有关自然与环境书籍的作者。1990年，他与其他人共同创立了大卫·铃木基金会，用于资助有关人与自然和谐共存的研究。

参见：环境伦理学 306~307页

丹尼尔·B.博特金
（ Daniel B. Botkin，1937— ）

1968年，杰出的美国作家、环保主义者博特金在罗格斯大学获得植物生态学博士学位。他写作和四处演讲，内容涉及环境方方面面，从森林生态系统到鱼类种群。他还为企业和政府部门等提供咨询。在研究气候变化几十年之后，他对人类活动对气候变化的影响程度提出质疑。他在波士顿附近的海洋生物研究所工作，参与了几所大学的环境研究项目。

参见：阻止气候变化 316~321页

艾琳·坎帕库塔·布朗
（ Eileen Kampakuta Brown，1938— ）

20世纪90年代初，澳大利亚政府计划在南澳大利亚伍麦拉附近建造核废料场。布朗和土著族长艾琳·瓦尼·温菲尔德一起成立了妇女理事会，反对这项计划。他们意识到，20世纪五六十年代，英国军队在沙漠的核试验，引发了当地居民出生缺陷、癌症高发和其他健康问题，担心核辐射会渗入地下水。最终，政府放弃了这项计划，布朗和温菲尔德因此获得2003年戈德曼环保奖。

参见：污染 230~235页

林恩·马古利斯
（ Lynn Margulis，1938—2011 ）

美国生物学家马古利斯在15岁时就读于芝加哥大学，1965年在加州大学伯克利分校获得博士学位。第二年，她在波士顿大学提出真核细胞是由细菌共生进化而来的。这个思想直到20世纪80年代才被普遍接受，但却改变了人们对于细胞进化的认知。

参见：盖娅假说 214~217 页

保罗·F. 霍夫曼
（ Paul F. Hoffman，1941— ）

2000年，加拿大科学家霍夫曼发现的碳酸盐岩帽，提供了纳米比亚前寒武纪沉积岩中远古冰川作用的证据，使气候变化研究中的"雪球"假说重新流行起来。"雪球"这一术语，是由美国地质学家约瑟夫·科什文克在1992年首次提出的。自19世纪末以来，人们就一直猜测，地球在6.5亿多年以前完全被冰雪覆盖。

参见：古冰期 198~199 页

西蒙·A. 莱文
（ Simon A. Levin，1941— ）

莱文是美国生态学家，擅长利用复杂的数学模型，结合野外和实验室观测来了解生态系统的运行机制。他还研究生态学和经济学的相互关系。1964年，莱文在马里兰大学获得数学博士学位，1965~1992年在康奈尔大学任教，后被任命为普林斯顿大学生物复杂性中心主任，从事有关生物复杂性产生和维持机制的研究工作。

参见：捕食者-猎物方程 44~49 页

詹姆斯·A. 约克
（ James A. Yorke，1941— ）

约克是美国马里兰大学的数学家和物理学家，以研究混沌理论闻名。1975年，他与中国数学家李天岩共同发表论文《周期三意味着混沌》，提出当种群超过一定增长率时，将变得不可预测。这一结果对生态学研究产生了深远影响。

参见：种群生存力分析 312~315 页

伊恩·洛
（ Ian Lowe，1942— ）

洛是澳大利亚环保主义者，曾在新南威尔士大学学习工程与科学，并在约克大学获得物理学博士学位。他曾为联合国政府间气候变化专门委员会提供建议。他认为可再生能源"比核能更快速、更便宜、更安全"。1996年，洛担任专家组组长，主持编写了关于澳大利亚环境状况的第一份报告。洛现在是布里斯班格里菲斯大学名誉教授。

参见：可再生能源 300~305 页；阻止气候变化 316~321 页

艾拉·凯托
（ Aila Keto，1943— ）

凯托年轻时花了许多时间探索大堡礁及其周围的热带雨林。她在昆士兰大学学习生物化学，毕业后留校工作。1982年，凯托和丈夫凯斯创立了澳大利亚热带雨林保护协会，为拯救澳大利亚的热带雨林做了大量工作。

参见：生物群区 206~209 页

鲍勃·布朗
（ Bob Brown，1944— ）

在悉尼大学学医后，布朗在澳大利亚和英国当过医生。1972年，他搬到塔斯马尼亚岛居住，不久就投身环保运动。20世纪80年代初，他是一场运动的领导者之一，成功阻止了富兰克林大坝的开建，保护了当地主要的生物栖息地。1996年，布朗作为绿党代表当选为参议员。2012年退休后，他成立鲍勃·布朗基金会，致力于保护澳大利亚的生物栖息地。

参见：淡水危机 286~291 页

比鲁捷·加尔迪卡斯
（ Birute Galdikas，1946— ）

在德国出生的人类学家和灵长类动物学家加尔迪卡斯是研究野生猩猩的先驱。她与简·古道尔、黛安·福西一起，被路易斯·利基挑选出来，研究类人猿。利基说服她支持在婆罗洲建立一个猩猩研究站，并在1971年搬到那里。30多年来，加尔迪卡斯一直研究类人猿，倡导保护类人猿及其栖息地——热带雨林，并帮助猩猩孤儿康复。

参见：动物行为 116~117 页

布莱恩·A. 毛雷尔
（ Brian A. Maurer，1954—2018 ）

1989年，毛雷尔和詹姆斯·H. 布朗共同发表论文《宏观生态学：大陆物种之间的食物和空间划分》，首次清楚表达了他们的观点，认为在大范围和长时间尺度上研究生态模式和过程是有价值的。在生命最后几年，他研究了北美山区外来鸟类扩展的动态及山区哺乳动物物种的多样性。

参见：宏观生态学 185 页

南希·格林姆
（ Nancy Grimm，1955— ）

格林姆是亚利桑那大学的生态学

家，研究气候变化和可持续发展。她的研究集中于气候变化、人类活动和生态系统之间的相互作用，特别侧重于水和化学物质在生态系统的流动。格林姆是美国生态学会前会长，也是美国全球气候变化研究项目的资深科学家。

参见：生态系统服务 328~329 页

蒂姆·弗兰纳里
（Tim Flannery, 1956—）

1984 年，澳大利亚最杰出的环保人士之一弗兰纳里由于关于袋鼠进化的研究，获得新南威尔士大学的博士学位。后来，他发现了几个新物种，成为声名鹊起的哺乳动物学家，还是气候变化方面研究的专家。他曾任澳大利亚政府机构气候委员会的首席专员，并倡导使用可再生能源。

参见：可再生能源 300~305 页

苏珊·卡明斯基
（Susan Kaminskyj, 1956—）

在加拿大萨斯喀彻温大学的实验室里，细胞生物学家、真菌学家卡明斯基率先使用真菌清洁受石油污染的场所，这一过程被称为生物修复。卡明斯基及其团队发现，植物种子用一种名为 TSTh20-1 的真菌处理后，可以在这种受石油污染的土地中生长，并在生长过程中清洁土壤污染。

参见：菌根的普遍性 104~105 页；污染 230~235 页

罗斯玛丽·吉莱斯皮
（Rosemary Gillespie, 1957—）

出生于苏格兰的吉莱斯皮在爱丁堡大学学习动物学，之后移居美国，在田纳西大学获得博士学位。她以研究物种生物多样性的原因而闻名。她对于生物进化的研究集中在"热点群岛"上，如夏威夷群岛，主要研究蜘蛛物种的进化。她在加州大学伯克利分校领导一个研究团队，主要研究节肢动物，如蜘蛛和昆虫。

参见：昆虫的体温调节 126~127 页；岛屿生物地理学 144~149 页

哈维·洛克
（Harvey Locke, 1959—）

洛克出生于加拿大卡尔加里，在 1999 年转为全职环保工作者之前，曾接受律师培训并执业。他致力于保护生态领域中的景观及其连通性，涉及通过广泛的网络来连接城市与乡村。洛克提议在黄石和育空之间建立保护区，在北美这两个地区之间建立连续的野生动物走廊。2009 年，洛克与他人一起发起了"自然需要一半"运动，倡导到 2050 年，将 50% 的陆地区域和 50% 的海洋区域建成某种形式的自然保护地。洛克认为该运动对于地球避免第六次物种大灭绝是必要的。

参见：物种大灭绝 218~223 页

马约拉·卡特
（Majora Carter, 1966—）

当狗带着她穿过一片退化的棕地，来到家乡纽约的布朗克斯河岸时，卡特意识到了这个地区恢复的潜力。她获得市政府的资金支持，在该地开发了亨茨波因特河畔公园，为当地人提供一个自然的休息和亲近河流的场所。随后，她的组织"可持续南布朗克斯"在纽约其他贫困社区倡导"绿色"城市更新计划，并赢得支持。该组织还致力于改善空气质量和食品选择。

参见：绿色运动 308~309 页

莎拉·哈代
（Sarah Hardy, 1974—）

哈代是研究深海采矿对环境影响的美国海洋生物学家和极地探险家。她认为，为保护海洋群落和生物多样性，重要的是发展一种系统的海洋分区方法——以深海海洋保护区为重点。哈代在加利福尼亚大学学习海洋生物学，2005 年在夏威夷大学获得海洋学博士学位。

参见：塑料荒地 284~285 页

凯特·沃尔特·安东尼
（Katey Walter Anthony, 1976—）

安东尼是阿拉斯加大学的水生生态系统生态学家，专门研究极地环境。她研究了北美极地地区湖泊的二氧化碳和甲烷排放。2017 年，她发现北极的一个湖泊正在异常逸出大量甲烷，那里的甲烷从比以前发现的更深的地方渗入水中。如果其他地方也是这样的话，那么这种来自永久冻土深处的甲烷，可能会导致大气中甲烷含量急剧增加。

参见：基林曲线 240~241 页

奥特姆·佩尔蒂埃
（Autumn Peltier, 2004—）

佩尔蒂埃是生活在加拿大安大略省维克维密康的一名印第安人。他是清洁饮用水的倡导者，主张人类应该更加尊重水。2018 年，在 13 岁时，她成为有史以来在联合国大会上发言的最年轻的人之一。她在发言中指出，没有一个孩子应该在不知道什么是清洁饮用水的环境中长大，或者永远不知道自来水是什么。

参见：淡水危机 286~291 页

术语表

Abiotic（非生物的）通常用来指生态系统的非生物组成部分（如气候、温度）。

Abundance（多度）生态系统中某一特定物种的数量。在种群中多度高的物种更具有代表性。

Acid rain（酸雨）任何形式的酸性降水，对环境造成破坏，可能是自然发生的，也可能是人类活动的结果。

Anthropogenic（人为的）起源于或受人类活动影响的。

Apex predator（顶端捕食者）不被其他物种捕食的捕食者。

Atmosphere（大气）包围地球的气体层，它还能保护生物体免受紫外线照射。

Autotroph（自养生物）也称为生产者，指利用光、水和空气中的化学物质来生产食物的生物。

Behavioural ecology（行为生态学）研究动物各种行为特征的演化及其与生态环境的关系。

Biodegradable（可生物降解的）通常用于指废物，指可以被自然过程分解的东西。

Biodiversity（生物多样性）在特定地理区域内，多种多样的生物和生态环境，包括种间和种内的多样性。

Biogeography（生物地理学）研究植物和动物在地理上的分布，以及这种分布随时间的变化。

Biological community（生物群落）一个地方内生物体的集合，它们与环境共同形成了一个生态系统。

Biomass（生物量）某一栖息地内特定生物体的总量，通常用重量或体积来表示；也指一种由有机物制成的燃料，通常用来发电，即"生物质"。

Biome（生物群区）地球上可以根据植物和动物种类来划分的区域。

Biosphere（生物圈）位于大气层和岩石圈之间的能存在生命的地球圈层，地球上所有生态系统的总和。

Botany（植物学）研究植物的学科。

Carnivore（食肉生物）只吃肉的生物体。

Catastrophism（灾变论）地壳变化是由剧烈的和不寻常的事件引起的，而不是随时间推移逐渐变化的理论。

Cells（细胞）能够独立生存的最小的结构和生物单位，地球上所有生命都是由细胞构成的。

Citizen science（公民科学）由业余爱好者进行的科学研究，通常涉及大规模的数据收集活动。

Climate change（气候变化）全球相互联系的天气模式的转变，人类活动加剧了这一转变。

Climax（顶级）生物群落或生态系统经过演替，达到一个稳定的点，此时生物种群保持稳定，这是演替的最终结果。在演替过程中，组成一个群落的物种类型和种群规模会随时间发生变化。

Climax species（顶级种）只要环境保持稳定就不会改变的植物物种。

Clutch size（窝卵数）鸟类或哺乳动物一次生殖的产卵数或产崽数。

Community ecology（群落生态学）研究物种在特定地理空间内如何相互作用。

Competitive exclusion principle（竞争排斥原理）依赖完全相同资源的多个物种不可能同时存在，这是因为一个种群总是比另一个种群有竞争优势，导致这个种群数量上升，而另一个种群数量下降。

Coniferous（针叶树）一种结球果的树，针状叶子在冬天大多数不会落。

Conservation（保护）保护和保存动植物和自然资源。

Consumer（消费者）以其他生物为食，以获取所需营养的物种。这个术语适用于任何不在食物链最下层的生物体。

Deciduous（落叶树）在秋天落叶的树。

Decomposers（分解者）生物体，主要是细菌和真菌，它们分解死去的生物体和废物以获得能量。

Deforestation（砍伐森林）大面积砍伐树木，用于农业、工业和建筑业等多种目的。

Detritivores（食碎屑者）以动植物残体为食的生物。

Diatom（硅藻）一大类微型藻类，通常在稳定生态系统和促进多种生命形式存在方面发挥重要作用。

Diversity（多样性指数）生物群落或生态系统中物种多样性的量度。

DNA（脱氧核糖核酸）在染色体中携带遗传信息的一种双螺旋状大分子。

Ecology（生态学）研究生物与环境之间相互关系的一门学科。

Ecosystem（生态系统）在一个特定环境中，相互作用并相互影响的生物群落。

Ecosystem services（生态系统服务功能）人类从生态系统中获得的益处，强调环境对人类重要性的术语。

Endangered（濒危）一个物种的种群非常小，有灭绝的危险。

Epidemiology（流行病学）研究疾病如何在种群中传播，及其对生态系统的影响。

Ethology（动物行为学）研究动物为适应生存环境，行为发生的演变。特别注重对动物在自然栖息地中活动的观察。

Evolution（进化）随着时间推移和性状代代相传，物种发生变化的过程。

Extinction（物种灭绝）整个物种永远消失。

Extirpation（局部灭绝）一个物种在一个特定地理区域灭绝，但仍然存在于其他地方。

Feedback loop（反馈环）生态系统的一部分对其他部分的影响，以及这种变化如何反馈给整个系统。

Fertilizers（肥料）添加到土壤中的物质，可以是天然的，也可以是化学物质，以增加土壤的养分含量，帮助植物更好生长。

Fieldwork（野外调查）在野外进行研究，而不是在受控的实验室条件下进行研究。

Food chain（食物链）一系列捕食者和猎物之间的食物关系，其中每种生物都以前一种生命形式作为食物。

Food web（食物网）生态系统中食物链的集合及其相互的联系，用于解释生物群落如何在更大范围内相互作用，以生存下来。

Fossil（化石）史前生物遗骸，保存并固化在沉积岩或琥珀中。

Fossil fuel（化石燃料）植物和动物遗体经过数百万年而形成的不可再生的燃料。

Fracking（水力压裂）从地下开采石油或天然气的过程。向地下钻探，在高压下向岩石中注入液体，以迫使石油和天然气流到表面。

Fungi（真菌）包括蘑菇在内的一类生物，能产生孢子，以有机物为食。它们与植物不同，不利用阳光生长。

Gene（基因）遗传的最基本单位，DNA分子的一部分，将特征从亲本传递给后代。

Genome（基因组）生物成套完整的基因。

Geology（地质学）研究地球物质构成及结构的一门学科。地质学家研究地球历史，以及正在发生的作用于地球的过程。

Global warming（全球变暖）由于温室气体积累，地球表面温度逐渐升高的现象。

GMO（转基因生物）通过基因工程技术，被人为改变DNA的生命形式。

Greenhouse effect（温室效应）地球大气中的气体吸收热量，这些气体积聚导致全球变暖。

Greenhouse gas（温室气体）二氧化碳和甲烷等气体吸收地球表面反射的能量，阻止能量逸入太空。

Green Movement（绿色运动）环境保护运动，提倡人们更加关注环境的重要性，并要求人们采取行动防止对地球自然栖息地的破坏。

Groundwater（地下水）地表面以下的水，如存在于土壤、沙子及岩石空隙中的水。

Habitat（生境）生物自然生存的区域。

Herbivore（食草动物）只吃植物的动物。

Homeostasis（体内平衡）调节生物体内的环境条件，如温度、水和二氧化碳，以保持体内稳定的状态。

Hypothesis（假设）一种想法或假想，用作理论起点，然后通过科学实验加以检验。

Inheritance（遗传）通过遗传信息和父母培养，将遗传品质和行为倾向传给后代。

Invasive species（入侵种）被引入生态系统并迅速传播的外来物种，破坏了该地区的生态平衡。

Irrigation（灌溉）通常通过开辟沟渠，有节制地将水注入土地，使作物更好地生长。

Keystone species（关键种）在生态系统中起中心作用的物种。通常与其生物量不成比例，其消失将改变或危害整个生态系统。

Kin selection（亲缘选择）一种进化策略，即个体为亲属生存，不惜牺牲自身的安全、健康或繁殖机会。

Mass extinction（物种大灭绝）地球所有物种，至少有一半迅速灭绝。生物多样性急剧下降，通常标志着地球进入一个新的地质时代。

Metabolism（新陈代谢）生物体细胞内发生的维持生存的化学过程，如食物消化过程。

Metacommunity（复合群落）一组相互作用的独立群落，通过一些物种在这些群落之间移动而相互联系。

Metapopulation（复合种群）由一些个体的运动而联系起来的某一特定物种的较小种群的集合。

Microorganism（微生物）肉眼看不见的生物，只能用显微镜才能看到，如细菌、病毒或真菌。

Migration（迁徙）物种从一个环境向另一个环境的大规模迁移，经常是季节性的。

Monoculture（单作/单养）只将土地用于一种植物或动物的种植或生长。这样往往会对土地产生破坏性影响，因为会降低土地的矿物质含量。

Morphology（形态学）研究生物体的外部结构。

Mutation（突变）生物体DNA结构变化，可能导致一种遗传转化，使其具有非典型的性状。突变的一个例子是白化病，即缺乏色素沉着。

Mutualism（互利共生）两种或两种以上的生物相互依赖、共同生存的情况。

Mycorrhizae（菌根）真菌的一种，生长在植物的根部，与这些植物共生。

Natural selection（自然选择）能够增加生物体繁殖机会的生物性状，被优先遗传给后代的过程。

Niche（生态位）一个物种在生态系统中占据的特定空间及其在生态系统中的作用。

Omnivore（杂食动物）以动植物为食的生物。

Organism（有机体）生物的总称，从单细胞细菌到复杂的多细胞生命形式，如植物和动物。

Ornithology（鸟类学）研究鸟类的

生物学分支学科。

Overfishing（过度捕捞）由于捕捞过密而导致某一地区鱼类数量减少。

Ozone layer（臭氧层）地球大气层上层的一部分，具有高浓度臭氧分子，能够保护地球生物免受紫外线辐射。

Palaeontology（古生物学）通过化石，研究地球地质年代的生物。古植物学是研究植物化石的分支学科。

Parasite（寄生物）一种生活在寄主体内或身体表面的生物，从寄主那里获得营养。

Pesticides（杀虫剂）用来杀死某些害虫，以保护栽培植物的化学品。然而，它们也能杀死非目标物种，破坏生态系统。

Photosynthesis（光合作用）植物和藻类将太阳的光能转化为葡萄糖的化学能，使之沿着食物链传递的过程。这个过程吸收二氧化碳，释放氧气。

Physiology（生理学）生物学的一个分支学科，主要研究生物体的日常功能。

Pollination（传粉）花粉通过鸟类、昆虫和其他动物或风，从植物的雄性部分（个体）转移到雌性部分（个体），从而使受精和产生种子成为可能。

Pollution（污染）有害污染物进入自然环境，引起环境变化。

Predator（捕食者）猎取其他动物作为食物的动物。

Prey（猎物）被另一个物种猎杀的物种。

Primary producer（初级生产者）任何利用非有机物质，即光和/或化学物质，如二氧化碳和硫，制造自己的食物的生物体。

Primary vegetation（原生植被）自当前气候条件开始以来在某一地区普遍存在的植被。

Recycling（再循环）把废物转变成新的物体或材料，或燃烧其来产生能量的过程。

Renewables（可再生能源）非有限的能量来源，如太阳能、水能和风能。

Species（物种）能通过繁殖相互交换基因的一群生物体。

Stochasticity（随机性）影响种群和生态过程的环境条件的不可预测的波动。

Succession（演替）生物群落随时间推移，通过物种对环境的影响，从几个简单物种进化成一个复杂的生态系统的过程。

Taxonomy（分类学）对不同生物进行命名和分类的科学。

Tectonic plates（构造板块）地壳和上地幔的碎片，随时间推移逐渐移动，导致海底扩张、大陆漂移，以及在板块边界处形成山脉、裂谷，发生火山和地震。

Thermoregulation（体温调节）生物体内部保持稳定体温的过程，这一功能对生物生存至关重要。

Transmutation（演变）一个物种转变为全新物种的进化分化过程。

Trophic cascade（营养级联）在至少有三个层次的食物链中一个营养级的消失对整个生态系统的影响。

Trophic level（营养级）生物体在生态系统层次结构中的位置，处于食物链同一层次的生物体具有相同的营养级。

Tropics（热带）地球围绕赤道的区域，位于北回归线和南回归线之间，该区域不像地球上其他区域那样经历季节变化。

Urbanization（城市化）发生在乡村地区密集建设的过程，几乎总是对自然环境产生负面影响。

Urban sprawl（城市蔓延）集中的城市化地区向外发展，通常对环境造成负面影响。

Variation（变异）由遗传或环境因素引起的物种内的差异。

Vascular plant（维管植物）具有传导组织的植物，使水和矿物质在整个植物中流动，如蕨类植物或开花植物。

原著索引

Numbers in **bold** refer
to a topic's main entry

H

I

J K

L

Q R

S

引文出处

致 谢

Dorling Kindersley would like to thank Professor Fred D. Singer for his help in planning this book, Monam Nishat and Roshni Kapur for design assistance, and Anita Yadav for DTP assistance.

PICTURE CREDITS

The publisher would like to thank the following for their kind permission to reproduce their photographs:

(Key: a-above; b-below/bottom; c-centre; f-far; l-left; r-right; t-top)

21 Alamy Stock Photo: The Picture Art Collection (tr); The Natural History Museum (bl). **22 Alamy Stock Photo:** North Wind Picture Archives (br). **26 Rex by Shutterstock:** Granger (bl). **29 Alamy Stock Photo:** Kamal Bhatt (tl); Laurentiu Iordache (crb). **30 Alamy Stock Photo:** Blickwinkel (t). **31 Alamy Stock Photo:** Cultura RM (crb). Dorling Kindersley: Frank Greenaway / Natural History Museum, London (cb). **33 Alamy Stock Photo:** Pictorial Press Ltd (tr). Dreamstime.com: Gordana Sermek (bc). **35 Alamy Stock Photo:** Alexander Heinl / Dpa Picture Alliance / Alamy Live News (crb). Science Photo Library: A. Barrington Brown © Gonville & Caius College (cla). **36 Science Photo Library:** Pascal Goetgheluck (clb). **37 Alamy Stock Photo:** BSIP SA (tl). **39 SuperStock:** Animals Animals (cla); Guillem López / Age fotostock (tr). **46 Alamy Stock Photo:** Historic Collection (bl). **47 Getty Images:** Adam Jones (ca). **49 Science Photo Library:** Nigel Cattlin (tr). **51 Getty Images:** Pete Oxford / Minden Pictures (cla). **53 iStockphoto.com:** Stefonlinton (cla). **54 Alamy Stock Photo:** Suzanne Long (bc). **57 Ardea:** © Gregory G. Dimijian M.D. / Scie (cla). Science Photo Library: Gilbert S. Grant (br). **59 Depositphotos Inc:** Andaman (b). **62 Alamy Stock Photo:** Richard Ellis (b). **63 Alamy Stock Photo:** Kevin Schafer (tr). **64 Courtesy of National Park Service, Lewis and Clark National Historic Trail:** (bl). **65 Alamy Stock Photo:** Nick Upton (tl). **67 Alamy Stock Photo:** Avalon / Photoshot License (tr). Getty Images: Roger Tidman (bl). **69 Alamy Stock Photo:** GL Archive (br); Pictorial Press Ltd (cra). **70 Alamy Stock Photo:** M.Brodie (clb); David speight (tr). **73 Alamy Stock Photo:** PF-(bygone1) (tr). **Getty Images:** Fritz Polking (bl). **75 Alamy Stock Photo:** Nigel Cattlin (bl). **Getty Images:** Visuals Unlimited, Inc. / Anne Weston / Cancer Research UK (b). **77 Alamy Stock Photo:** David Lester (cla). **83 Getty Images:** Douglas Klug (cra); DEA Picture Library (bl). **85 Alamy Stock Photo:** Art Collection 3 (bl); Science History Images (cra). **87 Alamy Stock Photo:** ART Collection (tr); Florilegius (bl). **89 Alamy Stock Photo:** Jeff J Daly (clb). **90 Getty Images:** Shawn Walters / EyeEm (br). **91 Alamy Stock Photo:** Henri Koskinen (crb). **94 Getty Images:** Bettmann (tl); Education Images (br). **95 Alamy Stock Photo:** De Luan (tl). **96 Alamy Stock Photo:** Marka (br). **97 Getty Images:** Denver Post (tr). **103 Alamy Stock Photo:** BSIP SA (bl); Historic Images (tr). **104 Science Photo Library:** Dr. Merton Brown, Visuals Unlimited (cr). **105 Alamy Stock Photo:** Blickwinkel (crb). **109 Alamy Stock Photo:** Wildlife GmbH (crb); DP Wildlife Invertebrates (ca). **110 Alamy Stock Photo:** Vince Burton (clb). **Getty Images:** Universal History Archive (tc). **111 Alamy Stock Photo:** Ingo Oeland (br). **112 Science Photo Library:** Wim Van Egmond (br). **113 Alamy Stock Photo:** Biosphoto (t). **114 Dreamstime.com:** Bernard Foltin (br). **115 SuperStock:** Minden Pictures (br). **116 Alamy Stock Photo:** Austrian National Library / Interfoto (cra). **117 Getty Images:** Rolls Press / Popperfoto (bl). **121 Dreamstime.com:** Mark Higgins (cra). **Getty Images:** CBS Photo Archive (bl). **122 Getty Images:** Michael Nichols (t). **123 naturepl.com:** Anup Shah (br). **124 Getty Images:** Dr Clive Bromhall (br); Dan Kitwood / Staff (tl). **125 Alamy Stock Photo:** Terry Whittaker Wildlife (br). **127 Alamy Stock Photo:** Oliver Christie (cla). **Getty Images:** Alastair Macewen (br). **133 Getty Images:** Wildestanimal (cra). **135 Alamy Stock Photo:** The Picture Art Collection (bl). **iStockphoto.com:** Vlad61 (cra). **136 Alamy Stock Photo:** A.P.S. (UK) (tr). **137 Getty Images:** Olaf Protze (br). **139 Alamy Stock Photo:** The Natural History Museum (cla). **Science Photo Library:** Ted Kinsman (crb). **141 Alamy Stock Photo:** Danita Delimont (cla). **142 Alamy Stock Photo:** Dennis Frates (bl). **143 Alamy Stock Photo:** World History Archive (tl). **Getty Images:** Fine Art (crb). **146 Alamy Stock Photo:** Mark Lisk (tr). **147 Courtesy of Marlboro College:** www.marlboro.edu (tr). **149 Alamy Stock Photo:** age fotostock (tl). **Getty Images:** Universal History Archive / UIG (br). **151 Alamy Stock Photo:** Jason Bazzano (cla). naturepl.com: Paul Williams (br). **153 Alamy Stock Photo:** Bill Crnkovich (crb). **155 Alamy Stock Photo:** Blickwinkel (ca). **156 North Carolina State University:** Rebecca Kirkland (c). **163 Alamy Stock Photo:** Greg Basco / BIA / Minden Pictures (cb); Pictorial Press Ltd (tr). **165 Alamy Stock Photo:** GL Archive (tr). **Science Photo Library:** Solvin Zankl / Visuals Unlimited, Inc. (bl). **166 NASA:** Jeff Schmaltz, MODIS Rapid Response Team, NASA / GSFC (crb). **168 Alamy Stock Photo:** Emmanuel Lattes (cr). **169 Alamy Stock Photo:** RWI Fine Art Photography (br). **170 Alamy Stock Photo:** Robert K. Olejniczak (cra). **173 Dreamstime.com:** Anton Foltin (cra). **175 Dreamstime.com:** Claudio Balducelli (cla). **176 Alamy Stock Photo:** All Canada Photos (br). **180 U.S.F.W.S:** (tr). **181 Alamy Stock Photo: Everett Collection Inc** (tr); **Ian west** (bl). **182 Dreamstime.com:** Yuval Helfman (tl). **183 Alamy Stock Photo:** Natural History Archive (tr). **185 naturepl.com:** Mary McDonald (crb). **187 naturepl.com:** Jussi Murtosaari (bl). **Rex by Shutterstock:** Antti Aimo Koivisto (tr). **189 Alamy Stock Photo:** David Hall (tl); Genevieve Vallee (br). **191 Alamy Stock Photo:** Mauritius images GmbH (bl). **Getty Images:** Danita Delimont (cra). **193 Alamy Stock Photo:** Adam Burton (tl). **198 Getty Images:** Philippe Lissac / GODONG (bc). **199 Alamy Stock Photo:** Rolf Nussbaumer Photography (crb). Depositphotos Inc: swisshippo (cla). **201 Dreamstime.com:** Rvo233 (cla). **Getty Images:** Hulton Archive / Stringer (tr). **202 IPCC :** FAQ 1.3, Figure 1 from Le Treut, H., R. Somerville, U. Cubasch, Y. Ding, C. Mauritzen, A. Mokssit, T. Peterson and M. Prather, 2007: Historical Overview of Climate Change. In: Climate Change 2007: The Physical Science Basis. Contribution of Working Group I to the Fourth Assessment Report of the Intergovernmental Panel on Climate Change [Solomon, S., D. Qin, M. Manning, Z. Chen, M. Marquis, K.B. Averyt, M. Tignor and H.L. Miller (eds.)]. Cambridge University Press, Cambridge, UK and New York, NY, USA (br). **203 Getty Images:** Wolfgang Kaehler / LightRocket (crb). **205 Alamy Stock Photo:** Sputnik (tr). **iStockphoto.com:** Totajla (tl). **207 Alamy Stock Photo:** Suzanne Long (tr). **SuperStock:** Wolfgang Kaehler (bl). **209 Depositphotos Inc:** Pawopa3336 (tl). **Getty Images:** DEA / C.DANI / I. JESKE (crb). **210 Getty Images:** R A Kearton (cr). **211 Alamy Stock Photo:** ClassicStock (br). **212 Dorling Kindersley:** Dorling Kindersley: Colin Keates / Natural History Museum, London (cra). **213 Alamy Stock Photo:** AustralianCamera (clb). **215 Alamy Stock Photo:** Ancient Art and Architecture (bc). **Getty Images:** Terry Smith (tr). **216 Alamy Stock Photo:** Iuliia Bycheva (tr). **217 iStockphoto.com:** Zhongguo (br). **220 Science Photo Library:** Detlev Van Ravenswaay (tr). **221 Alamy Stock Photo:** Pictorial Press Ltd (tr). **223 Getty Images:** The Washington Post (crb). **225 Alamy Stock Photo:** Arterra Picture Library (cla). **Getty Images:** Magnus Kristensen / AFP (crb). **233 Alamy Stock Photo:** Chronicle (br). **Getty Images:** Sonu Mehta / Hindustan Times (bl). **234 Alamy Stock Photo:** Design Pics Inc (b). **Unicef:** (tr). **235 UNSW:** Aran Anderson (tl). **237 Alamy Stock Photo:** Archive Pics (tr). **iStockphoto.com:** 4kodiak (cla). **238 Alamy Stock Photo:** Paul Kennedy (bc). **239 Alamy Stock Photo:** ImageBroker (crb); Huang Zongzhi / Xinhua / Alamy Live News (tl). **241 Alamy Stock Photo:** Arctic Images (br). **Science Photo Library:** Simon Fraser / Mauna Loa Observatory (cla). **244 Alamy Stock Photo:** Walter Oleksy (bl). **Science Photo Library:** CDC (tr). **247 iStockphoto.com:** Harry Collins (br). **248 Alamy Stock Photo:** Christopher Pillitz (bc). **249 Gene E. Likens:** On Location Studios, Poughkeepsie, NY (tr). **250 Alamy Stock Photo:** North Wind Picture Archives (bc). **251 Getty Images:** Peter Charlesworth (crb). **Dr Max Roser:** Esteban Ortiz-Ospina (2018) "World Population Growth". Published online at OurWorldInData.org. Retrieved from: https://ourworldindata.org/world-population-growth [Online Resource] (cla). **252 Alamy Stock Photo:** Renault Philippe / Hemis (cr). **253 Alamy Stock Photo:** Danita Delimont (crb). **256 Getty Images:** Brazil Photos (br). **257 Getty Images:** Antonio Scorza / Staff (tr). **258 Getty Images:** Michael Duff (b). **259 Getty Images:** Micheline Pelletier Decaux (br). MongaBay.com: Rhett Butler / rainforests.mongabay.com (tl). **261 Getty Images:** Orlando / Stringer (crb). **NASA:** Jesse Allen (cla). **263 Getty Images:** Orjan F. Ellingvag / Corbis (cla); Fairfax Media (tr). **264 Dreamstime.com:** Oliver Förstner (crb). **265 Alamy Stock Photo:** IanDagnall Computing (t). **267 Alamy Stock Photo:** Poelzer Wolfgang (br). **268 John M. Yanson:** (tl). **269 Alamy Stock Photo:** Science History Images (br). **Getty Images:** Barcroft Media (bl). **271 Getty Images:** Scott Tilley (cla). **NSW Department of Primary Industries:** Dr Steven McLeod (cra). **272 123RF.com:** Stephen Goodwin (crb). **273 Alamy Stock Photo:** Jack Picone (tr). **277 Alamy Stock Photo:** Gay Bumgarner (cra). **Camille Parmesan:** Marsha Miller, University of Texas at Austin (bl). **278 Getty Images:** Bianka Wolf / EyeEm (bl). **279 Alamy Stock Photo:** Andrew Darrington (tl). **280 iStockphoto.com:** ca2hill (cr). **282 Alamy Stock Photo:** Christian Hütter (bl). **283 Getty Images:** Hector Vivas (tr). **284 Getty Images:** Peter Parks / AFP (br). **285 Ardea:** Paulo de Oliveira (br). **288 Getty Images:** AFP / Stringer (tr). **289 Getty Images:** Jim Russell (bl). **290 Alamy Stock Photo:** ImageBroker (tl). **Mesfin Mekonnen and Arjen Hoekstra:** (2016) http://advances.sciencemag.org/content/2/2/e1500323 (b). **291 Alamy Stock Photo:** Russotwins (crb). **296 Alamy Stock Photo:** Granger Historical Picture Archive (bc). **298 Alamy Stock Photo:** The Granger Collection (bc). **299 Getty Images:** DEA / Biblioteca Ambrosiana / De Agostini (cr). **302 Alamy Stock Photo:** Jim West (br). **303 Getty Images:** Bloomberg / reprinted with permission from Joint Center for Artificial Photosynthesis - California Institute of Technology (crb). **304 Getty Images:** TPG (b). **305 IEA:** © OECD/IEA [2016], Renewables Information, IEA Publishing. Licence: www.iea.org/t &c<http://www.iea.org/t&c> (tr). **307 Alamy Stock Photo:** Jonathan Plant (ca). **Rex by Shutterstock:** AP (tr). **309 Alamy Stock Photo:** Steve Morgan (cla); Friedrich Stark (tr). **311 Alamy Stock Photo:** Flowerphotos (tr). **313 Alamy Stock Photo:** Rick & Nora Bowers (br). **Ardea:** © USFWS / Science Source / Science S (cla). **314 Getty Images:** Design Pics / Richard Wear (t). **315 Rex by Shutterstock:** Chuck Graham / AP (tr). **318 Getty Images:** Digital First Media / Inland Valley Daily Bulletin via Getty Images (tr). **319 Rex by Shutterstock:** Eric Lee / Lawrence Bender Prods. / Kobal (b). **320 Rex by Shutterstock:** Mohammed Seeneen / AP (tr). **323 Getty Images:** Hero Images (cra). NOAA: (bl). **324 Getty Images:** Tony Karumba (br). **325 Getty Images:** Paul J. Richards / Staff (tr). **326 Alamy Stock Photo:** Inga Spence (cr). **327 iStockphoto.com:** pixelfusion3d (cb). **Rex by Shutterstock:** AGF s.r.l. (tr). **328 Getty Images:** Amana Images Inc (cr). **329 Stanford News Service:** Linda A. Cicero (tr). **331 Getty Images:** Ted Aljibe / Staff (crb).

All other images © Dorling Kindersley
For further information see: **www.dkimages.com**